U0184672

**国家出版基金资助项目**

现代数学中的著名定理纵横谈丛书

丛书主编　王梓坤


FIBONACCI SEQUENCE AND GOLDEN SECTION,YANGHUI TRIANGLE

吴振奎　著

## 内 容 简 介

斐波那契数列产生于12世纪意大利数学家斐波那契叙述的“生小兔问题”.从一个十分简明的递推关系出发，竟引出了一个充满奇趣的数列，它与植物生长等自然现象，以及几何图形、黄金分割、杨辉三角、矩阵运算等数学知识有着非常微妙的联系，并且在优选法、计算机科学等领域中得到了广泛的应用.本书系统地介绍了斐波那契数列的性质和应用，将知识性与趣味性融为一体，阐述了几代数学家的思维方法，内容丰富，妙趣横生.

本书适用于大学、中学师生及数学爱好者参考阅读.

**图书在版编目(CIP)数据**

Fibonacci数列与黄金分割、杨辉三角/吴振奎著.
—哈尔滨:哈尔滨工业大学出版社，2024.1
(现代数学中的著名定理纵横谈丛书)
ISBN 978-7-5767-0475-4

Ⅰ.①F…　Ⅱ.①吴…　Ⅲ.①Fibonacci数-数列
Ⅳ.①O156

中国版本图书馆CIP数据核字(2022)第254521号

策划编辑　刘培杰　张永芹
责任编辑　聂兆慈
封面设计　孙茵艾
出版发行　哈尔滨工业大学出版社
社　　址　哈尔滨市南岗区复华四道街10号　邮编150006
传　　真　0451-86414749
网　　址　http://hitpress.hit.edu.cn
印　　刷　辽宁新华印务有限公司
开　　本　787 mm×1 092 mm　1/16　印张13.75　字数214千字
版　　次　2024年1月第1版　2024年1月第1次印刷
书　　号　ISBN 978-7-5767-0475-4
定　　价　78.00元

---

# 代序

## 读书的乐趣

你最喜爱什么——书籍.

你经常去哪里——书店.

你最大的乐趣是什么——读书.

这是友人提出的问题和我的回答.真的,我这一辈子算是和书籍,特别是好书结下了不解之缘.有人说,读书要费那么大的劲,又发不了财,读它做什么?我却至今不悔,不仅不悔,反而情趣越来越浓.想当年,我也曾爱打球,也曾爱下棋,对操琴也有兴趣,还登台伴奏过.但后来却都一一断交,“终身不复鼓琴”.那原因便是怕花费时间,玩物丧志,误了我的大事——求学.这当然过激了一些.剩下来唯有读书一事,自幼至今,无日少废,谓之书痴也可,谓之书橱也可,管它呢,人各有志,不可相强.我的一生大志,便是教书,而当教师,不多读书是不行的.

读好书是一种乐趣,一种情操;一种向全世界古往今来的伟人和名人求教的方法,一种和他们展开讨论的方式;一封出席各种活动、体验各种生活、结识各种人物的邀请信;

一张迈进科学宫殿和未知世界的入场券;一股改造自己、丰富自己的强大力量.书籍是全人类有史以来共同创造的财富,是永不枯竭的智慧的源泉.失意时读书,可以使人重整旗鼓;得意时读书,可以使人头脑清醒;疑难时读书,可以得到解答或启示;年轻人读书,可明奋进之道;年老人读书,能知健神之理.浩浩乎!洋洋乎!如临大海,或波涛汹涌,或清风微拂,取之不尽,用之不竭.吾于读书,无疑义矣,三日不读,则头脑麻木,心摇摇无主.

## 潜能需要激发

我和书籍结缘,开始于一次非常偶然的机会.大概是八九岁吧,家里穷得揭不开锅,我每天从早到晚都要去田园里帮工.一天,偶然从旧木柜阴湿的角落里,找到一本蜡光纸的小书,自然很破了.屋内光线暗淡,又是黄昏时分,只好拿到大门外去看.封面已经脱落,扉页上写的是《薛仁贵征东》.管它呢,且往下看.第一回的标题已忘记,只是那首开卷诗不知为什么至今仍记忆犹新:

日出遥遥一点红,飘飘四海影无踪.

三岁孩童千两价,保主跨海去征东.

第一句指山东,二、三两句分别点出薛仁贵(雪、人贵).那时识字很少,半看半猜,居然引起了我极大的兴趣,同时也教我认识了许多生字.这是我有生以来独立看的第一本书.尝到甜头以后,我便千方百计去找书,向小朋友借,到亲友家找,居然断断续续看了《薛丁山征西》《彭公案》《二度梅》等,樊梨花便成了我心中的女英雄.我真入迷了.从此,放牛也罢,车水也罢,我总要带一本书,还练出了边走田间小路边读书的本领,读得津津有味,不知人间别有他事.

当我们安静下来回想往事时,往往会发现一些偶然的小事却影响了自己的一生.如果不是找到那本《薛仁贵征东》,我的好学心也许激发不起来.我这一生,也许会走另一条路.人的潜能,好比一座汽油库,星星之火,可以使它雷声隆隆、光照天地;但若少了这粒火星,它便会成为一潭死水,永归沉寂.

## 抄,总抄得起

好不容易上了中学,做完功课还有点时间,便常光顾图书馆.好书借了实在舍不得还,但买不到也买不起,便下决心动手抄书.抄,总抄得起.我抄过林语堂写的《高级英文法》,抄过英文的《英文典大全》,还抄过《孙子兵法》,这本书实在爱得狠了,竟一口气抄了两份.人们虽知抄书之苦,未知抄书之益,抄完毫末俱见,一览无余,胜读十遍.

## 始于精于一,返于精于博

关于康有为的教学法,他的弟子梁启超说:"康先生之教,专标专精、涉猎二条,无专精则不能成,无涉猎则不能通也."可见康有为强烈要求学生把专精和广博(即"涉猎")相结合.

在先后次序上,我认为要从精于一开始.首先应集中精力学好专业,并在专业的科研中做出成绩,然后逐步扩大领域,力求多方面的精.年轻时,我曾精读杜布(J. L. Doob)的《随机过程论》,哈尔莫斯(P. R. Halmos)的《测度论》等世界数学名著,使我终身受益.简言之,即"始于精于一,返于精于博".正如中国革命一样,必须先有一块根据地,站稳后再开创几块,最后连成一片.

## 丰富我文采,澡雪我精神

辛苦了一周,人相当疲劳了,每到星期六,我便到旧书店走走,这已成为生活中的一部分,多年如此.一次,偶然看到一套《纲鉴易知录》,编者之一便是选编《古文观止》的吴楚材.这部书提纲挈领地讲中国历史,上自盘古氏,直到明末,记事简明,文字古雅,又富于故事性,便把这部书从头到尾读了一遍.从此启发了我读史书的兴趣.

我爱读中国的古典小说,例如《三国演义》和《东周列国志》.我常对人说,这两部书简直是世界上政治阴谋诡计大全.即以近年来极时髦的人质问题(伊朗人质、劫机人质等),这些书中早就有了,秦始皇的父亲便是受害者,堪称"人质之父".

《庄子》超尘绝俗,不屑于名利.其中"秋水""解牛"诸篇,诚绝唱也.《论语》束身严谨,勇于面世,"己所不欲,勿施于人",有长者之风.司马迁的《报任少卿书》,读之我心两伤,既伤少卿,又伤司马;我不知道少卿是否收到这封信,希望有人做点研究.我也爱读鲁迅的杂文,果戈理、梅里美的小说.我非常敬重文天祥、秋瑾的人品,常记他们的诗句:"人生自古谁无死,留取丹心照汗青""休言女子非英物,夜夜龙泉壁上鸣".唐诗、宋词、《西厢记》《牡丹亭》,丰富我文采,澡雪我精神,其中精粹,实是人间神品.

读了邓拓的《燕山夜话》,既叹服其广博,也使我动了写《科学发现纵横谈》的心.不料这本小册子竟给我招来了上千封鼓励信.以后人们便写出了许许多多的"纵横谈".

从学生时代起,我就喜读方法论方面的论著.我想,做什么事情都要讲究方法,追求效率、效果和效益,方法好能事半而功倍.我很留心一些著名科学家、文学家写的心得体会和经验.我曾惊讶为什么巴尔扎克在51年短短的一生中能写出上百本书,并从他的传记中去寻找答案.文史哲和科学的海洋无边无际,先哲们的明智之光沐浴着人们的心灵,我衷心感谢他们的恩惠.

## 读书的另一面

以上我谈了读书的好处,现在要回过头来说说事情的另一面.

读书要选择.世上有各种各样的书:有的不值一看,有的只值看20分钟,有的可看5年,有的可保存一辈子,有的将永远不朽.即使是不朽的超级名著,由于我们的精力与时间有限,也必须加以选择.决不要看坏书,对一般书,要学会速读.

读书要多思考.应该想想,作者说得对吗?完全吗?适合今大的情况吗?从书本中迅速获得效果的好办法是有的放矢地读书,带着问题去读,或偏重某一方面去读.这时我们的思维处于主动寻找的地位,就像猎人追找猎物一样主动,很快就能找到答案,或者发现书中的问题.

有的书浏览即止,有的要读出声来,有的要心头记住,有的要笔头记录.对重要的专业书或名著,要勤做笔记,"不动笔墨不读书".动脑加动手,手脑并用,既可加深理解,又可避忘备查,特别是自己的灵感,更要及时抓住.清代章学诚在《文史通义》中说:"札记之功必不可少,如不札记,则无穷妙绪如雨珠落大海矣."许多大事业、大作品,都是长期积累和短期突击相结合的产物.涓涓不息,将成江河;无此涓涓,何来江河?

爱好读书是许多伟人的共同特性,不仅学者专家如此,一些大政治家、大军事家也如此.曹操、康熙、拿破仑、毛泽东都是手不释卷,嗜书如命的人.他们的巨大成就与毕生刻苦自学密切相关.

**王梓坤**

# 目录

# 一 生小兔问题引起的斐波那契数列

13 世纪初，意大利比萨的一位叫莱昂纳多，绰号为斐波那契(Fibonacci，约 1170— 约 1250)① 的数学家，在一本名为《算盘书》② 的数学著作中，提出下面一个有趣的问题：

兔子出生以后两个月就能生小兔，若每次不多不少恰好生一对(一雌一雄)，且每月生一次．假如养了初生的一对小兔，则一年以后共可有多少对兔子(如果生下的小兔都不死的话)？

我们来推算一下，如图 1.1 所示．

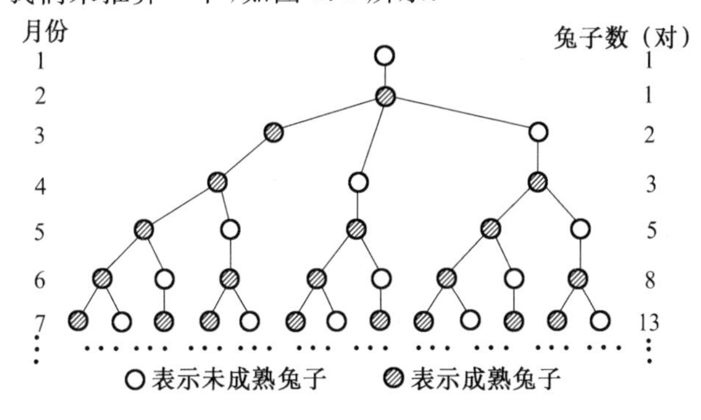


图 1.1

① Fibonacci 是 Filius Bonacci 的简写，意思是“波那契之子”．

② 这里的“算盘”是指用来计算的沙盘，不是我国的算盘．《算盘书》(*Liber Abaci*，1202) 是一本研究算术(及代数) 的书籍，abacus 直译为“算盘”，它源自希腊文 αβαξ．这是对后几个世纪欧洲数学发展起着重要作用的书籍，也是向欧洲人传播印度－阿拉伯字码的最早论著．

第 1 个月:只有 1 对兔子;

第 2 个月:兔子没有长成不会生殖,仍然只有 1 对兔子;

第 3 个月:这对兔子生了 1 对兔子,这时共有 2 对兔子;

第 4 个月:老兔子又生了 1 对兔子,而上月出生的兔子还未成年,这时共有 3 对兔子;

第 5 个月:这时已有 2 对兔子可以生殖(原来的老兔和第 3 个月出生的兔子),于是生了 2 对兔子,这时共有 5 对兔子;

……

如此推算下去,我们不难得出下面的结果(表 1).

**表** 1

| 月份数 | 1 | 2 | 3 | 4 | 5 | 6 | 7 | 8 | 9 | 10 | 11 | 12 | 13 | … |
|---|---|---|---|---|---|---|---|---|---|---|---|---|---|---|
| 兔子数(对) | 1 | 1 | 2 | 3 | 5 | 8 | 13 | 21 | 34 | 55 | 89 | 144 | 233 | … |

从表 1 中可知:一年后(第 13 个月时)共有兔子 233 对.

用这种办法来推算,似乎有些"笨",而且越往后越使人觉得复杂.有无简单办法推算?

我们把表 1 中下面一列数用$\{F_n\}$表示(有时也用$\{u_n\}$表示,下标 $n$ 表示月份数,兔子数可视为月份数的函数),则它们被称为斐波那契数列,记

$$\{F_n\}: 1, 1, 2, 3, 5, 8, 13, 21, 34, \cdots$$

且 $F_n$ 称为**斐波那契数**.

1634 年数学家吉拉德(A. Girard,1595—1632)发现(那已是斐波那契死后四百年的事了):斐波那契数列之间有如下递推关系

$$F_{n+1} = F_n + F_{n-1}$$

其实这个式子并不难理解,试想:第 $n+1$ 个月时的兔子可分为两类,一类是第 $n$ 个月时的兔子,另一类是当月新出生的小兔,而这些小兔数恰好是第 $n-1$ 个月时的兔子数(它们到第 $n+1$ 个月时均可生殖).

由于这一发现,生小兔问题引起了人们的极大兴趣,首先计算这列数方便多了:人们不仅可以轻而易举地算出一年以后的兔子数,甚至可以算出两年、三年等以后的兔子数(这要用原来的办法推算恐怕是烦琐至极).再者由于人们继续对这个数列进行探讨,又发现了它的许多奇特的性质.

比如它们项数间的更一般关系是

$$F_{m+n} = F_{n-1}F_m + F_nF_{m+1} \quad (m, n \in \mathbf{Z}_+)$$

我们可以用数学归纳法证明如下(对 $m$ 归纳):

①$m = 1$ 时,$F_{n+1} = F_{n-1} + F_n = F_{n-1}F_1 + F_nF_2$,即命题真(注意到$F_1 = F_2 = 1$).

类似地，我们可以证明 $m=2$ 时命题也真，即

$$F_{n+2}=F_{n-1}F_2+F_nF_3$$

② 设 $m\leqslant k$ 时命题真，今考虑 $m=k+1$ 的情形：

由归纳假设有

$$F_{n+k-1}=F_{n-1}F_{k-1}+F_nF_k$$

及

$$F_{n+k}=F_{n-1}F_k+F_nF_{k+1}$$

上两式两边分别相加有

$$F_{n+k-1}+F_{n+k}=F_{n-1}(F_{k-1}+F_k)+F_n(F_k+F_{k+1})$$

注意到

$$F_{n+k+1}=F_{n+k-1}+F_{n+k}$$

及 $$F_{k-1}+F_k=F_{k+1}, F_k+F_{k+1}=F_{k+2}$$

故 $$F_{n+k+1}=F_{n-1}F_{k+1}+F_nF_{k+2}$$

即 $m=k+1$ 时命题亦真，从而对任何正整数 $m$ 命题成立（这里用的是第二归纳法）.

1680 年，卡西尼（G. D. Cassini，1625—1712）发现了下面关于斐波那契数列项间重要的关系式

$$F_{n+1}F_{n-1}-F_n^2=(-1)^n$$

它可以直接用数学归纳法去证明，但更为巧妙的证明方法，可由矩阵恒等式

$$\begin{pmatrix}1&1\\1&0\end{pmatrix}^n=\begin{bmatrix}F_{n+1}&F_n\\F_n&F_{n-1}\end{bmatrix}\qquad(*)$$

的简单证明得到：

①$n=2$ 时，用矩阵乘法规则

$$\begin{pmatrix}1&1\\1&0\end{pmatrix}^2=\begin{pmatrix}1&1\\1&0\end{pmatrix}\begin{pmatrix}1&1\\1&0\end{pmatrix}=\begin{pmatrix}2&1\\1&1\end{pmatrix}=\begin{bmatrix}F_3&F_2\\F_2&F_1\end{bmatrix}$$

② 设 $n=k$ 时结论真，即

$$\begin{pmatrix}1&1\\1&0\end{pmatrix}^k=\begin{bmatrix}F_{k+1}&F_k\\F_k&F_{k-1}\end{bmatrix}$$

今考虑 $n=k+1$ 的情形，即

$$\begin{pmatrix}1&1\\1&0\end{pmatrix}^{k+1}=\begin{pmatrix}1&1\\1&0\end{pmatrix}^k\begin{pmatrix}1&1\\1&0\end{pmatrix}=\begin{bmatrix}F_{k+1}&F_k\\F_k&F_{k-1}\end{bmatrix}\begin{pmatrix}1&1\\1&0\end{pmatrix}=$$

$$\begin{bmatrix}F_{k+1}+F_k&F_{k+1}\\F_k+F_{k-1}&F_k\end{bmatrix}=\begin{bmatrix}F_{k+2}&F_{k+1}\\F_{k+1}&F_k\end{bmatrix}$$

此即说 $n=k+1$ 时命题亦真，从而对任何正整数，式（ * ）成立.

对式（ * ）两边取行列式再展开化简后即为

$$F_{n+1}F_{n-1}-F_n^2=(-1)^n$$

从这个关系式中我们还可以发现，$F_n$ 与 $F_{n+1}$ 互质，即

$$(F_n,F_{n+1})=1$$

（这里 $(a,b)$ 表示 $a,b$ 的最大公因子）因为从式中可见：$F_n$ 与 $F_{n+1}$ 的任何公因子都是 $(-1)^n$ 的一个因子.

上面关系式的推广形式是

$$F_{n-k}F_{m+k}-F_nF_m=(-1)^nF_{m-n-k}F_k$$

它的证明要用到后面我们将提到的一个公式. 至于它的讨论，我们在以后给出.

**注** 利用等式（*）我们还可以证明前面的结论

$$F_{m+n}=F_mF_{n+1}+F_{m-1}F_n$$

这只需注意到

$$\begin{pmatrix}F_{m+n} & F_{m+n-1}\\ F_{m+n-1} & F_{m+n-2}\end{pmatrix}=\begin{pmatrix}1 & 1\\ 1 & 0\end{pmatrix}^{m+n-1}=\begin{pmatrix}1 & 1\\ 1 & 0\end{pmatrix}^{m-1}\begin{pmatrix}1 & 1\\ 1 & 0\end{pmatrix}^{n}=$$

$$\begin{pmatrix}F_m & F_{m-1}\\ F_{m-1} & F_{m-2}\end{pmatrix}\begin{pmatrix}F_{n+1} & F_n\\ F_n & F_{n-1}\end{pmatrix}$$

利用矩阵乘法后再比较两边矩阵中左上角第一个元素即可.

18 世纪初，棣莫佛（A. de Moivre，1667—1754）在其所著《分析集锦》（*Miscellanea Analytica*）中，给出斐波那契数列的通项表达式（又称为"封闭形式"，但它不唯一）

$$F_n=\frac{1}{\sqrt{5}}\left[\left(\frac{1+\sqrt{5}}{2}\right)^n-\left(\frac{1-\sqrt{5}}{2}\right)^n\right]$$

它又称为比内公式，这是以最初证明它的法国数学家比内（J. P. M. Binet，1786—1856）的名字命名的，它又是一个十分耐人寻味的等式：式左是正整数，而式右却是由无理数来表达的. 公式的重要性我们不说即明，因为斐波那契数列的许多重要性质的证明都是通过它来完成的.

我们先来用数学归纳法证明这个等式，稍后我们还将给出它的另外两种证明（直接推导给出，详见后文）.

①$n=1$ 时，直接验算即可.

② 设 $n\leqslant k$ 时结论真，今考虑 $n=k+1$ 的情形.

注意到关系式 $F_{k+1}=F_k+F_{k-1}$ 及下面的推演

$$F_k+F_{k-1}=$$

$$\frac{1}{\sqrt{5}}\left[\left(\frac{1+\sqrt{5}}{2}\right)^k-\left(\frac{1-\sqrt{5}}{2}\right)^k\right]+\frac{1}{\sqrt{5}}\left[\left(\frac{1+\sqrt{5}}{2}\right)^{k-1}-\left(\frac{1-\sqrt{5}}{2}\right)^{k-1}\right]=$$

$$\frac{1}{\sqrt{5}}\left[\left(\frac{1+\sqrt{5}}{2}\right)^{k-1}\left(\frac{1+\sqrt{5}}{2}+1\right)-\left(\frac{1-\sqrt{5}}{2}\right)^{k-1}\left(\frac{1-\sqrt{5}}{2}+1\right)\right]=$$

$$\frac{1}{\sqrt{5}}\left[\left(\frac{1+\sqrt{5}}{2}\right)^{k-1}\left(\frac{1+\sqrt{5}}{2}\right)^{2}-\left(\frac{1-\sqrt{5}}{2}\right)^{k-1}\left(\frac{1-\sqrt{5}}{2}\right)^{2}\right]=$$

$$\frac{1}{\sqrt{5}}\left[\left(\frac{1+\sqrt{5}}{2}\right)^{k+1}-\left(\frac{1-\sqrt{5}}{2}\right)^{k+1}\right]$$

从而命题对 $n=k+1$ 时真,因而对任何自然数上公式都成立.

1753 年,西姆森(Simson,1687—1768)发现斐波那契数列中前后两项 $F_n$ 和 $F_{n+1}$ 之比 $F_n/F_{n+1}$ 是连分数

$$\cfrac{1}{1+\cfrac{1}{1+\cfrac{1}{1+\ddots}}}$$

的第 $n$ 个渐近分数.

这一点我们后文还要叙及.

1864 年,法国数学家拉梅(G. Lame,1795—1870)利用斐波那契数列证明:

应用辗转相除法(欧几里得除法)的步数(即辗转相除的次数)不大于较小的那个数的位数的 5 倍.

这是斐波那契数列的第一次有价值的应用(证明请见后文).

1876 年,数学家卢卡斯(E. Lucas,1842—1891)发现:

方程 $x^2-x-1=0$ 的两个根 $x_1=\frac{1+\sqrt{5}}{2}$,$x_2=\frac{1-\sqrt{5}}{2}$ 的任何次方幂的线性组合都满足关系式

$$F_{n+1}=F_n+F_{n-1}$$

同时他还发现并证明了下述结论:

一个数整除 $F_m$ 和 $F_n$ 的充要条件是这个数是 $F_d$ 的因子,这里 $d=(m,n)$. 特别的,$(F_m,F_n)=F_{(m,n)}$.

**证** 我们已经证明了关系式

$$F_{m+n}=F_mF_{n+1}+F_{m-1}F_n$$

由此我们可有:$F_m$ 和 $F_n$ 的任何公因子也是 $F_{m+n}$ 的因子;且 $F_{m+n}$ 和 $F_n$ 的任何公因子也是 $F_mF_{n+1}$ 的因子.

又 $(F_m,F_n)=1$,即 $F_m$,$F_n$ 互质,故 $F_{m+n}$ 和 $F_n$ 的公因子也能整除 $F_m$,这样:

对整数 $d$,$d\mid F_m$ 且 $d\mid F_n \Longleftrightarrow d\mid F_{n+m}$ 和 $d\mid F_n$,这里"|"表示整除.

这个结论还可以推广为(可以用数学归纳法证):

$d\mid F_m$ 且 $d\mid F_n \Longleftrightarrow d\mid F_{m+kn}$ 和 $d\mid F_n$,这里 $k$ 是非负整数.

若 $r\equiv m \pmod n$,则 $F_m$ 和 $F_n$ 的公因子亦为 $F_r$ 和 $F_n$ 的公因子.

又若 $r_1\equiv n \pmod r$,则 $F_r$ 和 $F_n$ 的公因子即为 $F_r$ 和 $F_{r_1}$ 的公因子.

……

如此下去，最后 $r_s=0$ 时，即 $F_m$ 和 $F_n$ 的公因子即为 $F_0=0$（规定！）和 $F_{(m,n)}$ 的公因子.

此外，卢卡斯还利用斐波那契数列的性质证明 $2^{127}-1$ 是一个质数①（它有 39 位，要验证这一点并非轻而易举），这也是斐波那契数列的一个应用.

顺便指出："斐波那契数列"的名称，正是出自卢卡斯之口.

20 世纪 50 年代出现的"优选法"（如今称为"最优化方法"）中，也找到了斐波那契数列的巧妙应用，从而也使得这个曾作为故事或智力游戏的古老的"生小兔问题"所引出的数列，绽开了新花.

由于这个数列的越来越多的性质被人们所发现，越来越多的应用被人们找到，因而引起了敏感的数学家们的极大关注，一本专门研究它的杂志——《斐波那契季刊》（*Fibonacci Quarterly*）于 1963 年开始发行（V. E. Hoggatt 等人创办）.

---

① 形如 $2^p-1$ 的质数叫梅森质数. 若 $M_n=2^n-1$ 是质数，则 $n$ 必定是质数，反之则不然.

到 2018 年为止，人们共找到 51 个梅森型质数，这些 $p=2,3,5,7,13,17,\cdots,44\ 497,86\ 243,110\ 503,132\ 049,216\ 091,756\ 839,859\ 433,1\ 257\ 787,1\ 398\ 269,2\ 976\ 221,3\ 021\ 377,6\ 972\ 593,13\ 466\ 917,20\ 996\ 011,24\ 036\ 583,25\ 964\ 951,30\ 402\ 457,32\ 582\ 657,37\ 156\ 667,42\ 643\ 801,43\ 112\ 609,57\ 885\ 161,74\ 207\ 281,77\ 232\ 917,82\ 589\ 933$ 共 51 个，其中 $2^{30\ 402\ 457}-1$ 共有 12 978 189 位. 从第 13 个梅森质数 $M_{521}$ 开始，都是借助电子计算机找到的.

该类质数之所以引起人们的兴趣，是因为它与所谓完全数（包括 1 的除自身外的全部约数和等于该数的自然数，如 $6=1+2+3$ 等）有关，即若 $2^p-1$ 是梅森质数，则 $2^{p-1}(2^p-1)$ 是完全数，完全数是"数论"中的一个重要课题；此外有关该类质数个数（是有限还是无穷多）的讨论，亦被人们关注.

# 二 它们也产生斐波那契数列

斐波那契数列不只是在生小兔问题中才会遇到，它也出现在自然界、生活中……

先来看该数列在植物叶序、花蕾中的表现. 植物学家认为：一些尚未被人认识的植物生长规律，决定了叶序、花蕾的形状，该问题的答案可能在于植物学与动力学系统之间通过射影几何而建立起来的巧妙联系.

## 1. 植物叶序中的斐波那契数列

16 世纪末叶德国天文学、数学家开普勒(J. Kepler，1571—1630)对生物学中的数学问题很感兴趣，他曾经仔细地观察过蜂房的结构和形状后指出：

这种充满空间的对称蜂房的角应和菱形的十二面体的角一样.

而后，法国的天文学家马拉尔弟(Maraldi)经仔细观测后指出：

这种菱形的角，一个为 $109°28'$，另一个为 $72°32'$.

法国的昆虫学家列俄木(de Réaumur，1683—1757)曾猜想：用这种角度建造蜂房大概是在相同的体积下最省材料的.

这个猜想后来被瑞士的数学家寇尼希(Köenig，? —1757)证得.

开普勒还研究了“叶序”问题，即植物生长过程中叶、花、果在茎上的排列顺序问题，在他的结论里也出现了与斐波那契

数列有关的数字(尽管当时这个数列还没有冠以斐波那契数列的尊号):

植物的叶子在茎上的排列,对同一种植物来说是有一定规则的,若把位于茎周同一母线位置的两片叶子叫作一个周期的话,那么

$$W=\frac{\text{每个周期叶子绕的圈数}}{\text{每个周期里的全部叶子数}}$$

将是一些特定的数,它只是随植物品种不同而不同,比如下面的一些植物.

榆树:叶子排列在茎的相对两翼(对称地排列),即它一周期有两片叶子,且一周期叶子仅绕一圈,故 $W_{\text{榆}}=\frac{1}{2}$.

山毛榉:它的叶子从第三片开始循回,故 $W_{\text{山毛榉}}=\frac{1}{3}$.

樱桃(橡树等):叶子排列如图 2.1 所示,可知 $W_{\text{樱桃}}=\frac{2}{5}$.

梨树:$W_{\text{梨}}=\frac{3}{8}$.

柳树:$W_{\text{柳}}=\frac{5}{13}$.

……

图 2.1

乍看上去,似乎没有什么规律,但若把它们写在一起

$$\frac{1}{2},\ \frac{1}{3},\ \frac{2}{5},\ \frac{3}{8},\ \frac{5}{13},\ \cdots$$

细心的读者也许已经看到:这些分数的分子、分母都恰好各自组成一个斐波那契数列,更确切地讲:它们分别是斐波那契数列的第 $n$ 项与第 $n+2$ 项之比.

(顺便插一句:植物叶子在茎上的排列是按螺线方式进行的,且每三片叶子在螺线上的距离都服从黄金分割比.关于黄金分割我们后面将会谈到.)

此外,花的瓣数多为斐波那契数列中的某项(数):3,5,8,….

## 2. 菠萝的鳞片与斐波那契数列

我们再来看看菠萝.菠萝果外面的鳞状表皮均是一些不规则的六边形.

把菠萝轴(中心线)视为 $Z$ 轴,与之垂直的平面叫 $XOY$ 平面(图2.2(a)),量一量菠萝的鳞状表皮六边形中心距 $XOY$ 平面的距离(按照某个比例单位),把它们记下来填到图 2.2(b) 上.这个图上的数字初看上去似乎杂乱无章,其实不然,若仔细观察便会发现:

那些彼此联系着的鳞状表皮上的数,有三个方向(系统)是按照等差数列方式排列的:

0,5,10,15,20,…(公差 $d$ 是 5,与之方向平行的诸鳞片上的数字也如此);

0,8,16,24,32,…(公差 $d$ 是 8,与之方向平行的诸鳞片上的数字也如此);

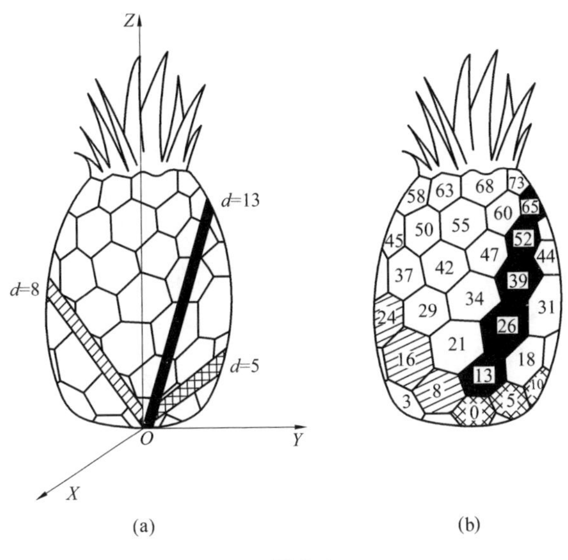


(a) (b)

图 2.2

0,13,26,39,52,…(公差 $d$ 是 13,与之方向平行的诸鳞片上的数字也如此).

这三个方向所给出的诸等差数列,其公差分别是 5,8,13 ——它们恰好是斐波那契数列中的三项.

## 3. 树枝生长、蜂进蜂房、上楼方式中的斐波那契数列

波兰数学家斯坦因豪斯(H. Steinhaus,1887—1972) 在其名著《数学万花镜》中有这么一个问题①:

一棵树一年后长出一条新枝;新枝隔一年后成为老枝,老枝便可每年长出一条新枝.如此下去,十年后树枝将有多少(图 2.3)?

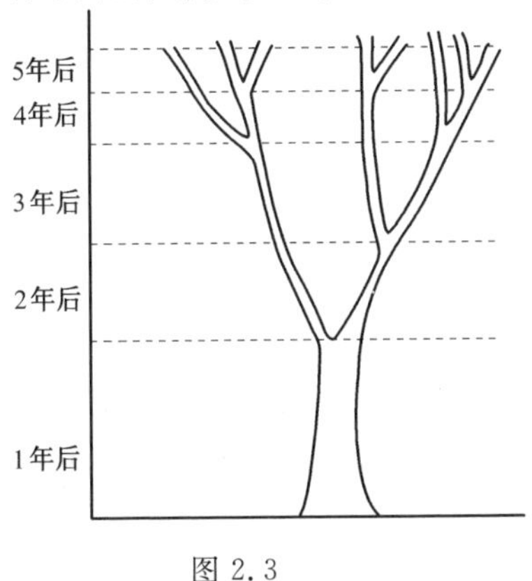


图 2.3

① 这个问题实际上是数学家泽林斯基(Zerlisky) 在一次国际数学会议上提出的.

读者早已悟到：这个问题只是斐波那契数列问题的变化而已，即树枝的繁衍方式是按照斐波那契数列增加的.

我们再来考虑一个问题：它也和生物现象有关，即蜜蜂进蜂房问题.

一只蜜蜂从蜂房 $A$ 出发，想爬到第 $1,2,3,\cdots,n$ 号蜂房(图 2.4(a))，但只允许它自左向右(不许反向倒走)，那么它爬到各号蜂房的路线数也恰好构成一个斐波那契数列.

事实上，蜜蜂爬到 1 号蜂房有 $F_2=1$ 条路线，爬到 2 号蜂房有 $F_3=2$ 条路线($A\to 2$ 或 $A\to 1\to 2$).

蜜蜂爬到 $n$ 号蜂房的路线有两类：

一类是不经过 $n-1$ 号蜂房，直接从 $n-2$ 号蜂房进入第 $n$ 号蜂房；

另一类是经过 $n-1$ 号蜂房(图 2.4(b)).

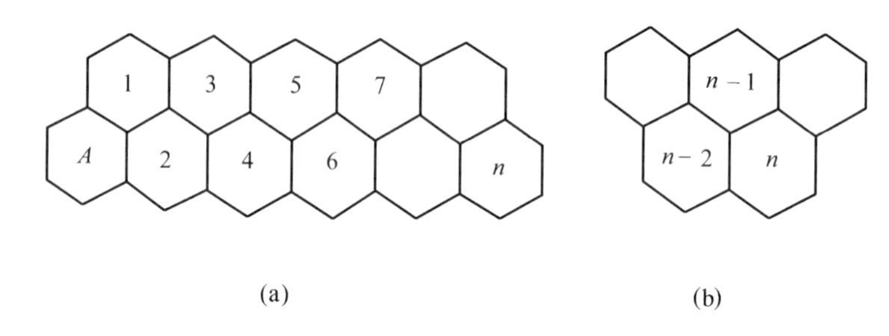


图 2.4

从 $A$ 爬到 $n-2$ 号蜂房的路线有 $F_{n-1}$ 条，从 $A$ 爬到 $n-1$ 号蜂房的路线有 $F_n$ 条，这样蜜蜂从 $A$ 爬到第 $n$ 号蜂房的路线有 $F_{n-1}+F_n=F_{n+1}$ 条，显然 $\{F_n\}$ 恰为斐波那契数列(注意到 $F_1=1$).

这个问题与下面的问题无实质差异：

如图 2.5，有 $n$ 个村庄，分别用 $A_1,A_2,\cdots,A_n$ 表示. 某人从 $A_1$ 出发按箭头方向(不许反向)绕一圈后，再回到 $A_1$ 有多少种走法？

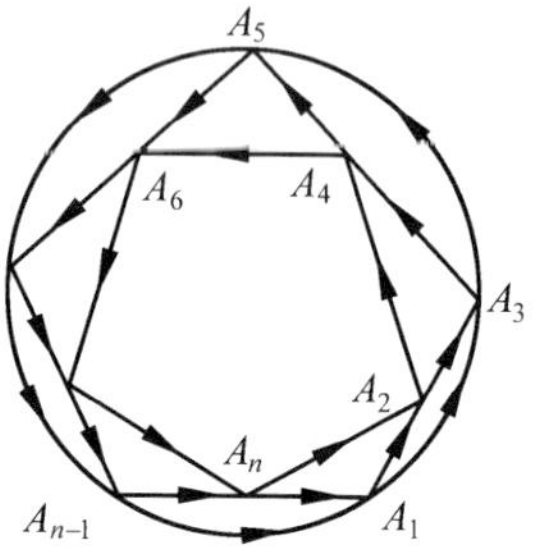

稍做分析不难有：设走法数为 $a_n$，则

$a_1=1,a_2=1,a_{k+1}=a_k+a_{k-1}\ (k>1)$.

这恰好构成一个斐波那契数列.

图 2.5

上面的问题其实与下面的问题也是类似的：

上楼梯时，若允许每次跨一磴或两磴，那么对于楼梯数为 $1,2,3,4,\cdots$ 时上楼的方式数恰好也是斐波那契数列：$1,2,3,5,8,\cdots$.

这一点可由下表中显示出来.

| 楼梯磴数 | 上 楼 方 式 | 上楼方式数 |
| --- | --- | --- |
| 1 | | 1 |
| 2 | | 2 |
| 3 | | 3 |
| 4 | | 5 |
| … | … | … |

当然下面的问题实质与上两个问题也是相同的:

有1分和2分的硬币若干,问用它们组成(或支付)币值为1,2,3,4,5,… 分的方式各有多少(这里各种组成或支付方式都是一枚一枚进行的,比如支付3分时,②① 和 ①② 看作两种不同方式,这是因为前者是先付2分又付1分,而后者是先付1分又付2分)?

再来看一个摆放硬币问题,它也与斐波那契数列有关.

$n$ 枚相同的硬币排成若干行,使上一行的每个硬币总能碰到下一行两个相邻的硬币(它被称为 Propp 硬币分拆,如图 2.6 所示).

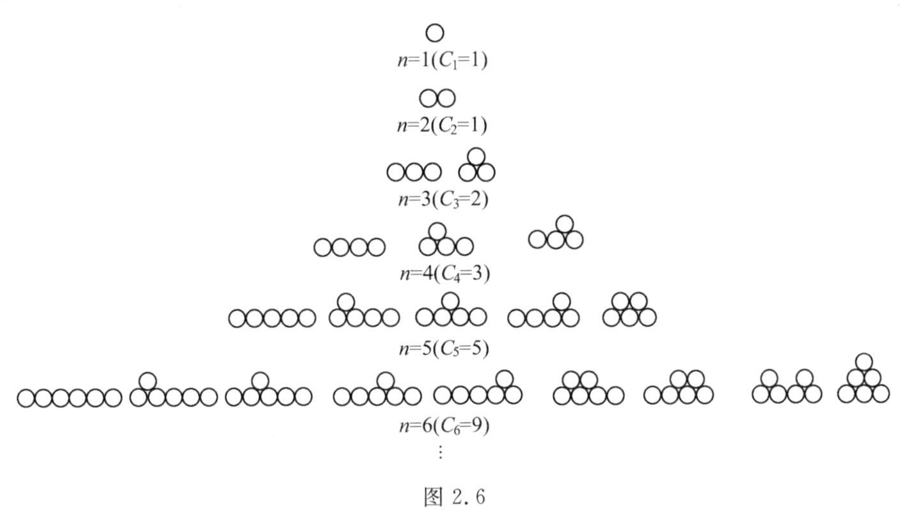


图 2.6

其方法数 $C_n$ 与 $n$ 的关系为表 1.

**表 1**

| $n$ | 0 | 1 | 2 | 3 | 4 | 5 | 6 | 7 | 8 | 9 | 10 | 11 | 12 | 13 | 14 | 15 | 16 | … |
| --- | --- | --- | --- | --- | --- | --- | --- | --- | --- | --- | --- | --- | --- | --- | --- | --- | --- | --- |
| $C_n$ | 1 | 1 | 1 | 2 | 3 | 5 | 9 | 15 | 26 | 45 | 78 | 135 | 234 | 406 | 704 | 1 222 | 2 120 | … |

注意到这样摆放(或分拆)数产生的序列的生成函数

$$\sum_{n=0}^{\infty} C_n x^n = 1 + x + x^2 + 2x^3 + 3x^4 + 5x^5 + 9x^6 + 15x^7 + \cdots$$

可表示为一个无穷乘积

$$\prod_{n=1}^{\infty} (1 - x^n)^{-\alpha(n)}$$

其中 $\alpha(n)$ 除去前面两项,皆为 $\{F_n\}$ 的相继项,如表 2 所示.

表 2

| $n$ | 1 | 2 | 3 | 4 | 5 | 6 | 7 | 8 | 9 | 10 | … |
|---|---|---|---|---|---|---|---|---|---|---|---|
| $\alpha(n)$ | 1 | 0 | 1 | 1 | 2 | 3 | 5 | 8 | 13 | 21 | … |

### 4. 雄蜂家族、钢琴键盘与斐波那契数列

我们再来看一个例子,它也和生物现象有关.

在蜜蜂王国里:雌蜂虽多,但仅有一只(蜂后)能产卵,余者皆工蜂.蜂后与雄蜂交配后产下蜂卵,其中绝大多数是受精卵,其孵化后为雌蜂(工蜂或蜂后),少数未受精卵孵化成雄蜂.

若追溯一只雄蜂的家系,其任何一代的祖先数目,均为斐波那契数列中的数,即它们构成斐波那契数列.

如图 2.7,一只雄蜂仅有一个母亲,故其两代数目均为 1;而这只雄蜂的母亲必须是有父母的,故其上溯第三代的数目是 2;这一代雄蜂(即原来雄蜂的祖父)仅有母亲,而雌蜂(即原来雄蜂的祖母)则有一父一母,故上溯第四代的数目是 3……

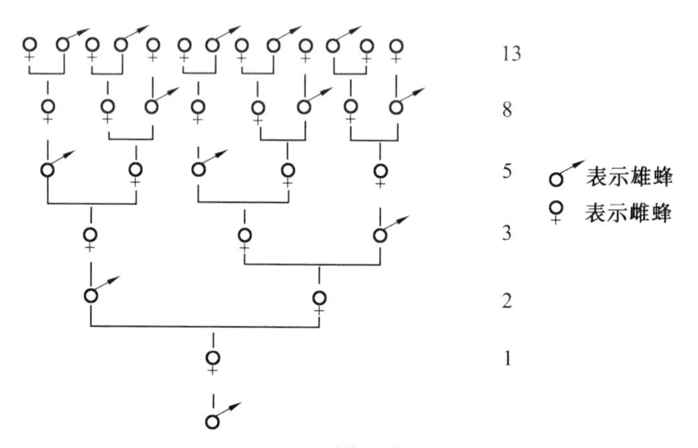


图 2.7

雄蜂家系上溯第六代祖先(图 2.7),若雄蜂用 ● 表示,雌蜂用 ○ 表示,则此 13 只蜂的排布如图 2.8 所示.

图 2.8

有趣的是:它与钢琴琴键排布一致,如图 2.9 所示(13 个半音).

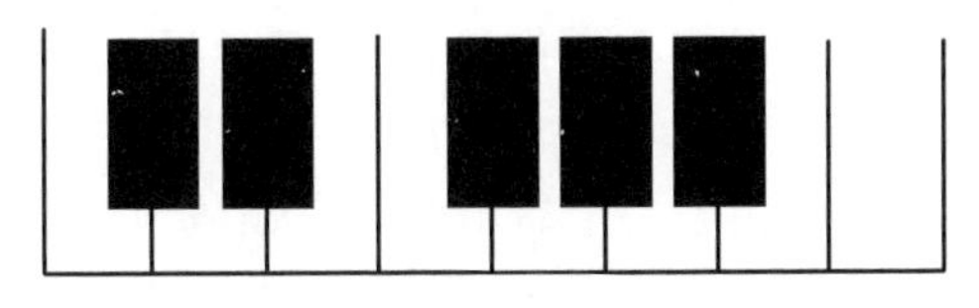

图 2.9

顺便讲一句,一个音节分为 12 个音调(连半音在内),若用简谱表示即

$$(1,1^{\#},2,2^{\#},3,4,4^{\#},5,5^{\#},6,6^{\#},7);\dot{1}$$

其中 1 的波长是 $\dot{1}$ 的波长的 2 倍,其相邻两音调波长之比皆为

$$\sqrt[12]{2}\approx 1.059\ 463\ 1$$

尽管 12 个音调的波长构成公比为 $\sqrt[12]{2}$ 的等比数列,但人类的听觉却认为相邻两音调均相差半个音.

## 5. 斐波那契排列与准晶体

1984 年以前,人们一直认为固态物质可划分为晶体与玻璃体两种形式.玻璃体内部是无序的,而晶体则具有格子构造,或者说它的内部结构具有长程有序及平移对称的特征.按照经典结晶学的理论,自然界不存在介于此二者之间的中间形式,而且也从未在实践中发现过.

但 1984—1985 年间情况改变了.1984 年 11 月,美国国家标准局的科学家谢赫特曼(D. Shechtman) 等人宣布:他们在一种急冷的 Al - Mn 合金中,首次发现了五次对称轴(或中心)①.几乎与此同时,即 1985 年 1 月,我国科学家郭可信教授等亦报道了五次对称轴(或中心) 的发现.

当化学家 K. Hiraga 对其用电子显微镜进行测试时,发现该合金由 $12^n$ 个 20 面体构成,且它具有五重对称中心,它与理论上的巴罗(Barlow)定律——晶体不能有一个以上的五重对称中心相悖.上述合金形成的三维结构,具有长程定向有序,但没有平移有序,即结构中配位多面体的定向一致,但没有空间格

① 准晶体的发现从根本上改变了人们原先对于固态物质的构想,因而谢赫特曼独享了 2011 年诺贝尔化学奖.

2011 年 10 月 6 日瑞典首都斯德哥尔摩时间 11 时 45 分,在瑞典科学院宣布获奖者之际,诺贝尔化学奖评审委员会做出解释时讲:"在准晶体内,我们发现了阿拉伯世界令人着迷的马赛克装饰得以在原子层面复制,即常规图案永远不会重复."

子.科学家称这种结构为20面体的准晶体,它是介于晶体与玻璃体之间的中间形式.

尔后,人们在俄罗斯一条河内获取的矿物样本中发现自然生成的准晶体.工业环境下,瑞典一家企业在一种合金钢材料中发现准晶体.

准晶体的首次发现,不仅震动了化学界、物理学界,而且对地球科学的各分支学科,如结晶学、矿物学、岩石学等也都产生了深远的影响.它的发现突破了传统的物态理论,从此也开拓了一个崭新的研究领域.

在准晶体研究中,有一个重要的问题,即从准晶体产生的明锐衍射斑点来看,可以推断其结构中应存在某种"周期性",尽管这种周期不是像晶格那样简单的平移周期,我们姑且称之为"准周期".

对准晶体"准周期"的讨论当从其电子显微镜高分辨照片中亮点的分布出发时,便归结为讨论一族几何点系分布特征的数学问题.

注意到准晶体晶格中亮点具有图2.10的环形均匀分布的特点,所以只需揭示任何一条直线上亮点的排布规律即可.

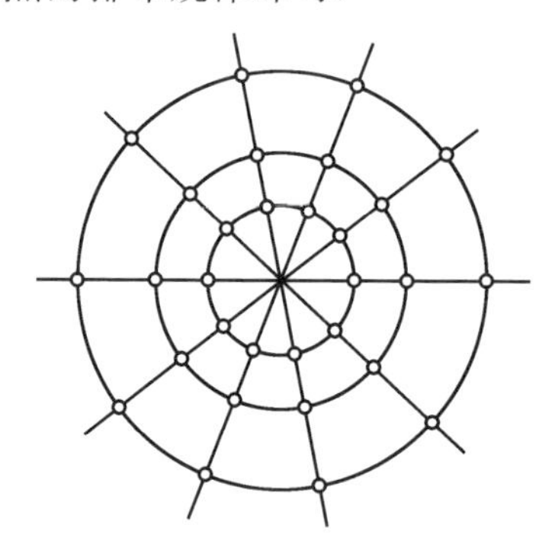

图2.10

进一步观察与分析可知,沿任意一条直线上分布的亮点是有规律的,即相邻两个亮点间距离只有两种,若记作 $a$ 与 $b$,则度量可得:$b/a=0.618\cdots$,这里竟然出现了黄金比.此外,按 $a$,$b$ 间距排列的亮点位序如下

$$ABAABABAABAAB\cdots$$

这种位序不仅可由准晶体电镜图观察到,而且也可根据 $b/a=0.618\cdots$ 及五次对称进行证明.

为了得出准晶体的准周期,我们记

$$\mathscr{F}_0=B,\ \mathscr{F}_1=A,\ \mathscr{F}_{n-1}\mathscr{F}_{n-2}=\mathscr{F}_n\quad(n\geqslant 2)$$

这里 $\mathscr{F}_{n-1}\mathscr{F}_{n-2}$ 是指 $\mathscr{F}_{n-1}$ 在前,$\mathscr{F}_{n-2}$ 在后,尾首衔接而成的排列,$\{\mathscr{F}_n\}$ 称为斐波那契排列.例如

$$\mathscr{F}_0=B$$

$$\mathscr{F}_1=A$$

$$\mathscr{F}_2 = AB$$
$$\mathscr{F}_3 = ABA$$
$$\mathscr{F}_4 = ABAAB$$
$$\mathscr{F}_5 = ABAABABA$$
$$\mathscr{F}_6 = ABAABABAABAAB$$
$$\vdots$$

通过观察发现并可严格证明，在 Al - Mn 准晶体电镜高分辨照片上，沿一维方向上亮点的排布是一个斐波那契排列.

在斐波那契排列中，$A$ 与 $B$ 的个数均为$\{F_n\}$ 中的某项，具体地讲，即：

$\mathscr{F}_n$ 中 $A$ 的个数为 $F_{n-1}$，$B$ 的个数为 $F_{n-2}$，而 $A$，$B$ 个数之和为 $F_n(n \geqslant 2)$.

（这一点还与我们后文将要介绍的所谓彭罗斯图形构图方式有关，详见后文.）

五次对称轴也许会让人联想到："草木花多五出"（见《韩诗外传》），即与生物界颇多五次对称，如许多花草为五瓣五叶，高级动物多五指联系起来，准晶体中出现的五次对称轴（或中心）是否可为生物与非生物之间的联系与演化提供些许信息呢？

正如法国数学家拉普拉斯曾说过的那样："只要知道世界上一切物质粒子在某一时刻的位置与速度，神圣的计算就能做到前知过去，后测未来."

## 6. 几何、代数、概率等中的斐波那契数列

在数字的本身有时也会遇到斐波那契数列. 比如在几何中有这样一个例子：

已知以 $AB$ 为直径的半圆有一内接正方形 $CDEF$，其边长为 1（图 2.11）. 设 $AC = a$，$BC = b$，作数列

$$f_1 = a - b$$
$$f_2 = a^2 - ab + b^2$$
$$f_3 = a^3 - a^2b + ab^2 - b^3$$
$$\vdots$$
$$f_k = a^k - a^{k-1}b + a^{k-2}b^2 - \cdots + (-1)^k b^k$$

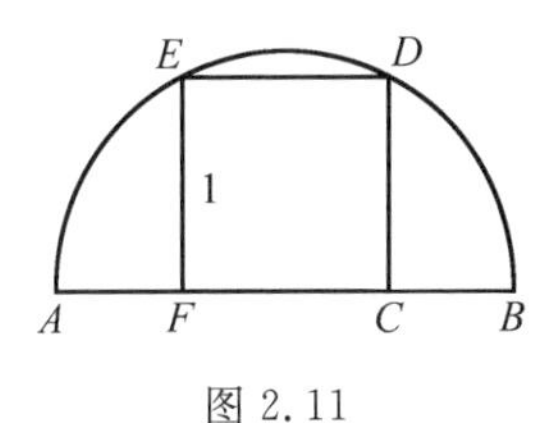

图 2.11

则 $f_n = f_{n-1} + f_{n-2}(n \geqslant 3)$，即$\{f_n\}$ 为斐波那契数列.

我们只需注意到

$$a - b = AC - BC = FC = 1$$
$$ab = AC \cdot BC = CD^2 = 1$$

则 $a$，$b$ 为 $x^2 - x - 1 = 0$ 的两个根，解得

$$a=\frac{1}{2}(1+\sqrt{5}),\ b=\frac{1}{2}(1-\sqrt{5})$$

容易证明 $a^2=1+a,\ b^2=1-b$

又 $f_k=a^k-a^{k-1}b+a^{k-2}b^2-\cdots+(-1)^k b^k=\dfrac{a^{k+1}-(-b)^{k+1}}{a+b}$

从而

$$\begin{aligned}f_{k-1}+f_{k-2}&=\frac{a^k-(-b)^k}{a+b}+\frac{a^{k-1}-(-b)^{k-1}}{a+b}=\\&\frac{a^{k-1}(a+1)-(-b)^{k-1}(-b+1)}{a+b}=\\&\frac{a^{k-1}\cdot a^2-(-b)^{k-1}\cdot b^2}{a+b}=\\&\frac{a^{k+1}-(-b)^{k+1}}{a+b}=f_k\end{aligned}$$

注意到：$f_1=a-b=1$，且 $f_2=a^2-ab+b^2=(1+a)-1+(1-b)=2$，及 $f_{n+1}=f_n+f_{n-1}(n>1)$，故 $\{f_n\}$ 是斐波那契数列.

我们再来看一个由求方程近似解而得到斐波那契数列的例子.

我们用迭代的方法求方程 $x^2+x-1=0$ 的正的近似解.

令 $f(x)=x^2+x-1$. 由 $f(0)=-1<0$，$f(1)=1>0$，知 $f(x)$ 在 $(0,1)$ 间有解 $x^*$.

考虑迭代格式：$x_{n+1}=\dfrac{1}{x_n+1}$（由 $x^2+x-1=0$ 即 $x=\dfrac{1}{x+1}$ 考虑）.

令 $x_0=1$（称之为第 0 次迭代），则

$$x_1=\frac{1}{1+x_0}=\frac{1}{2}\quad\text{（第 1 次迭代，}x_1\text{ 称为第一次近似根）}$$

$$x_2=\frac{1}{1+x_1}=\frac{1}{1+\frac{1}{2}}=\frac{2}{3}\quad\text{（第 2 次迭代）}$$

$$x_3=\frac{1}{1+x_2}=\frac{1}{1+\frac{2}{3}}=\frac{3}{5}\quad\text{（第 3 次迭代）}$$

$$x_4=\frac{1}{1+x_3}=\frac{1}{1+\frac{3}{5}}=\frac{5}{8}\quad\text{（第 4 次迭代）}$$

$$x_5=\frac{1}{1+x_4}=\frac{1}{1+\frac{5}{8}}=\frac{8}{13}\quad\text{（第 5 次迭代）}$$

$$\vdots$$

我们已经看到，这些各次迭代的近似解

$$\frac{1}{1},\ \frac{1}{2},\ \frac{2}{3},\ \frac{3}{5},\ \frac{5}{8},\ \frac{8}{13},\ \cdots$$

的分子、分母都恰好构成一个斐波那契数列.

斐波那契数列$\{F_n\}$还与“$3x+1$问题”有着千丝万缕的联系. $3x+1$问题(任给一个自然数$n$,若其为偶数,则将它除以2;若其为奇数,则将它乘3后再加1.重复上述运算,经有限步骤后结果必为1)可以用函数

$$C(n)=\begin{cases}\dfrac{n}{2}, & n\equiv 0(\bmod 2)\\ 3n+1, & n\equiv 1(\bmod 2)\end{cases}$$

表示,其运算经有限步骤后可化为1.若记$k$为使自然数$n$化为1时所经历的运算步骤数,而$n(k)$为使$n$经$k$步可化为1的数$n$的个数,则有表3.

表 3

| $n(k)$ | 1 | 1 | 2 | 3 | 5 | … |
|---|---|---|---|---|---|---|
| $n$的值 | 1 | 4 | 3,8 | 6,7,16 | 5,12,15,32,114 | … |

这里$\{n(k)\}$恰好是斐波那契数列中的诸项

$$1,1,2,3,5,8,13,21,34,\cdots$$

最后我们看一个与古典概率问题研究有关的例子.

连续抛一枚硬币,直到连出现两次正面为止,今考察事件发生在第$n$次抛掷的情形:

我们用H表示硬币的正面,而用T表示硬币的反面,从表4可以看出:事件发生在第$n$次的所有可能的种类数恰为$F_{n-1}$.

表 4

| $n$ | 可能的序列 | 序列的数目 |
|---|---|---|
| 2 | HH | 1 |
| 3 | THH | 1 |
| 4 | HTHH, TTHH | 2 |
| 5 | THTHH, HTTHH, TTTHH | 3 |
| 6 | HTHTHH, TTHTHH, THTTHH<br>HTTTHH, TTTTHH | 5 |
| … | … | … |

对于$n=7$时,只需在$n=6$时的序列每个的前面加上T(共5个),此外还可以在每个T打头的序列前面加上H(共3个),这样一共有$5+3=8$(个).

仿上利用数学归纳法我们可以证明:

“连续抛一枚硬币,直到连出现两次正面为止”的事件发生在第$n$次抛掷所有可能的方式数为$F_{n-1}$.

①$n=2,3$的情形自明.

② 设$n=k$时结论真,即事件发生在第$k$次抛掷的方式数有$F_{k-1}$种,而它是由$F_{k-2}$个序列前面各加上T,在$F_{k-3}$个序列(它们是T打头)的前面又加上H

而得到的.

今考虑 $n=k+1$ 的情形. 注意到我们可以在上述 $F_{k-1}$ 个序列前面各加上 T,而在 $F_{k-2}$ 个以 T 打头的序列前面各加上 H,即

$$\text{T}(\underbrace{\text{T}\cdots\text{THH}}_{k})\ \text{或}\ \text{T}(\underbrace{\text{H}\cdots\text{THH}}_{k})\quad(\text{共}\ F_{k-1}\ \text{个})$$

$$\text{H}(\underbrace{\text{T}\cdots\text{THH}}_{k})\quad(\text{共}\ F_{k-2}\ \text{个})$$

这样,事件发生在第 $k+1$ 次的抛掷方式数共有 $F_{k-1}+F_{k-2}=F_k$ 种,即结论对 $n=k+1$ 也真.

从而,结论对任何自然数 $n$ 都成立,即它也为斐波那契数列.

## 7. 连分数、无穷根式与斐波那契数列

令连分数 $x=1+\cfrac{1}{1+\cfrac{1}{1+\cfrac{1}{1+\ddots}}}$,显然

$$x=1+\cfrac{1}{1+\cfrac{1}{1+\cfrac{1}{1+\ddots}}}=1+\frac{1}{x}$$

又令无穷根式 $x=\sqrt{1+\sqrt{1+\sqrt{1+\sqrt{1+\cdots}}}}$,则有

$$x^2=1+\sqrt{1+\sqrt{1+\sqrt{1+\cdots}}}=1+x$$

它们都可推出(产生)方程 $x^2-x-1=0$,其有正根 $\alpha=\frac{1+\sqrt{5}}{2}=1.618\cdots$,又

$$\frac{1}{x}=x-1=0.618\cdots(\text{黄金数,见后文})$$

这样可有

$$\alpha=1+\frac{1}{\alpha}$$

$$\alpha^2=\left(\frac{1+\sqrt{5}}{2}\right)^2=1+\frac{1+\sqrt{5}}{2}=1+\alpha$$

$$\alpha^3=\alpha\cdot\alpha^2=\alpha(1+\alpha)=\alpha^2+\alpha=1+2\alpha$$

类似地

$$\alpha^4=2+3\alpha,\alpha^5=3+5\alpha$$

$$\alpha^6=5+8\alpha,\alpha^7=8+13\alpha,\cdots$$

注意上诸式式右各常数及 $\alpha$ 项的系数,即 $\{F_n\}$

$$1,1,2,3,5,8,13,\cdots$$

由此亦可看出数列$\{F_n\}$与黄金数0.618…有着千丝万缕的联系(见后文).它可用数学归纳法证得.

## 8. 小结

我们再来小结一下,可以导致斐波那契数列的问题大致可分为以下三类:

(1)$F$-数的生物模型($F$-数即斐波那契数).

(生物学中所谓“鲁德维格”定律,亦为斐波那契数列在植物学中的体现.)

(2) 道路模型.

沿图2.12所示道路从$A_0$出发(只能沿箭头方向前进)到$A_n$的所有可能的走法数即为$F_n$.

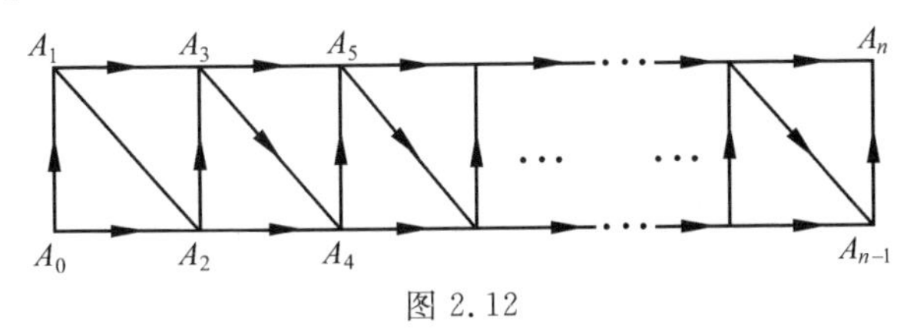


图 2.12

(3) 组合模型.

数集$N_n=\{1,2,\cdots,n\}$中不含相邻元素的子集个数即为$F_{n+2}$.

今证$H_n$为$N_n$不含相邻元素的子集个数.

显然$N_1=\{1\}$,其子集仅有空集$\varnothing$和$\{1\}$共2个,即$H_1=2$.

$N_2=\{1,2\}$,它的满足要求的子集有$\varnothing$,$\{1\}$和$\{2\}$共3个,即$H_2=3$.

对$N_n$的任一满足要求的子集$E$,若它不含数$n$,则它必为$N_{n-1}=\{1,2,\cdots,n-1\}$满足要求的子集;

若$E$包含数$n$,则它必不包含$n-1$,故当我们从$E$中去掉$n$之后得到的乃是$N_{n-2}$的一个满足要求的子集.

这表明当我们将$N_n$中所有$H_n$个满足要求的子集按包含$n$元素与否而分作不相交的两类时,它们的个数分别为$H_{n-1}$和$H_{n-2}$,从而

$$H_n=H_{n-1}+H_{n-2}$$

又$H_1=F_3=2$,$H_2=F_4=3$,故由它们满足同样递推关系,从而必有

$$H_n=F_{n+2}$$

# 三 通项的其他表达式

前面我们介绍了斐波那契数列的通项表达式——比内公式

$$F_n=\frac{1}{\sqrt{5}}\left[\left(\frac{1+\sqrt{5}}{2}\right)^n-\left(\frac{1-\sqrt{5}}{2}\right)^n\right]$$

当然它还有其他的通项表达式，下面我们来介绍几种.

## 1. 行列式形式

斐波那契数列的通项可以用下面的行列式表示

$$F_{n+1}=\begin{vmatrix}1 & -1 & 0 & 0 & \cdots & 0 & 0\\ 1 & 1 & -1 & 0 & \cdots & 0 & 0\\ 0 & 1 & 1 & -1 & \cdots & 0 & 0\\ \vdots & \vdots & \vdots & \vdots & & \vdots & \vdots\\ 0 & 0 & 0 & 0 & \cdots & 1 & 1\end{vmatrix}\qquad(*)$$

它是一个 $n$ 阶行列式，其相应的矩阵称为**斐波那契矩阵**. 直接应用数学归纳法去验证并不困难，下面我们先证明一个更一般的结论，然后再用它导出上面的式子.

考虑 $n$ 阶行列式

$$D_n=\begin{vmatrix}\alpha+\beta & \alpha\beta & 0 & 0 & \cdots & 0 & 0\\ 1 & \alpha+\beta & \alpha\beta & 0 & \cdots & 0 & 0\\ 0 & 1 & \alpha+\beta & \alpha\beta & \cdots & 0 & 0\\ \vdots & \vdots & \vdots & \vdots & & \vdots & \vdots\\ 0 & 0 & 0 & 0 & \cdots & 1 & \alpha+\beta\end{vmatrix}=$$

$$\begin{cases} \dfrac{\alpha^{n+1}-\beta^{n+1}}{\alpha-\beta}, & \alpha \neq \beta \\ (n+1)\alpha^{n}, & \alpha=\beta \end{cases}$$

若令
$$d_n=\begin{vmatrix} \alpha & \alpha\beta & 0 & \cdots & 0 & 0 \\ 1 & \alpha+\beta & \alpha\beta & \cdots & 0 & 0 \\ 0 & 1 & \alpha+\beta & \cdots & 0 & 0 \\ \vdots & \vdots & \vdots & & \vdots & \vdots \\ 0 & 0 & 0 & \cdots & 1 & \alpha+\beta \end{vmatrix}$$

$$\delta_n=\begin{vmatrix} \beta & 0 & 0 & \cdots & 0 & 0 \\ 1 & \alpha+\beta & \alpha\beta & \cdots & 0 & 0 \\ 0 & 1 & \alpha+\beta & \cdots & 0 & 0 \\ \vdots & \vdots & \vdots & & \vdots & \vdots \\ 0 & 0 & 0 & & 1 & \alpha+\beta \end{vmatrix}$$

则 $D_n=\delta_n+d_n$，其中将 $d_n$ 的第一行乘 $-1$ 加到第 2 行后，再按第一列展开可有

$$d_n=\alpha\begin{vmatrix} 1 & \beta & 0 & \cdots & 0 & 0 \\ 1 & \alpha+\beta & \alpha\beta & \cdots & 0 & 0 \\ 0 & 1 & \alpha+\beta & \cdots & 0 & 0 \\ \vdots & \vdots & \vdots & & \vdots & \vdots \\ 0 & 0 & 0 & \cdots & 1 & \alpha+\beta \end{vmatrix}=$$

$$\alpha\begin{vmatrix} 1 & \beta & 0 & \cdots & 0 & 0 \\ 0 & \alpha & \alpha\beta & \cdots & 0 & 0 \\ 0 & 1 & \alpha+\beta & \cdots & 0 & 0 \\ \vdots & \vdots & \vdots & & \vdots & \vdots \\ 0 & 0 & 0 & \cdots & 1 & \alpha+\beta \end{vmatrix}=\alpha d_{n-1}$$

递推可有

$$d_n=\alpha d_{n-1}=\alpha^2 d_{n-2}=\cdots=\alpha^{n-1}d_1=\alpha^n$$

类似地可有
$$\delta_n=\beta D_{n-1}$$

综上即有

$$D_n=\alpha^n+\beta D_{n-1}$$

同理
$$D_{n-1}=\alpha^{n-1}+\beta D_{n-2}$$
$$\vdots$$
$$D_2=\alpha^2+\beta D_1$$
$$D_1=\alpha+\beta$$

即

$$D_n=\alpha^n+\beta D_{n-1}$$

$$\beta D_{n-1}=\beta\alpha^{n-1}+\beta^2 D_{n-2}$$
$$\beta^2 D_{n-2}=\beta^2\alpha^{n-2}+\beta^3 D_{n-3}$$
$$\vdots$$
$$\beta^{n-2}D_2=\beta^{n-2}\alpha^2+\beta^{n-1}D_1$$
$$\beta^{n-1}D_1=\beta^{n-1}\alpha+\beta^n$$

将以上诸式两边分别相加、化简后有

$$D_n=\alpha^n+\beta\alpha^{n-1}+\beta^2\alpha^{n-2}+\cdots+\beta^{n-2}\alpha^2+\beta^{n-1}\alpha+\beta^n=$$
$$\begin{cases}\dfrac{\alpha^{n+1}-\beta^{n+1}}{\alpha-\beta}, & \alpha\neq\beta\\ (n+1)\alpha^n, & \alpha=\beta\end{cases}$$

在 $F_{n+1}$ 的表达式( * )中,$\alpha,\beta$ 满足

$$\alpha+\beta=1,\quad \alpha\beta=-1$$

即 $\alpha,\beta$ 是方程 $x^2-x-1=0$ 的两个根,于是若设 $\alpha>\beta$,则

$$\alpha=\frac{1}{2}(1+\sqrt{5}),\quad \beta=\frac{1}{2}(1-\sqrt{5})$$

再 $\alpha-\beta=\sqrt{5}$,从而

$$F_{n+1}=\frac{1}{\sqrt{5}}\left[\left(\frac{1+\sqrt{5}}{2}\right)^{n+1}-\left(\frac{1-\sqrt{5}}{2}\right)^{n+1}\right]$$

这恰好正是比内公式.

比内公式还有许多证法. 比如:

令 $$f(x)=\sum_{k=1}^{n}F_{k-1}x^k=\sum_{k=0}^{n}F_kx^{k+1}\quad (下\sum_{k=r}^{n} 简证\sum_{k=r})\qquad ( * * )$$

对 $F_n=F_{n-1}+F_{n-2}$ 两边分别乘以 $x^n(n\geqslant 2)$,然后求和,则有

$$\sum_{k=2}F_kx^k=\sum_{k=2}F_{k-1}x^k+\sum_{k=2}F_{k-2}x^k=$$
$$x\sum_{k=1}F_kx^k+x^2\sum_{k=0}F_kx^k$$

有 $$f(x)-1+x=x[f(x)-1]+x^2f(x)$$

即$(1+x-x^2)f(x)=1$,又

$$1+x-x^2=(x+w)(x+\tau)$$

从而 $$f(x)=\frac{1}{1+x-x^2}=\frac{1}{(x+\omega)(x+\tau)}=$$
$$\frac{1}{\tau-\omega}\left(\frac{1}{x+\omega}-\frac{1}{x+\tau}\right)$$

由 $\tau-\omega=\sqrt{5}$,再将$\dfrac{1}{x+\omega},\dfrac{1}{x+\tau}$ 按泰勒展开化简后有

$$f(x)=\frac{1}{\sqrt{5}}\sum_{k=1}(\tau^k-\omega^k)x^k$$

比较式(* *)的系数有 $F_n=\frac{1}{\sqrt{5}}(\tau^n-\omega^n)$,$n=1,2,\cdots$.

这个方法某种意义上讲与后面提到的递归、差分方法无本质上差异(这里 $1-x-x^2$ 恰好为$\{F_n\}$的母函数).

**注** 当然(*)还可以写成它的转置形式以及另外一种形式

$$F_{n+1}=\begin{vmatrix} 1 & 1 & & & \\ -1 & 1 & 1 & & O \\ & -1 & 1 & 1 & \\ & & \ddots & \ddots & \ddots \\ O & & -1 & 1 & 1 \\ & & & -1 & 1 \end{vmatrix}_{n\times n}$$

或
$$F_{n+1}=\begin{vmatrix} 1 & -1 & 1 & -1 & 1 & -1 & \cdots \\ 1 & 1 & 0 & 1 & 0 & 1 & \cdots \\ 0 & 1 & 1 & 0 & 1 & 0 & \cdots \\ 0 & 0 & 1 & 1 & 0 & 1 & \cdots \\ \vdots & \vdots & \vdots & \vdots & \vdots & \vdots & \vdots \end{vmatrix}_{n\times n}$$

它们曾分别是苏联大学生数学竞赛的试题和《美国数学月刊》征解题.对于后一行列式,只需实施下面初等变换即可化为前者:将其第 $n$ 列减去第 $n-2$ 列,将其第 $n-1$ 列减去第 $n-3$ 列,……,将其第 3 列减去第 1 列.

再比如我们可以先用数学归纳法证明下面两式

$$\alpha^n=\alpha F_n+F_{n-1} \qquad (*)$$

$$\beta^n=\beta F_n+F_{n-1} \qquad (**)$$

其实只需证式(*)即可,式(* *)证法相同.

(i) 当 $n=2$ 时,由 $\alpha$ 满足方程知

$$\alpha^2=\alpha+1=\alpha F_2+F_1$$

命题成立.

(ii) 若当 $n=k$ 时式(*)成立有

$$\alpha^k=\alpha F_k+F_{k-1}$$

则当 $n=k+1$ 时

$$\begin{aligned}\alpha^{k+1}=\alpha\alpha^k=\alpha(\alpha F_k+F_{k-1})=\\ \alpha^2F_k+\alpha F_{k-1}=(\alpha+1)F_k+\alpha F_{k-1}=\\ \alpha(F_k+F_{k-1})+F_k=\alpha F_{k+1}+F_k\end{aligned}$$

从而结论(*)成立.

考虑式(*)-式(* *)有

$$\alpha^n-\beta^n=(\alpha-\beta)F_n$$

从而 $F_n=\frac{\alpha^n-\beta^n}{\alpha-\beta}$,将 $\alpha,\beta$ 代入化简即

$$F_n=\frac{1}{\sqrt{5}}\left[\left(\frac{1+\sqrt{5}}{2}\right)^n-\left(\frac{1-\sqrt{5}}{2}\right)^n\right]$$

它实质上可看作前面证法的简化(道理详见后文).

顺便讲一句,由比内公式可以证明:在数列$\left\{\frac{\alpha^n}{\sqrt{5}}\right\}$中,$F_n$ 是最接近$\frac{\alpha^n}{\sqrt{5}}$的整数.因

$$\left|F_n-\frac{\alpha_n^n}{\sqrt{5}}\right|=\left|\frac{\alpha^n-\beta^n}{\sqrt{5}}-\frac{\alpha^n}{\sqrt{5}}\right|=\left|\frac{\beta^n}{\sqrt{5}}\right|=\frac{|\beta|^n}{\sqrt{5}}$$

而$\beta=-0.618\cdots$,故$\frac{|\beta|^n}{\sqrt{5}}<\frac{1}{2}$.

进一步还有$\lim\limits_{n\to\infty}\left|F_n-\frac{\alpha^n}{\sqrt{5}}\right|=0$.

## 2. 矩阵、向量积的形式

我们再来看斐波那契数列的一个矩阵、向量乘积形式的表达式.

若设

$$\boldsymbol{A}=\begin{pmatrix}1&1\\1&0\end{pmatrix},\quad \begin{pmatrix}v_k\\u_k\end{pmatrix}=\boldsymbol{A}^k\begin{pmatrix}0\\1\end{pmatrix}\quad(k=1,2,\cdots)$$

则 $u_k$ 恰为斐波那契数列的通项.

下面我们来证明这个结论.

首先容易验证 $u_1=u_2=1$,且 $u_{n+2}=u_n+u_{n+1}(n\geqslant 1)$,换言之,它符合斐波那契数列的定义关系.

下面来推演 $u_n$ 的通项表达式.

由矩阵 $\boldsymbol{A}$ 的特征方程为$|\lambda\boldsymbol{I}-\boldsymbol{A}|=\begin{vmatrix}\lambda-1&-1\\-1&\lambda\end{vmatrix}=\lambda^2-\lambda-1$,故解得 $\boldsymbol{A}$ 的特征值(根)为

$$\lambda_1=\frac{1}{2}(1+\sqrt{5}),\quad \lambda_2=\frac{1}{2}(1-\sqrt{5})$$

同时可求得 $\boldsymbol{A}$ 的对应于特征值$\lambda_1,\lambda_2$ 的特征向量分别为

$$\left(1,\ \frac{-1+\sqrt{5}}{2}\right)^{\mathrm{T}},\quad \left(1,\ \frac{-1-\sqrt{5}}{2}\right)^{\mathrm{T}}$$

再令矩阵$\boldsymbol{X}=\begin{pmatrix}1&1\\\frac{-1+\sqrt{5}}{2}&\frac{-1-\sqrt{5}}{2}\end{pmatrix}$,则有

$$\boldsymbol{X}^{-1}\boldsymbol{A}\boldsymbol{X}=\begin{pmatrix}\lambda_1&0\\0&\lambda_2\end{pmatrix}\Longrightarrow\boldsymbol{A}=\boldsymbol{X}\begin{pmatrix}\lambda_1&0\\0&\lambda_2\end{pmatrix}\boldsymbol{X}^{-1}$$

则归纳地(结合数学归纳法)可有

$$\boldsymbol{A}^k=\boldsymbol{X}\begin{pmatrix}\lambda_1^k & 0\\ 0 & \lambda_2^k\end{pmatrix}\boldsymbol{X}^{-1}=\frac{1}{\sqrt{5}}\begin{pmatrix}\lambda_1^{k+1}-\lambda_2^{k+1} & \lambda_1^k-\lambda_2^k\\ \lambda_1^k-\lambda_2^k & \lambda_1^{k-1}-\lambda_2^{k-1}\end{pmatrix}$$

又由题设 $\begin{pmatrix}v_k\\ u_k\end{pmatrix}=\boldsymbol{A}^k\begin{pmatrix}0\\ 1\end{pmatrix}$,将上式代入乘后比较,从而可有

$$u_k=\frac{1}{\sqrt{5}}(\lambda_1^k-\lambda_2^k)=\frac{1}{\sqrt{5}}\left[\left(\frac{1+\sqrt{5}}{2}\right)^k-\left(\frac{1-\sqrt{5}}{2}\right)^k\right]$$

由此可得到$\{u_n\}$,即斐波那契数列$\{F_n\}$的通项表达式.

这里想重复强调一句:若设 $v_n=F_n,u_n=F_{n-1}$,则由

$$\begin{pmatrix}F_{n+1}\\ F_n\end{pmatrix}=\begin{pmatrix}1 & 1\\ 1 & 0\end{pmatrix}\begin{pmatrix}F_n\\ F_{n-1}\end{pmatrix}=\begin{pmatrix}F_n+F_{n-1}\\ F_n\end{pmatrix}$$

式中已蕴涵数列递推关系 $F_{n+1}=F_n+F_{n-1}$.

### 3. 组合数和的形式

斐波那契数列通项表达式还可通过杨辉(贾宪)三角表示(关于杨辉三角我们后面还要介绍).我们把杨辉三角(图3.1)改写一下,成为图3.2的形状(即将它的最左下角的1靠齐):容易看到沿图3.2中虚斜线(我们称之为递升对角线)方向(与水平成45°夹角的直线)上诸数和恰好分别是

$$1,1,2,3,5,8,\cdots$$

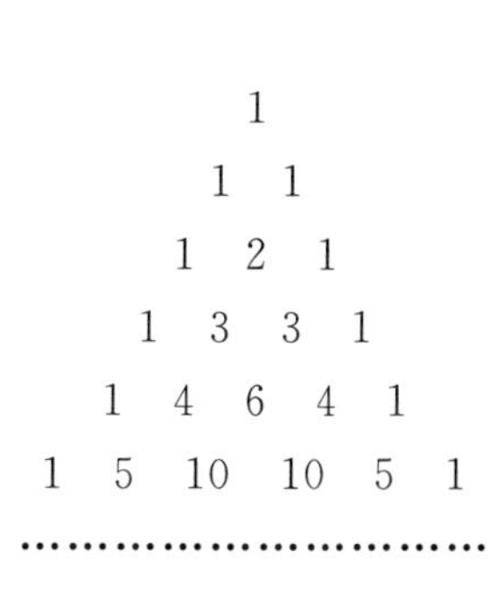


图 3.1

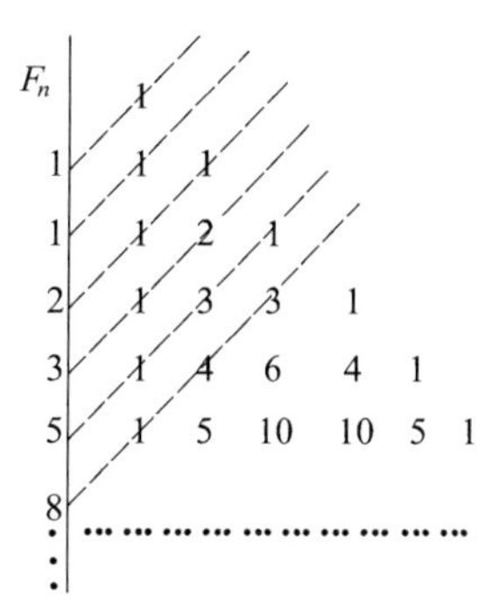


图 3.2

这也恰好正是斐波那契数列,稍稍分析我们便可以写出它的通项表达式

$$F_{n+1}=\sum_{i=0}^{k}\mathrm{C}_{n-i}^{i}$$

其中 $k=\left[\frac{n}{2}\right]$ $(n=0,1,2,3,\cdots)$,这里$[x]$表示不超过 $x$ 的最大整数,且约定 $\mathrm{C}_n^0=1,\mathrm{C}_n^m=0(n<m)$.

直观的表示可以通过下面的图3.3显现.

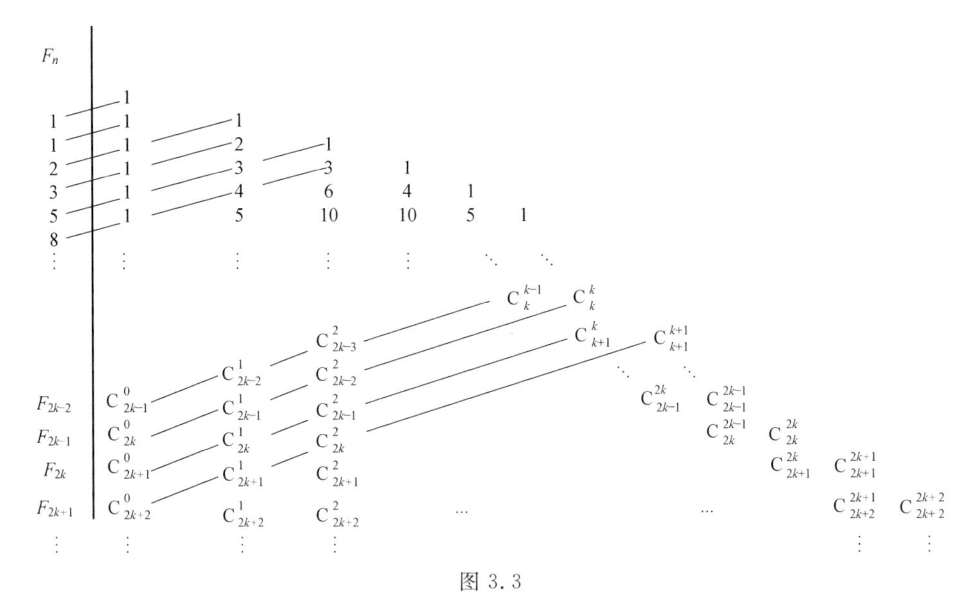

图 3.3

从图 3.3 中我们已经看到：$F_1=1, F_2=1$，余下的只需验证这些斜线上诸数和 $F_k$ 满足

$$F_n = F_{n-1} + F_{n-2} \quad (n \geqslant 3)$$

粗略地看，位于第 $n-2$ 条递升对角线上的诸数是

$$C_{n-3}^0, \quad C_{n-4}^1, \quad C_{n-5}^2, \cdots$$

位于第 $n-1$ 条递升对角线上的诸数是

$$C_{n-2}^0, \quad C_{n-3}^1, \quad C_{n-4}^2, \cdots$$

而它们的和是

$$C_{n-2}^0 + (C_{n-3}^0 + C_{n-3}^1) + (C_{n-4}^1 + C_{n-4}^2) + \cdots$$

注意到组合等式 $C_m^k + C_m^{k+1} = C_{m+1}^{k+1}$，显然上式即为

$$C_{n-1}^0 + C_{n-2}^1 + C_{n-3}^2 + \cdots$$

它恰为第 $n$ 条递升对角线上的诸数和 $F_n$.

更为精细的证明应分 $n$ 为奇数或偶数两种情形考虑：

① 若 $n$ 是偶数，设 $n=2k(k=1,2,3,\cdots)$，则

$$f_n = f_{2k} = C_{2k+1}^0 + (C_{2k}^1 + C_{2k-1}^2 + C_{2k-2}^3 + \cdots + C_{k+1}^k)$$

而

$$f_{2k-1} = C_{2k}^0 + (C_{2k-1}^1 + C_{2k-2}^2 + \cdots + C_k^k)$$

$$f_{2k-2} = (C_{2k-1}^0 + C_{2k-2}^1 + C_{2k-3}^2 + \cdots + C_k^{k-1})$$

比较三个圆括号内的诸项(分别有 $k$ 项)有关系

$$C_m^r = C_{m-1}^r + C_{m-1}^{r-1} \quad (r=1,2,\cdots,k; m=2k, 2k-1, \cdots, k+1)$$

又 $C_{2k+1}^0 = C_{2k}^0$，故有 $f_{2k} = f_{2k-1} + f_{2k-2}$.

② 若 $n$ 为奇数，设 $n=2k+1(k=1,2,3,\cdots)$，则

$$f_n=f_{2k+1}=C_{2k+2}^0+(C_{2k+1}^1+C_{2k}^2+\cdots+C_{k+2}^k)+C_{k+1}^{k+1}$$

而

$$f_{2k}=C_{2k+1}^0+(C_{2k}^1+C_{2k-1}^2+\cdots+C_{k+1}^k)$$

$$f_{2k}=(C_{2k}^0+C_{2k-1}^1+C_{2k-2}^2+\cdots+C_{k+1}^{k-1})+C_k^k$$

上面三式中圆括号内的 $k$ 个对应项之间有关系

$$C_m^r=C_{m-1}^{r-1}+C_{m-1}^r\quad(r=1,2,\cdots,k;m=2k+1,2k,\cdots,k+2)$$

注意到 $C_{2k+2}^0+C_{k+1}^{k+1}=C_{2k+1}^0+C_k^k$,故

$$f_{2k+1}=f_{2k}+f_{2k-1}$$

综上总有

$$f_n=f_{n-1}+f_{n-2}\quad(n\geqslant 3)$$

此即说 $F_n=f_n$,亦即 $f_n$ 为斐波那契数列通项的一种表示式.

我们还想说一下斐波那契数的多项式表示问题.

1988 年,加拿大数学家琼斯(Jones) 给出一个可以表示斐波那契数的多项式

$$Q(x,y)=7y^4x^2-7y^2x^4-5yx^5+y^3x^3+y^5x-\\2y^6+3yx+2y^2+2y-x^6+x^2+x$$

当 $x,y$ 为斐波那契数时,$Q(x,y)$ 也给出斐波那契数. 该多项式为 6 次多项式.

其实早在 1987 年胡久稔就已经给出一个 5 次多项式[61]

$$P(x,y)=-x^5+2x^4y+x^3y^2-2x^2y^3-xy^4+2x$$

当 $x,y$ 分别为奇、偶下标的斐波那契数时,$P(x,y)$ 也给出斐波那契数,且有

$$P(F_{2k},F_{2k-1})=F_{2k},\quad P(F_{2k+1},F_{2k})=F_{2k+1}$$

他还给出另外一个类似的 5 次多项式(其实只是上面多项式的对偶形式)

$$R(x,y)=-y^5+2y^4x+y^3x^2-2y^2x^3-yx^4+2y$$

顺便讲一句,若记 $\tau=\dfrac{\sqrt{5}+1}{2}\left(\text{注意}\dfrac{1}{\tau}=0.618\cdots\right)$,则 $F_n$ 的通项当 $n$ 较大时可表示为("$\gg$" 表示远大于)

$$F_n\approx\frac{\tau^n}{2.236}\quad(n\gg 1)$$

另外,还有人用$\lfloor\sqrt{e^{n-2}}\rfloor$,这里 e 为欧拉数 2.718 28…,且$\lfloor x\rfloor$ 表示 $x$ 的下取整(不小于 $x$ 的最小整数),则当 $n=2,3,\cdots$ 时,上式给出

1,1,2,3,5,8,13,21,34,55

遗憾的是下一个给出的是 91($\sqrt{e^9}\approx 90.017$).

关于 $F_n$ 的位数 $N(n)$,当 $n\geqslant 17$ 时,有 $\dfrac{n}{5}\leqslant N(n)\leqslant\dfrac{n}{4}$.

# 四　斐波那契数列是二阶循环数列

对于级数

$$t_0 + t_1 + \cdots + t_n + \cdots \qquad (*)$$

若存在一个正整数 $k$ 和 $k$ 个数 $a_1, a_2, \cdots, a_k$ 使得关系式(又称递推公式)

$$t_{n+k} = \sum_{i=0}^{k} a_i t_{n+k-i} \qquad (**)$$

对所有的非负整数 $n$ 都成立,则级数叫 $k$ 阶循环(或递归)级数,式( ** )称为 $k$ 阶循环(或递归)方程.

由以上及斐波那契数列性质:$F_{n+2} = F_n + F_{n+1}$ 知斐波那契数列所组成的级数 $\sum_{k=1}^{\infty} F_k$ 是一个二阶循环(或递归)级数.

对于 $x$ 的幂级数 $\sum_{k=0}^{\infty} t_k x^k$,若存在 $k$ 个数 $a_1, a_2, \cdots, a_k$ 使

$$t_{n+k} x^{n+k} = \sum_{i=0}^{k} a_i x^i (F_{n+k-i} x^{n+k-i})$$

对所有非负整数 $n$ 都成立,则称该幂级数为 $k$ 阶循环(或递归)级数,且多项式

$$1 - a_1 x - a_2 x^2 - \cdots - a_k x^k$$

为该级数的特征方程(多项式).

若令 $s_n=\sum_{k=0}^{n}t_kx^k(n\geqslant k)$,则

$$
\begin{aligned}
&(1-a_1x-a_2x^2-\cdots-a_kx^k)s_n=\\
&[t_0+(t_1-a_1t_0)x+(t_2-a_1t_1-a_2t_0)x^2+\cdots+\\
&(t_{k-1}-a_1t_{k-2}-a_2t_{k-3}-\cdots-a_{k-1}t_0)x^{k-1}]+\\
&[(t_k-a_1t_{k-1}-a_2t_{k-2}-\cdots-a_kt_0)x^k+\cdots+\\
&(t_n-a_1t_{n-1}-a_2t_{n-2}-\cdots-a_nt_0)x^n]-\\
&[(a_1t_n+a_2t_{n-1}+\cdots+a_kt_{n-k+1})x^{n+1}+\cdots+a_kt_nx^{n+k}]
\end{aligned}
$$

由循环条件知上面第二个方括号内诸项均为 0,从而可有

$$
s_n=\frac{t_0+(t_1-a_1t_0)x+\cdots+(t_{k-1}-a_1t_{k-2}-\cdots-a_{k-1}t_0)x^{k-1}}{1-a_1x-a_2x^2-\cdots-a_kx^k}-
$$

$$
\frac{(a_1t_n+a_2t_{n-1}+\cdots+a_kt_{n-k+1})x^{n+1}+\cdots+a_kt_nx^{n+k}}{1-a_1x-a_2x^2-\cdots-a_kx^k}
$$

上述级数在其收敛范围内可有

$$
s_\infty=\frac{t_0+(t_1-a_1t_0)x+\cdots+(t_{k-1}-a_1t_{k-2}-\cdots-a_{k-1}t_0)x^{k-1}}{1-a_1x-a_2x^2-\cdots-a_kx^k}
$$

若 1 不是其特征多项式 $1-a_1x-a_2x^2-\cdots-a_kx^k$ 的根,则在 $s_n$ 与 $s_\infty$ 中置 $x=1$ 可得 $\sum_{i=0}^{n}t_i$ 和 $\sum_{i=0}^{\infty}t_i$.

对斐波那契数列来讲,循环级数

$$
\sum_{k=0}^{\infty}F_kx^k \tag{***}
$$

的特征多项式(母函数) 是 $1+x-x^2$,由上面结论知

$$
s_\infty=\frac{F_0+(F_1-F_0)x}{1+x-x^2}=\frac{1}{1+x-x^2}=\frac{1}{(\tau_1-x)(\tau_2-x)}=
$$

$$
\frac{\frac{1}{\sqrt{5}}}{\tau_1-x}+\frac{\frac{1}{\sqrt{5}}}{\tau_2-x}=\frac{2}{5-\sqrt{5}}\cdot\frac{1}{1-\frac{2x}{\sqrt{5}-1}}+\frac{2}{5+\sqrt{5}}\cdot\frac{1}{1+\frac{2x}{\sqrt{5}+1}}
$$

这里

$$
\tau_1=\frac{1}{2}(1-\sqrt{5}),\quad \tau_2=\frac{1}{2}(1+\sqrt{5})
$$

由

$$
\frac{1}{1-t}=1+t+t^2+\cdots\quad(|t|<1)
$$

有

$$
s_\infty=\frac{2}{5-\sqrt{5}}\left(1-\frac{2x}{\sqrt{5}-1}+\frac{2^2x^2}{(\sqrt{5}-1)^2}-\cdots+(-1)^n\frac{2^nx^n}{(\sqrt{5}-1)^n}+\cdots\right)+
$$

$$\frac{2}{5+\sqrt{5}}\left(1+\frac{2x}{\sqrt{5}+1}+\frac{2^2x^2}{(\sqrt{5}+1)^2}+\cdots+\frac{2^nx^n}{(\sqrt{5}+1)^n}+\cdots\right)$$

而其 $x^{n-1}$ 的系数恰为

$$F_n=(-1)^{n-1}\frac{2}{5-\sqrt{5}}\cdot\frac{2^{n-1}}{(\sqrt{5}-1)^{n-1}}+\frac{2}{5+\sqrt{5}}\cdot\frac{2^{n-1}}{(\sqrt{5}+1)^{n-1}}=$$

$$\frac{2^{n-1}}{\sqrt{5}}\left[(-1)^{n-1}\frac{1}{(\sqrt{5}-1)^n}+\frac{1}{(\sqrt{5}+1)^n}\right]=$$

$$\frac{1}{\sqrt{5}}\left[\left(\frac{1+\sqrt{5}}{2}\right)^n-\left(\frac{1-\sqrt{5}}{2}\right)^n\right]$$

这正好是比内公式.

顺便讲一句,我们在等式

$$s_n=\frac{F_0+(F_1-F_0)x}{1-x-x^2}-\frac{(F_n+F_{n-1})x^{n+1}+F_nx^{n+2}}{1-x-x^2}$$

中令 $x=1$,则可有

$$F_0+F_1+\cdots+F_n=2F_n+F_{n-1}-1=F_{n+2}-1$$

这一点我们后面还要证明它.

我们还可以用差分方程的办法求出比内公式来. 显然斐波那契数列适合差分方程

$$f(x+2)=f(x+1)+f(x)$$

将 $f(x)=ar^x$ 代入可得

$$r^2-r-1=0$$

解之得

$$r_1=\frac{1}{2}(1+\sqrt{5}),\quad r_2=\frac{1}{2}(1-\sqrt{5})$$

故

$$f(x)=a_1\left(\frac{1+\sqrt{5}}{2}\right)^x+a_2\left(\frac{1-\sqrt{5}}{2}\right)^x$$

因 $f(0)=0$,$f(1)=1$,得

$$\begin{cases}a_1+a_2=0\\ a_1\cdot\dfrac{1+\sqrt{5}}{2}+a_2\cdot\dfrac{1-\sqrt{5}}{2}=1\end{cases}$$

解得

$$a_1=\frac{1}{\sqrt{5}},\quad a_2=-\frac{1}{\sqrt{5}}$$

从而

$$f(x)=\frac{1}{\sqrt{5}}\left[\left(\frac{1+\sqrt{5}}{2}\right)^x-\left(\frac{1-\sqrt{5}}{2}\right)^x\right]$$

应该讲一句:上面的方法具有普遍性. 比如我们可以求广义斐波那契数列(也称卢卡斯数列):

(1)$L_1=a, L_2=b, L_n=L_{n-1}+L_{n+2}(n>2)$,其中 $a, b$ 为给定的常数.

(2)$L_1=a, L_2=b, L_n=\alpha L_{n-1}+\beta L_{n-2}(n>2)$,其中 $\alpha, \beta$ 为给定的常数的通项公式或前 $n$ 项和.

我们还可以证明:

$k$ 阶循环(递归) 数列 $t_1, t_2, \cdots, t_n, \cdots$ 的递推公式

$$t_{n+k}=a_1 t_{n+k-1}+a_2 t_{n+k-2}+\cdots+a_k t_n$$

今求其通项问题,即求整标函数方程

$$f(n+k)=a_1 f(n+k-1)+a_2 f(n+k-2)+\cdots+a_k f(n) \qquad (*)$$

满足初始条件

$$f(r)=t_r \quad (1 \leqslant r \leqslant k)$$

的解,我们可有:

若 $x_i(1 \leqslant i \leqslant k)$ 是 $k$ 阶循环数列 $\{t_n\}$ 的递推公式的特征多项式 $x^k-a_1 x^{k\ 1}-a_2 x^{k-2}-\cdots-a_k$ 的 $k$ 个不相等的根,则 $\{t_n\}$ 的通项

$$a_n=f(n)=\sum_{i=1}^{k} c_i x_i^n$$

其中 $c_i(1 \leqslant i \leqslant k)$ 由方程组

$$\begin{cases}\sum_{i=1}^{k} c_i x_i=t_1 \\ \sum_{i=1}^{k} c_i x_i^2=t_2 \\ \quad\vdots \\ \sum_{i=1}^{k} c_i x_i^k=t_k\end{cases} \qquad (**)$$

唯一确定.

我们先证明:若 $f_i(n)(1 \leqslant i \leqslant m)$ 是方程$(*)$的解,则对任何常数 $c_i$ $(1 \leqslant i \leqslant m)$,有

$$f(n)=\sum_{i=1}^{m} c_i f_i(n)$$

也是方程$(*)$的解.

只需将 $f(n)$ 直接代入方程$(*)$即可.

下面我们寻求方程$(*)$的形如 $f(n)=x^n$ 的不恒为零的特解,其中 $x$ 为待定常数.

将 $f(n)=x^n$ 代入方程$(*)$有

$$x^{n+k}=a_1x^{n+k-1}+a_2x^{n+k-2}+\cdots+a_kx^n=x^n(a_1x^{k-1}+a_2x^{k-2}+\cdots+a_k)$$

两边同除以 $x^n$(它不为 0,因 $a_k\neq 0$,故 $x=0$ 不是方程( * ) 的解) 有

$$x^k=a_1x^{k-1}+a_2x^{k-2}+\cdots+a_k$$

此即说:$f(n)=x^n$ 是方程( * ) 的非零解的充要条件为 $x$ 是 $\{t_n\}$ 对应的特征方程的根.

考虑方程组( ** ) 的系数行列式

$$\Delta=\begin{vmatrix} x_1 & x_2 & \cdots & x_k \\ x_1^2 & x_2^2 & \cdots & x_k^2 \\ \vdots & \vdots & & \vdots \\ x_1^k & x_2^k & \cdots & x_k^k \end{vmatrix}=\prod_{i=1}^{k}x_i\cdot\begin{vmatrix} 1 & 1 & \cdots & 1 \\ x_1 & x_2 & \cdots & x_k \\ \vdots & \vdots & & \vdots \\ x_1^{k-1} & x_2^{k-1} & \cdots & x_k^{k-1} \end{vmatrix}$$

它恰为范德蒙(A. T. Vandermonde,1735—1796) 行列式,因诸 $x_i(1\leqslant i\leqslant k)$ 互不相同,故 $\Delta\neq 0$,从而方程组( ** ) 有唯一一组解.

此方程组即为给出的初始条件

$$f(r)=t_r\quad(1\leqslant r\leqslant k)$$

由前面的结论知:当 $c_i$ 由方程组( ** ) 确定时

$$a_n=f(n)=\sum_{i=1}^{k}c_ix_i^n$$

即为 $k$ 阶循环(递归) 数列 $\{t_n\}$ 的通项表达式.

为了求 $k$ 阶循环(递归) 级数和,我们还可以证明下面的结论:

$k$ 阶循环(递归) 数列 $t_1,t_2,\cdots,t_n,\cdots$,若其递推公式为

$$t_{n+k}=a_1t_{n+k-1}+a_2t_{n+k-2}+\cdots+a_kt_n$$

又若令 $s_n=t_1+t_2+\cdots+t_n$,则 $s_1,s_2,\cdots,s_n,\cdots$ 是 $k+1$ 阶循环(或递归) 数列,且递推公式为

$$s_{n+k+1}=(1+a_1)s_{n+k}+(a_2-a_1)s_{n+k-1}+\cdots+(a_k-a_{k-1})s_{n+1}-a_ks_n$$

事实上,$t_1=s_1,t_2=s_2-s_1,\cdots,t_n=s_n-s_{n-1}(n\geqslant 2)$,代入递推公式即

$$s_{n+k}-s_{n+k-1}=a_1(s_{n+k-1}-s_{n+k-2})+a_2(s_{n+k-2}-s_{n+k-3})+\cdots+a_k(s_n-s_{n-1})$$

即 $$s_{n+k}=(1+a_1)s_{n+k-1}+(a_2-a_1)s_{n+k-2}+\cdots+(a_k-a_{k-1})s_n-a_ks_{n-1}$$

用 $n+1$ 代 $n$ 即得所要证的结论.

我们用此结论再求一下斐波那契数列的前 $n$ 项和 $s_n$.

由上,$s_1,s_2,\cdots,s_n$ 是三阶循环(递归) 数列,且适合

$$s_{n+3}=2s_{n+2}-s_n$$

易知其特征多项式为 $x^3-2x^2+1=(x-1)(x^2-x-1)$,它的根为

$$x_1=1,\quad x_2=\frac{1+\sqrt{5}}{2},\quad x_3=\frac{1-\sqrt{5}}{2}$$

我们知道 $s_n$ 的通项可为

$$s_n = c_1 + c_2\left(\frac{1+\sqrt{5}}{2}\right)^n + c_3\left(\frac{1-\sqrt{5}}{2}\right)^n$$

又 $s_1 = F_1 = 1, s_2 = F_1 + F_2 = 2, s_3 = F_1 + F_2 + F_3 = 4$，代入上式可有

$$\begin{cases} c_1 + \dfrac{1+\sqrt{5}}{2}c_2 + \dfrac{1-\sqrt{5}}{2}c_3 = 1 \\ c_1 + \left(\dfrac{1+\sqrt{5}}{2}\right)^2 c_2 + \left(\dfrac{1-\sqrt{5}}{2}\right)^2 c_3 = 2 \\ c_1 + \left(\dfrac{1+\sqrt{5}}{2}\right)^3 c_2 + \left(\dfrac{1-\sqrt{5}}{2}\right)^3 c_3 = 4 \end{cases}$$

解得

$$c_1 = -1, \quad c_2 = \frac{\sqrt{5}+3}{2\sqrt{5}}, \quad c_3 = \frac{\sqrt{5}-3}{2\sqrt{5}}$$

故

$$s_n = -1 + \frac{\sqrt{5}+3}{2\sqrt{5}}\left(\frac{1+\sqrt{5}}{2}\right)^n + \frac{\sqrt{5}-3}{2\sqrt{5}}\left(\frac{1-\sqrt{5}}{2}\right)^n =$$

$$\frac{1}{\sqrt{5}}\left[\left(\frac{1+\sqrt{5}}{2}\right)^{n+2} - \left(\frac{1-\sqrt{5}}{2}\right)^{n+2}\right] - 1$$

即

$$s_n = F_{n+2} - 1$$

**注** 由斐波那契数列 $\{F_n\}$ 的特征多项式（母函数）为 $\frac{1}{1-x-x^2}$，用它可证不等式. 若

$$f(x) = \frac{1+\sum\limits_{k=1}^{\infty} a_k x^k}{1+\sum\limits_{k=1}^{\infty} b_k x^k} = 1 + \sum c_k x^k$$，其中 $0 \leqslant a_k, b_k \leqslant 1 (k = 1, 2, \cdots)$，则 $|c_k| \leqslant F_k$.

这只需将 $f(x)$ 的分子、分母同乘以 $1 - b_1 x$，则

$$f(x) = \frac{1+(a_1-b_1)x+(a_2-b_1a_1)x^2+\cdots}{1+(b_2-b_1^2)x^2+(b_3-b_1b_2)x^3+\cdots} <$$

$$\frac{1+x+x^2+\cdots}{1-x^2-x^3-\cdots} =$$

$$\frac{1}{1-x-x^2} =$$

$$\sum_{k=0}^{\infty} F_k x^k$$

**［系 1］** 每个正整数可整除无穷多个 $F_n$. 这只须注意到由周期性，存在无穷多个 $k \in \mathbf{N}_+$，有 $F_{n+1} \equiv F_{n+2} \equiv 1$，于是

$$F_k \equiv 1 - 1 = 0$$

**［系 2］** $n \mid F_m \Longleftrightarrow m \mid F_n$.

# 五　斐波那契数列的数论性质

斐波那契数列的一些数论性质，也引起人们的兴趣，人们对斐波那契数列的研究从某种意义上讲可以说是从它的数论性质开始的. 我们考察：1，1，**2**，**3**，**5**，8，**13**，21，34，55，**89**，144，**233**，377，610，987，1 597，… 中，黑体数为质数.

首先人们或许会问：斐波那契数列中有多少质数？

到目前为止，人们只知道 $n=3,4,5,7,11,13,17,23,29,43,47$ 时，$F_n$ 是质数，其中

$$F_{47}=2\ 971\ 215\ 073$$

新近人们还发现一个数千位的斐波那契质数[71]，但人们尚不知道斐波那契数列中还有无其他质数，更不知道斐波那契数列中是否有无穷多个质数.

从已得结果中知：当 $n$ 是大于 4 的质数时，$F_n$ 不一定是质数（如 $n=19$ 时，$F_{19}=4\ 181$ 是合数）. 但反之，$F_n$ 是质数时，除 $n=4$ 外，其余的 $n$ 是否一定为质数？

对于某些广义斐波那契数列，人们也曾进行其中质数项的考察工作，比如卢卡斯数列

$$L_1=1,\quad L_2=3,\quad L_{n+1}=L_n+L_{n-1}\quad (n\geqslant 2)①$$

① 该卢卡斯数列通项公式为

$$L_n=\left(\frac{1+\sqrt{5}}{2}\right)^n+\left(\frac{1-\sqrt{5}}{2}\right)^n$$

且 $L_n$ 满足关系式 $L_n=\dfrac{F_{2n}}{F_n}$.

即 1,3,4,7,11,18,29,47,76,123,199,322,521,843,1 364,…. 人们知道,当 $n=2,4,5,7,8,11,13,17,19,31,37,41,47,53,61,71$ 时,$L_k$ 是质数,其中

$$L_{71}=688\ 846\ 502\ 588\ 399$$

除此之外,$L_n$ 中还有无其他质数? $L_n$ 中是否有无穷多个质数? 这都未得出定论.

对于 $F_n$ 和 $L_n$ 中最大质因数 $p(F_n)$ 和 $p(L_n)$,斯特瓦特(G. W. Stewart) 证明存在正的常数 $A_1$ 和 $A_2$,使

$$p(F_n)\geqslant A_1\frac{n\lg n}{[q(n)]^{4/3}}\quad (n=3,4,\cdots)$$

$$p(L_n)\geqslant A_2\frac{n\lg n}{[q(n)]^{4/3}}\quad (n=3,4,\cdots)$$

这里 $q(n)$ 表示 $n$ 的无平方因数的因数个数.

对于更一般的卢卡斯-拉赫曼数列,即若互质的任意前两项 $L_1,L_2$,由满足 $L_n=L_{n-1}+L_{n-2}(n>2)$ 产生的递推数列,格拉海姆(R. L. Graham) 证明了取:

$$L_1=178\ 677\ 270\ 192\ 880\ 263\ 226\ 875\ 130\ 455\ 793$$

$$L_2=1\ 059\ 683\ 225\ 053\ 915\ 111\ 058\ 165\ 141\ 686\ 995$$

产生的广义斐波那契数列中完全不含质数.

其实有上述性质的最小的 $L_1,L_2$ 分别为

$$L_1=3\ 794\ 765\ 361\ 567\ 513$$

$$L_2=2\ 061\ 567\ 420\ 555\ 510$$

它们分别有 16 位和 179 位,是由爱尔特希(P. Erdös,1913—1996) 发现的.

下面我们来证明斐波那契数列的其他数论性质.

**性质 1** 相邻两斐波那契数互质(素),即$(F_n,F_{n+1})=1$.

注意到 $F_{n+1}=F_n+F_{n-1}$,这样由最大公约性质可有

$$(F_n,F_{n+1})=(F_n,F_n+F_{n-1})=(F_n,F_{n-1})=$$
$$(F_{n-1}+F_{n-2},F_{n-1})=(F_{n-2},F_{n-1})=(F_{n-1},F_{n-2})$$

类似地可有

$$(F_{n-2},F_{n-1})=(F_{n-3},F_{n-2})=\cdots=(F_3,F_4)=(F_2,F_3)=(2,1)=1$$

从而$(F_n,F_{n+1})=1$,即 $F_n,F_{n+1}$ 互质(素).

我们再来证明后文将要用到的关系式

$$F_{n+1}F_{n-1}-F_n^2=(-1)^n$$

的推广形式.

**性质 2** $F_{n-k}F_{m+k}-F_nF_m=(-1)^nF_{m-n-k}F_k$.

只要注意到关系式

$$(x^{n-k}-y^{n+k})(x^{m+k}-y^{m+k})-(x^n-y^n)(x^m-y^m)=$$
$$(xy)^n(x^{m-n-k}-y^{m-n-k})(x^k-y^k)$$

再令

$$x=\tau_1=\frac{1+\sqrt{5}}{2},\quad y=\tau_2=\frac{1-\sqrt{5}}{2}$$

且等式两边同时除以 $5=(\sqrt{5})^2$ 即可(注意比内公式).

**系理** 对于 $n\geqslant 2$,总有 $F_n^2-F_nF_{n+1}=(-1)^n$.

类似的公式(该公式延伸)后文还将有叙述.

**性质3**(卢卡斯定理) 在$\{F_n\}$中,$(F_m,F_n)=F_{(m,n)}$,即 $F_m,F_n$ 的最大公约数为 $F_{(m,n)}$.

当 $m=n$ 时,结论显然.

当 $m\neq n$ 时,不妨设 $m>n$. 考虑辗转相除(欧几里得除法):

$$m=q_0n+r_1,0<r_1<n;$$
$$n=q_1r_1+r_2,0<r_2<r_1;$$
$$r_1=q_2r_2+r_3,0<r_3<r_2;$$
$$\vdots$$
$$r_{s-2}=q_{s-1}r_{s-1}+r_s,0<r_s<r_{s-1};$$
$$r_{s-1}=q_sr_s;$$

由上知$(m,n)=r_s$.

又由 $m=q_0n+r_1$ 有(这里用到性质 4 的前半部分)

$$(F_m,F_n)=(F_{q_0n+r_1},F_n)=(F_{r_1+1}F_{q_0n}+F_{r_1}F_{q_0n-1},F_n)$$

从而 $F_{q_0n}=\alpha F_n$,这样

$$(F_{q_0n-1},F_{q_0n})=(F_{q_0n-1},\alpha F_n)=1$$

则

$$(F_{q_0n-1},F_n)=1$$

而$(F_{q_0n-1}F_{r_1},F_n)=(F_{r_1},F_n)$. 这样可有

$$(F_m,F_n)=(F_{q_0n+r_1},F_n)=(F_{r_1+1}F_{q_0n}+F_{r_1}F_{q_0n-1},F_n)=$$
$$(F_{r_1}F_{q_0n-1},F_n)=(F_{r_1},F_n)$$

又由 $m=q_0n+r_1$ 可有

$$(F_m,F_n)=(F_{r_1},F_n)=(F_n,F_{r_1})$$

类似地推演可有

$$(F_m,F_n)=(F_n,F_{r_1})=(F_{r_1},F_{r_2})=\cdots=(F_{r_{s-2}},F_{r_{s-1}})=$$
$$(F_{r_s-1},F_{r_s})=F_r=F_{(m,n)}$$

这里运用了如下整数性质:

对 $a,b,c\in\mathbf{Z}_+$,则①$(a+bc,b)=(a,b)$;②若$(a,c)=1$,则$(a,b)=(a,bc)$;③若$(a,bc)=1$,则$(a,b)=1$且$(a,c)=1$.

早在 1913 年,卡迈克尔(R. D. Carmichael)就证得:除 $F_1,F_2,F_6,F_{12}$ 以外的 $F_n$ 都有一个被更小的斐波那契数整除的质因子,且它被称为 $F_n$ 的特征

因子.

**性质 4** 若 $m \mid n$，则 $F_m \mid F_n$；反之，若 $F_m \mid F_n$，则 $m \mid n$（命题即 $m \mid n \Longleftrightarrow F_m \mid F_n$）.

今设 $n = mm_1$，对 $m_1$ 进行数学归纳法.

① 若 $m_1 = 1$，则 $n = m$，结论显然.

② 若假定 $m_1$ 时结论成立，即 $F_m \mid F_{mm_1}$，今考虑 $m_1 + 1$ 的情形. 由

$$F_{m(m_1+1)} = F_{mm_1+m} = F_{mm_1-1}F_m + F_{mm_1}F_{m+1}$$

而 $F_m \mid F_{mm_1-1}F_m$，又由归纳假设知 $F_m \mid F_{mm_1}$.

故 $F_m \mid F_{m(m_1+1)}$，即在 $m_1 + 1$ 时结论亦真.

从而对任何自然数 $m_1$，结论均成立.

反之，若 $F_m \mid F_n$，则 $(F_m, F_n) = F_m$.

由卢卡斯定理 $(F_m, F_n) = F_{(m,n)}$，故有

$$F_m = F_{(m,n)}$$

即 $m = (m,n)$，从而 $m \mid n$.

由上面结论我们显然还有：

**命题** 若 $m \mid F_n$，则 $m \mid F_{kn}$ $(k = 2, 3, \cdots)$.

即若 $m \mid F_n$，则有无穷多个斐波那契数也可被 $m$ 整除.

由上我们知道，若 $m \mid n$，则 $F_m \mid F_n$，它如何显式表达？胡久稔曾给出性质 7.

下面的问题看上去是整除问题，但它可借助 $\{F_n\}$ 来解.

**性质 5** 试证有无穷多的正整数对 $(m,n)$，满足

$$m \mid (n^2 + 1) \text{ 且 } n \mid (m^2 + 1)$$

记 $\{F_n\}$ 的第 $n$ 项为 $F_n$. 我们用数学归纳法可证（前文已有类似的结论）

$$F_{2k+1}^2 + 1 = F_{2k-1}F_{2k+3} \qquad (*)$$

这样对任意正整数 $k$ 均有

$$F_{2k-1} \mid (F_{2k+1}^2 + 1)$$

注意到，由式（$*$）有

$$F_{2k-1} = F_{2k-3}F_{2k+1}$$

故

$$F_{2k+1} \mid (F_{2k-1}^2 + 1)$$

综上可取 $(m,n) = (F_{2k-1}, F_{2k+1})$.

关于 $\{F_n\}$ 的整除性我们还有结论：

**性质 6** $F_n^2 \mid (F_{mn-1} - F_{n-1}^m)$，这里 $m, n \in \mathbf{Z}_+$. 用数学归纳法（对 $m$ 进行）来证明.

当 $m = 1$ 时，结论显然.

今设 $F_n^2 \mid (F_{mn-1} - F_{n-1}^m)$ 成立. 考虑 $m + 1$ 的情形.

由 $$F_{(m+1)n-1}-F_{n-1}^{m+1}=(F_{mn-1}F_{n-1}+F_{mn}F_{n})-F_{n-1}^{m+1}$$

又由假设知 $F_{mn-1}\equiv F_{n-1}^{m}(\bmod F_{n}^{2})$. 因而

$$F_{(m+1)n-1}-F_{n-1}^{m+1}\equiv(F_{n-1}^{m}F_{n-1}+F_{mn}F_{n})-F_{n-1}^{m+1}(\bmod F_{n}^{2}) \quad (*)$$

从而 $$F_{mn}F_{n}\equiv 0(\bmod F_{n}^{2})$$

这样式(*)化为

$$F_{(m+1)n-1}-F_{n-1}^{m+1}\equiv 0(\bmod F_{n}^{2})$$

即 $F_{n}^{2}\mid(F_{(m+1)n-1}-F_{n-1}^{m+1})$. 结论对 $m+1$ 成立.

**注** 类似地我们还可以证明:

**命题** $F_{n}^{3}\mid(F_{mn}-F_{n+1}^{m}+F_{n-1}^{m})$

由上两命题我们还可证明两个关于 $F_{n}$ 整除性质更强的结论:

**定理 1** ① 若 $q$ 是 $F_{n}$ 异于 $p$ 的质因子,则 $q\nmid\frac{F_{np}}{F_{n}}$;② 若 $p$ 是 $F_{n}$ 的奇数质因子,则 $p\left|\frac{F_{np}}{F_{n}}\right.$,但 $p^{2}\nmid\frac{F_{np}}{F_{n}}$.

**定理 2** ① 若 $4\mid F_{n}$,则 $2\left|\frac{F_{2n}}{F_{n}}\right.$,但 $4\nmid\frac{F_{2n}}{F_{n}}$;② 若 $2\mid F_{n}$,但 $4\nmid F_{n}$,则 $4\left|\frac{F_{2n}}{F_{n}}\right.$,但 $8\nmid\frac{F_{2n}}{F_{n}}$.

证明详见文献[1]的修订本,哈尔滨工业大学出版社,2010 年.

**性质 7** 若 $n=mr$($m,r$ 不为 1),则

$$\frac{F_{n}}{F_{m}}=\sum_{i=0}^{r-1}C_{r}^{i}F_{m}^{r-(i+1)}F_{m-1}^{i}F_{r-i}$$

我们不难用数学归纳法证明.

若 $\alpha$ 是方程 $x^{2}-x-1=0$ 的根,则 $\alpha^{n}=F_{n}\alpha+F_{n-1}(n=2,3,\cdots)$.

这样我们可有

$$\alpha^{n}=F_{n}\alpha+F_{n-1},\quad \alpha^{m}=F_{m}\alpha+F_{m-1}$$

$$\alpha^{mr}=(F_{m}\alpha+F_{m-1})^{r}=\sum_{i=0}^{r}C_{r}^{i}F_{m}^{r-i}\alpha^{r-i}F_{m-1}^{i} \quad (*)$$

由

$$C_{r}^{i}F_{m}^{r-i}F_{m-1}^{i}\alpha^{r-i}=C_{r}^{i}F_{m}^{r-i}F_{m-1}^{i}(F_{r-i}\alpha+F_{r-i-1})=$$
$$C_{r}^{i}F_{m}^{r-i}F_{m-1}^{i}F_{r-i}\alpha+C_{r}^{i}F_{m}^{r-i}F_{m-1}^{i}F_{r-i-1}$$

又因为

$$\alpha^{mr}=\alpha^{n}=F_{n}\alpha+F_{n-1} \quad (**)$$

由 $\alpha$ 是无理数,比较式(*)与(**)的系数有

$$F_{n}=\sum_{i=0}^{r-1}C_{r}^{i}F_{m}^{r-i}F_{m-1}^{i}F_{r-i}$$

故 $$\frac{F_{n}}{F_{m}}=\sum_{i=0}^{r-1}C_{r}^{i}F_{m}^{r-(i+1)}F_{m-1}^{i}F_{r-i}$$

**性质 8** 数列 $a_{k}=\frac{F_{2^{k+1}}}{F_{2^{k}}}$ 可以定义梅森素数列中前面(最初)一些项,该数

列通常由

$$a_{n+1}=a_n^2-2 \quad (n=1,2,3,\cdots)$$

定义而得到,具体地有

$$3,\ 7,\ 47,\ 2\ 207,\ 4\ 870\ 847,\ \cdots$$

只需注意到

$$F_n=\frac{1}{\sqrt{5}}(r^n-s^n)$$

即可,其中 $r,s$ 均为 $x^2-x-1=0$ 的根. 记 $m=2^n$,则有

$$\begin{aligned}&\frac{F_{4m}}{F_{2m}}-\left(\frac{F_{2m}}{F_m}\right)^2+2=\frac{r^{4m}-s^{4m}}{r^{2m}-s^{2m}}-\left(\frac{r^{2m}-s^{2m}}{r^m-s^m}\right)^2+2=\\&r^{2m}+s^{2m}-(r^m+s^m)^2+2=\\&-2(rs)^m+2=0\end{aligned}$$

(注意到 $r,s$ 为方程 $x^2-x-1=0$ 的根,有 $rs=1$).

故$\frac{F_{2^{k+1}}}{F_{2^k}}$满足与 $a_k$ 相同的递推关系,再注意到 $a_1=3=\frac{F_4}{F_2}$ 即可.

下面我们证明一个有趣的结论:

**性质9** 对任何正整数 $m$,在前 $m^2$ 个斐波那契数中必有一个可被 $m$ 整除.

若令 $\widetilde{K}$ 表示 $m$ 被 $k$ 除后的余数,今考虑下面的数对

$$(\widetilde{F}_1,\widetilde{F}_2),(\widetilde{F}_2,\widetilde{F}_3),(\widetilde{F}_3,\widetilde{F}_4),\cdots,(\widetilde{F}_n,\widetilde{F}_{n+1}),\cdots \tag{$*$}$$

我们规定$(a_1,b_1)$,$(a_2,b_2)$ 当且仅当 $a_1=a_2,b_1=b_2$ 时相等.

注意到,用 $m$ 除后所得余数组成的不同数对,只有 $m^2$ 个(由抽屉原理).

今设$(\widetilde{F}_k,\widetilde{F}_{k+1})$为上述数对中第一个重复的数对,今证明它只能是(1,1).

事实上,若不然,即 $k>1$,又在($*$)中$(\widetilde{F}_l,\widetilde{F}_{l+1})=(\widetilde{F}_k,\widetilde{F}_{k+1})$,其中 $l>k$.

因

$$F_{l-1}=F_{l+1}-F_l,\ F_{k-1}=F_{k+1}-F_k$$

而

$$\widetilde{F}_{l+1}=\widetilde{F}_{k+1},\ \widetilde{F}_1=\widetilde{F}_k$$

则

$$\widetilde{F}_{l-1}=\widetilde{F}_{k-1} \quad (\text{即 } F_{l-1}\equiv F_{k-1}(\bmod m))$$

故$(\widetilde{F}_{k-1},\widetilde{F}_k)=(\widetilde{F}_{l-1},\widetilde{F}_l)$,可见数对$(\widetilde{F}_{k-1},\widetilde{F}_k)$是较$(\widetilde{F}_k,\widetilde{F}_{k+1})$更早出现重复的数对,这与前设相抵!

从而 $k>1$ 的假设不真,仅有 $k=1$,即(1,1)是首先出现重复的数对. 若设它在第 $t$ 个位置上重复$(1<t<m^2+1)$,即

$$(\widetilde{F}_t,\widetilde{F}_{t+1})=(1,1)$$

或

$$F_t\equiv F_{t+1}(\bmod m)$$

即 $m\mid(F_{t+1}-F_t)$,又 $F_{t+1}-F_t=F_{t-1}$,则 $m\mid F_{t-1}$.

**注** 这里只是说在前 $m^2$ 个斐波那契数中,必有一个能被 $m$ 整除(存在性),但并没能确

定它在什么位置，即数列中第几个数.

**性质 10** 对任意正整数 $m$，必存在整数 $k$ 使 $m \mid (F_k^4 - F_k - 2)$.

我们证一下，若 $m=1$，结论显然.

当 $m \geqslant 2$ 时，设 $F_i \equiv b_i \pmod m$，$0 \leqslant b_i < m$，则

$$b_i \equiv b_{i-1} + b_{i-2} \pmod m \qquad (*)$$

由上式可看出：$(b_i, b_{i+1})$ 不能取 $(0,0)$，否则由递推公式 $F_{n+2}=F_n+F_{n+1}$ 知数列 $\{F_n\}$ 模 $m$（余数）为 0，这与 $F_1=1$ 矛盾.

故 $(b_i, b_{i+1})$ 的可能取值有 $m^2-1$ 个（对于模 $m$）.

由抽屉原理知有 $i, j(1 \leqslant i < j \leqslant m^2)$ 使

$$(b_i, b_{i+1}) = (b_j, b_{j+1})$$

从而 $b_i = b_j$，$b_{i+1} = b_{j+1}$.

令 $p = j - i$，则 $b_{k+p} = b_k$，即 $F_{k+p} \equiv F_k \pmod m$.

又 $F_1 \equiv F_2 \equiv 1 \pmod m$，则 $F_{p+1} \equiv F_{p+2} \equiv 1 \pmod m$.

类推地可有

$$F_p \equiv 0 \pmod m, F_{p-1} \equiv 1 \pmod m, F_{p-2} \equiv -1 \pmod m$$

从而 $F_{tp} \equiv -1 \pmod m$，其中 $t \in \mathbf{Z}_+$ 且 $tp - 2 > 0$. 注意到 $F_{tp}^4 \equiv 1 \pmod m$，取 $k = tp - 2$，则有 $F_k^4 - F_k - 2 \equiv 0 \pmod m$.

**性质 11** 数组 $F_{2n}, F_{2n+2}, F_{2n+4}$ 及 $4F_{2n+1}F_{2n+2}F_{2n+3}$ 是丢番图数组，即其中任两数之积加 1 均为完全平方数.

古希腊数学家丢番图发现：

$\frac{1}{16}, \frac{33}{16}, \frac{68}{16}, \frac{105}{16}$ 中任两数之积再加 1 皆为完全平方有理数. 称此类数组为丢番图数组.

1969 年英国人 Doveport 和 Baker 证明：

数组 $1,3,8,x$ 为丢番图数组 $\Longleftrightarrow x=120$.

（注意到 1,3,8 恰好为斐波那契数列中的第 2,4,6 项，即 $F_2=1, F_4=3, F_6=8$.）

1977 年，G. Bergun 和 Hoggatt 发现：

$F_{2n}, F_{2n+2}, F_{2n+4}$ 及 $4F_{2n+1}F_{2n+2}F_{2n+3}$ 为丢番图数组.

这一点可用数列 $\{F_n\}$ 的性质 $F_{n+1} = F_n + F_{n-1}$ 等（或直接用比内公式）证得. 下面是一个简单的提示：

今记 $F = 4F_{2n+1}F_{2n+2}F_{2n+3}$，则有下面诸等式

$$F_{2n}F_{2n+2}+1=F_{2n+1}^2,\ F_{2n}F_{2n+4}+1=F_{2n+2}^2,\ F_{2n+2}F_{2n+4}+1=F_{2n+3}^2$$

从而可有

$$F_{2n}F+1=(2F_{2n+1}F_{2n+2}-1)^2$$

$$F_{2n+2}F+1=(2F_{2n+1}F_{2n+3}-1)^2$$
$$F_{2n+4}F+1=(2F_{2n+2}F_{2n+3}-1)^2$$

这里用到的等式前文均已给出.

数学家拉格朗日(J. L. Lagrange,1736—1813)发现了下面的结论:

**性质 12** 设 $N$ 是大于或等于 2 的整数,则 $F_n(\bmod N)$ 的余数至多在 $N^2+1$ 项循环.

记 $F_i=q_iN+r_i$, $F_k=q_kN+r_k$,若它们关于模 $N$ 同余,则 $r_i=r_k$. 又若余数循环,从而

$$F_i\equiv F_k(\bmod N),\ F_{i+1}\equiv F_{k+1}(\bmod N)$$

进而

$$F_i+F_{i+1}\equiv F_k+F_{k+1}(\bmod N)$$

即

$$F_{i+2}\equiv F_{k+2}(\bmod N)$$

类似地 $F_{i+3}\equiv F_{k+3}(\bmod N)$, $F_{i+4}\equiv F_{k+4}(\bmod N)$, $\cdots$

假定循环周期为 $p$,又从第 $j=s$ 项开始,则 $F_j=F_{j+p}(\bmod N)(j\geqslant s)$. 接着再敲定 $s=1$ 即可.

容易算得 $N=2,3,4,5$ 时,$F_n(\bmod N)$ 的值(表 1).

**表 1**

| $n$ | $F_n(\bmod N)(n=1,2,3,\cdots)$ |
|---|---|
| 2 | 1,1,0;1,1,0;1,1,0;⋯ |
| 3 | 1,1,2,2,1,0;1,1,2,2,1,0;⋯ |
| 4 | 1,1,2,3,1,0;1,1,2,3,1,0;⋯ |
| 5 | 1,1,2,3,0,3,1,4,0,4,4,3,2,0,2,2,4;1,1,2,⋯ |

**注** 利用该性质可以证明下面的命题:

试证:存在一个严格单调递增的无穷等差整数列,与 $\{F_n\}$ 无相同的项(数).

今考虑等差数列 $\{a_n\}$: $a_n=8n+4$.

只需证明 $F_k\not\equiv 4(\bmod 8)$, $k=1,2,\cdots$.

注意到 $\{F_n\}$ 关于模 8 的余数列 $\{r_n\}$,它们显然满足 $r_{n+1}\equiv r_n+r_{n-1}(\bmod 8)$,这样可得

$$0,1,1,2,3,5,0,5,5,2,7,1,\cdots(\text{已循环})$$

这是一个周期数为 12 的周期数列,只需注意到是在模 8 的同余下且

$$r_{n+1}\equiv r_n+r_{n-1}(\bmod 8)$$

而周期数中无数字 4,从而

$$F_k\not\equiv 4(\bmod 8)$$

即 $a_n=8n+4$ 为所求.

顺问周期中亦无数字 6,那么 $b_n=8n+6$ 可否?

又该命题也可如下叙述:

**命题** 在$\{F_n\}$中不存在$4p$形式的数，这里$p$是奇素数.

**性质 13** 若$p$是奇质数，则$F_p \equiv 5^{(p-1)/2} (\bmod p)$.

首先我们可以证明

$$2^n F_n = 2\sum_{k\text{取奇数}} C_n^k 5^{(k-1)/2}\text{（表示只对奇数项求和）}$$

这只需要注意到

$$2^n\sqrt{5}F_n = (1+\sqrt{5})^n - (1-\sqrt{5})^n$$

再由二项式定理展开，且注意到正负项的相消即可.

又由费马定理，若$p$是质数，则

$$2^{p-1} \equiv 1 (\bmod p)$$

再注意到$C_p^k \equiv 0 (\bmod p)$ $(1 \leqslant k \leqslant p-1)$，则可有

$$F_p \equiv 5^{(p-1)/2} (\bmod p)$$

**性质 14** 若$p$是质数，且$p \neq 5$，则$F_{p-1}$和$F_{p+1}$之一（不都是）是$p$的倍数.

若$p=2$，则它显然为真.

若$p \neq 2$，由$F_{p-1}F_{p+1} - F_p^2 = -1$，再由上面性质 9 的结论及$2^{p-1} \equiv 1 (\bmod p)$知$F_{p-1}F_{p+1} \equiv 0 (\bmod p)$.

又$F_{p+1} = F_p + F_{p-1}$，故$F_{p-1}$和$F_{p+1}$两者之一为$p$的倍数.

**注** 与之结论相关的还有下面命题：

若$p$是大于 5 的素数，则$p \mid F_{p+1}(F_{p+1}-1)$.

这个结论源于一个更为一般的命题：

若$g(n)$定义为$g(1)=0, g(2)=1, g(n+2)=g(n)+g(n+1)+1 (n \geqslant 1)$，又若$p$是大于 5 的素数，则$p \mid g(p)[g(p)+1]$.

简证：令$f(n)=g(n)+1$，则$f(1)=1, f(2)=2, f(n+2)=f(n)+f(n+1)$.

故由以上知$f(n)=F_{n+1}$，则$f(n)=\frac{1}{\sqrt{5}}\left[\left(\frac{1+\sqrt{5}}{2}\right)^{n+1}-\left(\frac{1-\sqrt{5}}{2}\right)^{n+1}\right]$，由费马小定理$5^{p-1} \equiv 1 (\bmod p)$. 又$p>5$，则

$$p \mid (5^{p-1}-1)$$

而

$$5^{p-1}-1=(5^{\frac{p-1}{2}}+1)(5^{\frac{p-1}{2}}-1)$$

知$p \mid (5^{\frac{p-1}{2}}+1)$或$p \mid (5^{\frac{p-1}{2}}-1)$.

接下来考虑$2^p f(p)$和$2^p[f(p)-1]$，可推得

$$p \mid 2^p f(p)[f(p)-1]$$

又$(p,2)=1$（互素），故$p \mid f(p)[f(p)-1]$，故$p \mid g(p)[g(p)+1]$.

下面的问题很是耐人寻味，这是《美国数学月刊》(*The American Mathematical Monthly*)上的一道题目：

若$f(n)$是使$n \mid F_{f(n)}$的最小正整数，对于大于 2 的素数$p$，又$p^2 \nmid F_{f(p)}$，则对$n$有$f(p^n)=p^{n-1}f(p)$.

它的证明这里不介绍了，不过你如果有兴趣，不妨探讨一下$f(n)$与$F_n$有何深层次的

联系.

**性质 15** 斐波那契数列$\{F_n\}$中的孪生素数(一对孪生素数中的任一个)只能是 3,5 和 13.

数列$\{F_n\}$中,为方便起见,令 $F_{-1}=1, F_0=0$,因而递推关系 $F_n=F_{n-1}+F_{n-2}$ 对所有正整数 $n\geqslant 1$ 都成立. 再令

$$\boldsymbol{F}_n=\begin{pmatrix}F_{n-1} & F_n\\ F_n & F_{n+1}\end{pmatrix}$$

则容易验证

$$\boldsymbol{F}_0=\boldsymbol{I},\ \boldsymbol{F}_{n+1}=\boldsymbol{F}_1\cdot\boldsymbol{F}_n \tag{*}$$

因此对所有 $n\geqslant 0$,有 $\boldsymbol{F}_n=\boldsymbol{F}^n$,其中 $\boldsymbol{F}=\boldsymbol{F}_1$.

由于 $\det\boldsymbol{F}=-1$,因此有

$$\det\boldsymbol{F}_n=(-1)^n \tag{**}$$

由于 $\boldsymbol{F}_n$ 的非对角线元素是 $F_n$,故 $\boldsymbol{F}_n$ 的所有的幂在模 $F_n$ 下都是对角阵,因而 $\boldsymbol{F}_n^k(\bmod F_n)$ 也是对角阵. 而由上面的公式(*)和(**)可得

$$\boldsymbol{F}_n^k\equiv(\boldsymbol{F}^n)^k\equiv\boldsymbol{F}^{nk}\equiv F_{nk}(\bmod F_n)$$

故对所有的 $k\geqslant 1$, $F_n\mid F_{nk}$.

由于 $F_2=1, F_3=2>1$ 及 $F_4=3$,因此由 $F_n$ 整除 $F_{nk}$,就得出若 $F_n$ 是素数,则 $n$ 必是一个奇素数或等于 4.

下面证明对所有的奇数 $n\geqslant 9$, $F_n+2$ 和 $F_n-2$ 都存在非平凡因子分解式.

对 $n\geqslant 1$,令 $\boldsymbol{G}_n=\begin{pmatrix}F_{n-2} & F_n\\ F_n & F_{n+2}\end{pmatrix}$,因此 $\boldsymbol{G}_1=\begin{pmatrix}1 & 1\\ 1 & 2\end{pmatrix}$, $\boldsymbol{G}_2=\begin{pmatrix}0 & 1\\ 1 & 3\end{pmatrix}$. 注意到

$$F_{n+4}=F_{n+3}+F_{n+2}=2F_{n+2}+F_{n+1}=3F_{n+2}-F_n$$

故 $\boldsymbol{G}_{n+2}=\begin{pmatrix}0 & 1\\ -1 & 3\end{pmatrix}\boldsymbol{G}_n$,而 $\det\boldsymbol{G}_n=(-1)^{n-1}$.

又由矩阵等式 $\boldsymbol{F}^{2n}=\boldsymbol{F}^n\cdot\boldsymbol{F}^n$,再比较相应元素,可得

$$F_{2n-1}=F_{n-1}^2+F_n^2$$

将上面的等式加上 $\det\boldsymbol{F}_n=(-1)^n$ 和 $\det\boldsymbol{G}_{n-1}=(-1)^n$ 就得出

$$F_{2n-1}+(-1)^n 2=F_{n+1}(F_{n-1}+F_{n-3})$$

而将 $F_{2n-1}=F_{n-1}^2+F_n^2$ 加上 $\det\boldsymbol{F}_{n-1}=(-1)^{n-1}$ 和 $\det\boldsymbol{G}_n=(-1)^{n-1}$ 就得出

$$F_{2n-1}+(-1)^{n-1}2=F_{n-2}(F_{n+2}+F_n)$$

这就证明了当 $n>5$ 时, $F_{2n-1}+2$ 和 $F_{2n-1}-2$,进而所有奇数 $n\geqslant 9$ 时 $F_n+2$ 和 $F_n-2$ 都存在非平凡的因子分解式,因而斐波那契数列中的孪生素数只可能是 $F_4=3, F_5=5$ 和 $F_7=13$.

**注** 其实这个性质应述为下面命题更为妥当.

在$\{F_n\}$中,只有 $F_4=3, F_5=5$ 这一对孪生素数.

事实上,当 $n \geqslant 3$ 时,$F_n > 1$,又 $F_n \mid F_{kn}$($k$ 为正整数),则 $F_n$ 是素数的必要条件为$n$是奇素数或 $n = 4$.

又当 $n > 9$ 时,$F_n \pm 2$ 均为合数.

从而除(3,5)外,$\{F_n\}$ 中不存在孪生素数对.因为(11,13)是一对孪生素数,但 11 不在数列$\{F_n\}$ 中.

再往后即便$\{F_n\}$ 中有素数,但其后的另一个素数与之相差不会是 2,别忘了

$$F_{n+1} = F_n + F_{n-1} \quad (n \geqslant 1)$$

这样$\{F_n\}$ 中根本不会再有别的孪生素数出现.

如此看来,前述证明有些舍近求远.但这也为我们提供了某种思路或方法.

借助这里的方法,我们可以计算 $F_{n+1} + F_{n-1}$ 的值.

令 $\boldsymbol{F} = \begin{pmatrix} 1 & 1 \\ 1 & 0 \end{pmatrix}$,则 $\boldsymbol{F}^n = \begin{pmatrix} F_{n+1} & F_n \\ F_n & F_{n-1} \end{pmatrix}$,考虑 $\boldsymbol{F}$ 的特征多项式

$$\det(\boldsymbol{F} - \lambda \boldsymbol{I}) = \begin{vmatrix} 1-\lambda & 1 \\ 1 & -\lambda \end{vmatrix} = \lambda^2 - \lambda - 1 = 0$$

可有 $\lambda_{1,2} = \frac{1}{2}(1 \pm \sqrt{5})$.

因而 $\boldsymbol{F}^n$ 的特征值分别为 $\lambda_1^n, \lambda_2^n$.

故由 $\boldsymbol{F}^n = \begin{pmatrix} F_{n+1} & F_n \\ F_n & F_{n-1} \end{pmatrix}$ 有 $F_{n+1} + F_{n-1} = \lambda_1^n + \lambda_2^n$.

此外还可用下面方法计算.

由 $\boldsymbol{F}^{m+n} = \boldsymbol{F}^m \cdot \boldsymbol{F}^n$,又

$$|\boldsymbol{F}^{m+n}| = \begin{vmatrix} F_{m+n+1} & F_{m+n} \\ F_{m+n} & F_{m+n-1} \end{vmatrix} = |\boldsymbol{F}^m| \, |\boldsymbol{F}^n| = \begin{vmatrix} F_{m+1} & F_m \\ F_m & F_{m-1} \end{vmatrix} \cdot \begin{vmatrix} F_{n+1} & F_n \\ F_n & F_{n-1} \end{vmatrix}$$

展开后即得前面的等式.

**性质 16** 一个斐波那契数除以另外一个斐波那契数的余数,仍是正、负斐波那契数,即

$$F_{mn+r} \equiv \begin{cases} F_r, & m \equiv 0 \pmod 4 \\ (-1)^{r+1} F_{n-r}, & m \equiv 1 \pmod 4 \\ (-1)^n F_r, & m \equiv 2 \pmod 4 \\ (-1)^{r+1+n} F_{n-r}, & m \equiv 3 \pmod 4 \end{cases} \pmod{F_n}$$

这只需注意到关系式

$$F_{m+n} = F_m F_{n+1} + F_{m-1} F_n$$

$$F_{n-k} F_{m+k} - F_n F_m = (-1)^n F_{m-n-k} F_k$$

即可,以 $F_n$ 为模的斐波那契同余数列是

$$0,1,1,2,\cdots,F_{n-1},0,F_{n-1},-F_{n-2},\cdots$$

**性质 17** $F_n^2+F_{n+1}^2=F_{2n+1}$.

**性质 18** $F_{n+1}^2-F_{n-1}^2=F_{2n}$.

**性质 19** $F_{n+1}^3+F_n^3-F_{n-1}^3=F_{3n}$.

以上三式只需用比内公式或由 $F_{m+n}=F_{n-1}F_m+F_nF_{m+1}$ 证明即可.

比如 $m=n$,我们有

$$F_{2n}=F_{n-1}F_n+F_nF_{n+1}=F_n(F_{n-1}+F_{n+1})=$$
$$(F_{n+1}-F_{n-1})(F_{n+1}+F_{n-1})=$$
$$F_{n+1}^2-F_{n-1}^2$$

同样的,取 $m=2n$ 可以证明性质 18.

**性质 20** $F_1^2+F_{2n+1}^2+F_{2n+3}^2=3F_1F_{2n+1}F_{2n+3}$.

此性质即证:$F_1,F_{2n+1},F_{2n+3}(n\in\mathbf{N})$ 满足不定(丢番图)方程

$$x^2+y^2+z^2=3xyz \tag{$*$}$$

此外,若$(x_0,y_0,z_0)$ 满足方程($*$),则

$$(x_0,y_0,3x_0y_0-z_0),(y_0,z_0,3y_0z_0-x_0),(z_0,x_0,3z_0x_0-y_0)$$

也是方程($*$)的解,这一点直接代入方程($*$)便可验证.

由$\{F_n\}$ 可以生成方程($*$)的许多组解.顺便讲一句,该方程最早是由数学家马尔科夫(A. Markoff) 研究的,同时他给出丢番图方程

$$x^2+y^2+z^2=3xyz$$

的两组奇异解(1,1,1) 和(2,1,1),有趣的是:如上所述方程(马尔科夫方程) 的其他解皆可由它们产生(用该两数组每组中的任两个代入原方程可得新解),这样可有图 5.1.

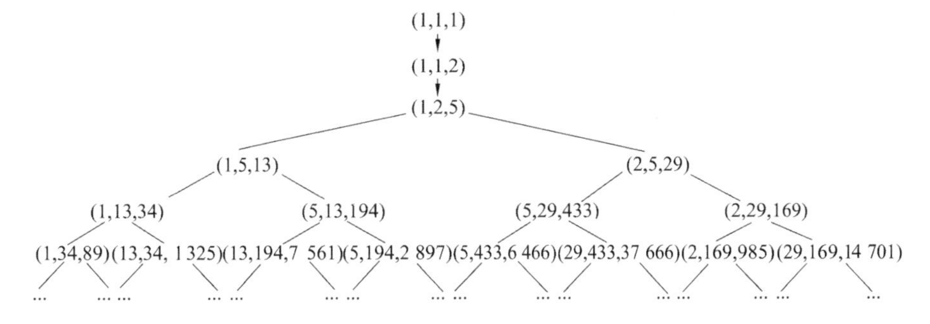


图 5.1　马尔科夫方程解的枝形链

其中每个解均与某三个另外解有关(有两个变元值相同),且人们称

$$1,2,5,13,29,34,89,169,194,233,433,610,985,\cdots$$

为马尔科夫数,其中 1,2,5,13,34,89,… 即为斐波那契数列中的项(并非全是).

下面来看斐波那契数列的同余性质.

**性质 21** 同余性质:

(1)$F_{7m}(1-F_{7k+1})\equiv F_{7k}(1-F_{7m+1})(\bmod 377)$.

(2)$5(F_{k-1}^2+F_{k+1}^2)\equiv 2(-1)^{k+1}(\bmod(F_{k-1}+F_{k+1}))$.

注意到 $F_7=13$,知 $F_7\mid F_{7m}$ 且 $F_7\mid F_{7k}$,因而

$$F_{7m}(1-F_{7k+1})\equiv F_{7k}(1-F_{7m+1})(\bmod 13)$$

又 $F_0\equiv F_{14}(\bmod 29)$ 以及 $F_1\equiv F_{15}(\bmod 29)$,因此由数学归纳法即可得出对所有的 $n$,$F_n\equiv F_{n+14}(\bmod 29)$ 成立.

因此对所有的 $n$ 和 $q$,$F_n\equiv F_{n+14q}(\bmod 29)$ 成立.

若 $m$ 和 $q$ 都是奇数,则此式即说明

$$F_{7m}\equiv F_{7k}(\bmod 29)$$

以及

$$F_{7m+1}\equiv F_{7k+1}(\bmod 29)$$

如果 $m$ 和 $q$ 之一是偶数,不妨设其为 $m$,类似地得到

$$F_{7m}\equiv F_0\equiv 0(\bmod 29)$$

以及

$$F_{7m+1}\equiv F_1\equiv 1(\bmod 29)$$

在两种情况下都得出

$$F_{7m}(1-F_{7k+1})\equiv F_{7k}(1-F_{7m+1})(\bmod 29)$$

由于

$$(13,29)=1$$

且

$$13\cdot 29=377$$

因此

$$F_{7m}(1-F_{7k+1})\equiv F_{7k}(1-F_{7m+1})(\bmod 377)$$

从而式(1)成立.

注意恒等式

$$5(F_{k-1}^2+F_{k+1}^2)=3(F_{k-1}+F_{k+1})^2+2(-1)^{k+1}$$

结论(2)显然.

**注** Bloom 对(2)给出另一证法.注意到

$$F_k^2-F_{k-1}F_{k+1}=(-1)^{k+1}$$

今考虑 $3(F_{k-1}+F_{k+1})^2+2(-1)^{k+1}$,将此式展开,并将上式代入得

$$3F_{k-1}^2+3F_{k+1}^2+6F_{k-1}F_{k+1}+2F_k^2-2F_{k-1}F_{k+1}$$

合并同类项并应用斐波那契数的递推关系 $F_{k+1}-F_{k-1}=F_k$,即得出

$$3F_{k-1}^2+3F_{k+1}^2+4F_{k-1}F_{k+1}+2(F_{k+1}-F_{k-1})^2=5(F_{k-1}^2+F_{k+1}^2)$$

由此即可得出式(2).

**性质 22** $k(k\geqslant 5)$ 个连续(相继)斐波那契数间的等式.

1991 年美国 A. DiDomenico 教授利用数学归纳法证明了 5 个连续斐波那契数中的一些项的几个公式,即:

(1)$F_nF_{n+4}-F_{n+1}F_{n+3}=2(-1)^{n-1}$.

(2) $F_nF_{n+4}+F_{n+1}F_{n+3}=2F_{n+2}^2$.

(3) $(F_nF_{n+4})^2-(F_{n+1}F_{n+3})^2=(-1)^{n-1}(2F_{n+2})^2$.

之后又有人借助$\dfrac{F_{n+1}}{F_n}$的连分数表示

$$\frac{F_{n+1}}{F_n}=\underbrace{1+\frac{1}{1}+\frac{1}{1}+\cdots+\frac{1}{1}}_{n\text{项}}=[\underbrace{1;1,1,\cdots,1}_{n\text{项}}]$$

及欧几里得辗转相除及渐近分数性质，给出了公式的证明.

下面我们用$\{F_n\}$通项性质$F_{n+2}=F_n+F_{n+1}$来证公式(2).

设$F_n, F_{n+1}, F_{n+2}, F_{n+3}, F_{n+4}$为任意5个连续的斐波那契数，则由定义知

$$F_{n+2}=F_n+F_{n+1} \tag{①}$$

$$F_{n+3}=F_{n+1}+F_{n+2}=F_n+2F_{n+1} \tag{②}$$

$$F_{n+4}=F_{n+2}+F_{n+3}=2F_n+3F_{n+1} \tag{③}$$

则

$$F_nF_{n+4}+F_{n+1}F_{n+3}=F_n(2F_n+3F_{n+1})+F_{n+1}(F_n+2F_{n+1})=$$
$$2F_n^2+4F_nF_{n+1}+2F_{n+1}^2=2F_{n+2}^2$$

即

$$F_nF_{n+4}+F_{n+1}F_{n+3}=2F_{n+2}^2$$

其他两式证明类同(亦可考虑比内公式).

对于任意6个连续斐波那契数$F_{n+k}(k=0,1,2,3,4,5)$，则有公式：

(4) $F_nF_{n+5}+2F_{n+1}F_{n+4}=3F_{n+2}F_{n+3}$.

由数列$\{F_n\}$通项性质知

$$F_{n+5}=F_{n+3}+F_{n+4}=3F_n+5F_{n+1} \tag{④}$$

$F_n\times$式④得

$$F_nF_{n+5}=3F_n^2+5F_nF_{n+1}$$

$F_{n+1}\times$式③得

$$F_{n+1}F_{n+4}=2F_nF_{n+1}+3F_{n+1}^2$$

式①,②两边相乘得

$$F_{n+2}F_{n+3}=F_n^2+3F_nF_{n+1}+2F_{n+1}^2$$

这样

$$F_nF_{n+5}+2F_{n+1}F_{n+4}=3F_n^2+5F_nF_{n+1}+4F_nF_{n+1}+6F_{n+1}^2=$$
$$3F_n^2+9F_nF_{n+1}+6F_{n+1}^2=3F_{n+2}F_{n+3}$$

即

$$F_nF_{n+5}+2F_{n+1}F_{n+4}=3F_{n+2}F_{n+3}$$

用同样的方法可以证明任意$k(k\geqslant 5)$个连续斐波那契数中的一些项之间关系的公式：

(5) $F_nF_{n+6}+5F_{n+1}F_{n+5}+F_{n+2}F_{n+4}=7F_{n+3}^2$.

(6)$F_nF_{n+7}+4F_{n+1}F_{n+6}+2F_{n+2}F_{n+5}=7F_{n+3}F_{n+4}$.

(7)$F_nF_{n+8}+2F_{n+1}F_{n+7}+F_{n+2}F_{n+6}+2F_{n+3}F_{n+5}=6F_{n+4}^2$.

……

对于 $k(5\leqslant k\leqslant 24)$ 个连续斐波那契数之间的类似关系，当 $k$ 为奇数时

$$\sum_{i=1}^{r}a_iF_{n+i}F_{n+k-i+1}=bF_{n+r}^2,\ r=\frac{k-1}{2}$$

当 $k$ 为偶数时，上式右边为 $bF_{n+r+1}F_{n+r+2}$，其中 $r=\frac{k}{2}-1$.

以上诸式中 $a_i$ 和 $b$ 如表 2 所示.

**表** 2

| $k$ | $a_i$ | $b$ |
|---|---|---|
| 5 | 1,1 | 2 |
| 6 | 1,2 | 3 |
| 7 | 1,5,1 | 7 |
| 8 | 1,4,2 | 7 |
| 9 | 1,2,1,2 | 6 |
| 10 | 1,3,2,1 | 7 |
| 11 | 1,3,1,3,1 | 9 |
| 12 | 1,3,1,1,1 | 7 |
| 13 | 1,3,2,2,2,1 | 11 |
| 14 | 1,3,2,3,3,2 | 14 |
| 15 | 1,3,1,1,1,2,5 | 14 |
| 16 | 1,3,1,2,5,1,1 | 14 |
| 17 | 1,3,2,3,2,1,2,3 | 17 |
| 18 | 1,3,1,1,3,1,2,2 | 14 |
| 19 | 1,3,2,3,1,1,1,2,3 | 17 |
| 20 | 1,3,1,1,3,2,2,1,3 | 17 |
| 21 | 1,3,2,3,2,3,2,1,3,2 | 22 |
| 22 | 1,3,1,1,3,2,3,1,2,1 | 18 |
| 23 | 1,3,1,1,3,1,1,4,2,2,1 | 20 |
| 24 | 1,3,2,3,2,3,2,3,1,3,2 | 25 |

文献[65]认为：当 $n\geqslant 1,k\geqslant 5$ 时的一般情形，上述结论(公式)亦为真.然而这一点未能获解.当然其中的表达式系数，有无规律，有何规律，亦尚不清楚.不过从表 2 似乎可以猜测到：

当 $k$ 为奇数时，$\sum_{i=1}^{r}a_i=b\left(r=\frac{k-1}{2}\right)$；当 $k$ 为偶数时，$\sum_{i=1}^{r}a_i=b\left(r=\frac{k}{2}-1\right)$.

一般情形情况如何？上述猜测是否成立？不得而知.

此外，对于5个相继斐波那契数中的一些项，还有许多等式存在，比如：

(1) $F_{n+1}F_{n-1}-F_{n+3}F_{n+1}=(-1)^{n-1}3\ (n\geqslant 2)$.

(2) $F_{n+1}^2-F_{n+4}F_{n-2}=(-1)^n4\ (n\geqslant 3)$.

(3) $F_{n+4}F_{n-2}-F_{n+3}F_{n-1}=(-1)^n5\ (n\geqslant 1)$.

……

对于6个相继斐波那契数中的一些项也有与上相仿的等式存在.

最后我们想谈谈斐波那契数列中的完全平方数问题.

**性质 23** 斐波那契数列中除 $F_1=F_2=1$ 和 $F_{12}=144$ 是完全平方数外，再无其他完全平方数.

这个问题最初由罗莱特(A. P. Rollett)提出，韦德林(M. Wunderlich)利用电子计算机于1963年对 $n\leqslant 10^6$ 的数进行了核验，后由科恩(J. H. E. Cohn)、威勒(Wyler)及我国四川大学教授柯召等解决(1964年).

关于它的证明详见文献[48]，我们这里简要摘述一下：

**引理 1** 方程 $x^2+4=5y^4$ 除 $x=y=1$ 外，无其他正整数解.

**引理 2** 方程 $x^2+1=2y^4$ 只有正整数解 $x=y=1$；$x=239$，$y=13$.

**引理 3** $n\geqslant 3$，设 $f(x)$ 是 $n$ 次无重根的有理整系数多项式，$a$ 是非零整数，则方程 $ay^2=f(x)$ 只有有限组整数解.

**引理 4** 方程 $x^4-y^4=2z^4$ 无正整数解.

由之可以证明下面的定理：

**定理 1** 方程

$$x^4+4=5y^2 \tag{*}$$

除 $x=y=1$，$x=y=2$ 外，无其他正整数解.

**证** 显然 $x$，$y$ 同奇偶. 分两种情况讨论：

① $x$，$y$ 同为奇数时，则方程(*)可化为

$$(x^2+2)^2-(2x)^2=5y^2$$

有

$$(x^2+2x+2)(x^2-2x+2)=5y^2$$

因 $(x^2-2x+2, x^2+2x+2)=1$，则上式给出

$$x^2\pm 2x+2=5u^2 \quad ①$$

$$x^2\mp 2x+2=v^2 \quad ②$$

$$uv=y \quad ③$$

其中式②给出：$(x\mp 1)^2=v^2-1$，即

$$(v+x\mp 1)(v-x\pm 1)=1$$

故仅有正整数解 $x=v=1$，代入式①仅有 $u=1$，此时给出 $x=y=1$.

② 若 $x$，$y$ 同为偶数，令 $x=2u$，$y=2v$，代入式(*)有 $4u^4+1=5v^2$，再令 $t=2u^2$，可有

$$t^2-5v^2=-1 \tag{**}$$

由前式知 $v$ 为奇数,故式(**)的全部正整数解 $t,v$ 可表示为

$$t+v\sqrt{5}=(2+\sqrt{5})^{2n+1}\quad (n=0,1,2,\cdots)$$

故

$$2t=(2+\sqrt{5})^{2n+1}+(2-\sqrt{5})^{2n+1}$$

即

$$(2u)^2=(2+\sqrt{5})^{2n+1}+(2-\sqrt{5})^{2n+1}$$

若令 $\omega=\dfrac{2+\sqrt{5}}{2},\bar{\omega}=\dfrac{2-\sqrt{5}}{2}$,则 $\omega^3=2+\sqrt{5},\bar{\omega}^3=2-\sqrt{5}$,故上式可为

$$(2u)^2=\omega^{3(2n+1)}+\bar{\omega}^{3(2n+1)}=(\omega^{2n+1}+\bar{\omega}^{2n+1})(\omega^{2(2n+1)}+\bar{\omega}^{2(2n+1)}+1)$$

对非负整数 $k,\omega^k+\bar{\omega}^k$ 是正整数.

由最大公约$(\omega^{2n+1}+\bar{\omega}^{2n+1},\omega^{2(2n+1)}+\bar{\omega}^{2(2n+1)})\mid 3$,故 $3\nmid u$.

故上式可以给出

$$\omega^{2(2n+1)}+\bar{\omega}^{2(2n+1)}+1=\alpha^2,\quad \omega^{2n+1}+\bar{\omega}^{2n+1}=\beta^2,\quad \alpha\beta=2u$$

显然可设 $\alpha=\omega^{2n+1}+\bar{\omega}^{2n+1}+a(a\in\mathbf{Z})$,故由

$$(\omega^{2n+1}+\bar{\omega}^{2n+1}+a)^2=\omega^{2(2n+1)}+\bar{\omega}^{2(2n+1)}+1$$

有

$$a^2+2a(\omega^{2n+1}+\bar{\omega}^{2n+1})=3$$

显然仅当 $a=1,n=0$ 和 $a=-3,n=0$ 是上式的解.

此时给出 $\alpha=\pm2,\beta=\pm1$,即 $u=v=1$,故 $x=y=2$.

**定理 2** 对固定的整数 $m>1$,满足 $F_{n+2}=F_{n+1}+F_n(n\geqslant1)$ 的整循环级数中只包含有限个 $m$ 方次数.

**证** 由满足 $F_{n+2}=F_{n+1}+F_n(n\geqslant1)$ 的整循环级数可表示为

$$c_1+c_2,\quad c_1\alpha+c_2\beta,\quad c_1\alpha^2+c_2\beta^2,\quad \cdots$$

其中

$$\alpha=\frac{1}{2}(1+\sqrt{5}),\quad \beta=\frac{1}{2}(1-\sqrt{5})$$

故

$$c_1=\frac{F_2-F_1\beta}{\sqrt{5}},\quad c_2=\frac{F_1\alpha-F_2}{\sqrt{5}}$$

则

$$F_n=\frac{F_2-F_1\beta}{\sqrt{5}}\alpha^{n-1}+\frac{F_1\alpha-F_2}{\sqrt{5}}\beta^{n-1}$$

注意到 $\alpha+\beta=1,\alpha\beta=-1$ 有

$$5F_n^2-(F_2\alpha^{n-1}+F_1\alpha^{n-2}+F_2\beta^{n-1}+F_1\beta^{n-2})^2=$$

$$4(-1)^{n-1}(F_1^2+F_1F_2-F_2^2)$$

又对任何非负整数 $n$,$\alpha^n+\beta^n$ 是一个整数,故 $u_n$ 适合 $z$ 的方程

$$5z^2-x^2=4\cdot(-1)^{n-1}(F_1^2+F_1F_2-F_2^2)$$

若 $F_n=y^m$,$m>1$,则有

$$5y^{2m}-x^2=4\cdot(-1)^{n-1}(F_1^2+F_1F_2-F_2^2) \qquad (***)$$

设

$$f(x)=5x^{2m}-4\cdot(-1)^{n-1}(F_1^2+F_1F_2-F_2^2)$$

则

$$f'(x)=10mx^{2m-1}$$

因仅当 $F_1=F_2=0$ 时,$F_1^2+F_1F_2-F_2^2=0$,故 $F_1$,$F_2$,$F_1^2+F_1F_2-F_2^2$ 不为0. 故 $f(x)$ 无重根. 由引理3知式(***)仅有有限组整数解.

下面我们证明除 $F_1=F_2=1$,$F_{12}=144$ 以外,$F_n$ 不是平方数.

**证** 由式(***)可有

$$5y^4-x^2=4\cdot(-1)^{n-1}$$

由 $n$ 的奇偶性不同可分别给出

$$5y^4-x^2=4 \qquad (1)$$

和

$$5y^4-x^2=-4 \qquad (2)$$

由引理1知,式(1)仅有正整数解 $x=y=1$,式(2)给出

$$x_1\equiv 1(\bmod 2),\quad y=2y_1$$

则

$$x_1^2-1=20y_1^4$$

因 $(x_1-1,x_1+1)=2$,故上式给出

$$x_1+1=10u^4,\quad x_1-1=2v^4 \qquad (3)$$

$$x_1+1=2v^4,\quad x_1-1=10u^4 \qquad (4)$$

由式(3)消去 $x_1$ 得 $5u^4-v^4=1$,取模8知其无解.

由式(4)消去 $x_1$ 得 $5u^4-v^4=-1$,即 $(v^2-1)(v^2+1)=5u^4$,$u\equiv 0(\bmod 2)$,$v\equiv 1(\bmod 2)$,故 $(v^2-1,v^2+1)=2$,再由上式,若

$$v^2-1=2t^4,\quad v^2+1=40s^4$$

和

$$v^2-1=10t^4,\quad v^2+1=8s^4$$

因 $v\equiv 1(\bmod 2)$,故 $2\equiv 0(\bmod 8)$ 矛盾. 因而只有

$$v^2-1=8t^4,\quad v^2+1=10s^4,\quad s\equiv 1(\bmod 2) \qquad (5)$$

或

$$v^2-1=40t_1^4,\quad v^2+1=2s_1^4,\quad s_1\equiv 1(\bmod 2) \qquad (6)$$

由式(5)有 $(v-1)(v+1)=8t^4$,$v\equiv 1(\bmod 2)$,故

$$v-1=2\alpha^4,\quad v+1=4\beta^4,\quad \alpha\equiv 1(\bmod 2) \qquad (7)$$

或

$$v-1=4\alpha_1^4,\quad v+1=2\beta_1^4,\quad \beta_1\equiv 1(\bmod 2) \tag{8}$$

由式(7) 消去 $v$ 有 $2\beta^4-\alpha^4=1$,由引理 2 知它只有正整数解 $\alpha=\beta=1$. 此时 $v=3$ 给出

$$F_{12}=144$$

由式(8) 消去 $v$ 有 $\beta_1^4-2\alpha_1^4=1$,由引理 4 知其无正整数解.

对于式(6) 由引理 1 知,仅有正整数解 $v=s_1=1$ 和 $v=239$,$s_1=13$,由 $v=1$ 得 $u=0$. 但 $F_n=0(n\geqslant 1)$ 不妥,$v=239$ 不是解.

若 $x\equiv 1(\bmod 2)$,则$(x+2,x-1)=1$,由(2) 给出

$$x+2=5u^4,\quad x-2=v^4 \tag{9}$$

或

$$x+2=v^4,\quad x-2=5u^4 \tag{10}$$

由式(9) 消去 $x$ 得 $5u^4-v^4=4$,由引理 1 知其仅有正整数解 $u=v=1$,此时给出 $F_2=1$.

由式(10) 消去 $x$ 得 $5u^4-v^4=-4$,其解适合 $u\equiv v\equiv 1(\bmod 2)$,将方程取模 16 有

$$8\equiv 0(\bmod 16)$$

故无整数解适合此方程.

我们这里还想指出一点,对于上述问题(斐波那契数列中完全平方数的存在问题),胡久稔曾给出一个更简洁的证明,详见文献[60].

其证明大意是:基于斐波那契数列的下述性质:

(1)$F_{2k}=F_{k+1}^2-F_{k-1}^2$.

(2)$F_{2k+1}=F_k^2+F_{k+1}^2$.

然后讨论 $F_n$. 分两种情形:

①$n=2k$ 时,由 $F_{2k}=F_{k+1}^2-F_{k-1}^2$,若存在自然数 $p$ 使 $F_{2k}=p^2$,即

$$F_{k+1}^2-F_{k-1}^2=p^2$$

或

$$F_{k-1}^2=(F_{k+1}+p)(F_{k+1}-p)$$

令 $l$ 为 $F_{k-1}$ 的一个因子,则可能的解是

$$\begin{cases}F_{k-1}l=F_{k+1}+p\\ \dfrac{F_{k-1}}{l}=F_{k+1}-p\end{cases}$$

其中 $l\mid F_{k-1}$, $1\leqslant l\leqslant F_{k-1}$. 故

$$F_{k+1}=\frac{1}{2}\left(F_{k-1}l+\frac{F_{k-1}}{l}\right)$$

枚举 $l$ 为 1,2,…,6 及讨论 $l\geqslant 7$,除 $l=5$ 外均不妥,而 $l=5$ 时,得 $F_{12}=144$.

②$n=2k+1$ 时,由 $F_{2k+1}=F_k^2+F_{k+1}^2$,若其可表示为 $p^2$ 有

$$F_{2k+1}=p^2$$

$$F_k^2=p^2-F_{k+1}^2=(p-F_{k+1})(p+F_{k+1})$$

则 $F_{k+1}=\frac{1}{2}\left(F_k l+\frac{F_k}{l}\right)$,其中 $1\leqslant l\leqslant F_k$,且 $l\mid F_k$.

枚举 $l=1,2,\cdots,5$ 及 $l\geqslant 6$ 均矛盾.

《美国数学月刊》杂志也给出一个证明,较前面第一个证明似乎更简洁.证明分四步:

(1) 设 $\tau=\frac{\sqrt{5}+1}{2}$,因而 $\tau^2=\tau+1$.如果设 $F_0=0$,那么由数学归纳法就得出对所有的正整数,$\tau^n=F_n\tau+F_{n-1}$ 成立,利用此式和指数律就得出对任意正整数 $m,n,k$,有

$$F_{m+n}=F_mF_n+F_mF_{n-1}+F_{m-1}F_n \quad ①$$

$$F_{kn}=kF_nF_{n-1}^{k-1}+F_n^2P_k(F_n,F_{n-1}) \quad ②$$

$$F_{kn-1}=F_{n-1}^k+F_n^2Q_k(F_n,F_{n-1}) \quad ③$$

成立,其中 $P_k(x,y)$ 和 $Q_k(x,y)$ 都是 $x,y$ 的整系数 $k$ 次齐次多项式.特别的

$$F_{2n}=F_n(2F_{n-1}+F_n),F_{2n-1}=(F_{n-1})^2+(F_n)^2 \quad ④$$

令 $\bar{\tau}=\frac{1-\sqrt{5}}{2}$,并且将 $\tau^n$ 和 $\bar{\tau}^n=F_n\bar{\tau}+F_{n-1}$ 相乘,我们就得出其对任意正整数 $n$ 成立

$$F_{n-1}^2+F_nF_{n-1}-F_n^2=(-1)^n \quad ⑤$$

又 $F_n$ 和 $F_{n-1}$ 是互素的.由此和式 ② 可得出:

$F_n$ 的任意素因子 $p$,如果不是 $k$ 的因子,就必然同时出现在 $F_n$ 和 $F_{kn}$ 的因子中,并且带有相同的指数.

(2) 从式 ① ~ ③ 还得出,如果 $p\mid F_n$,那么当且仅当 $p\mid F_m$ 时有 $p\mid F_{m+n}$.由此又得出:

对任意整数 $n$,当且仅当 $n$ 是一个最小的使得 $p\mid F_m$ 的整数 $m$ 的倍数时,$p\mid F_n$.

这样有 $3\mid n\Longleftrightarrow 2\mid F_n,4\mid n\Longleftrightarrow 3\mid F_n$.

(3) 先考虑一个引理.

**引理** 设 $p$ 是一个素数,且让 $m$ 是最小的使得 $p\mid F_m$ 的整数.如果 $m$ 是偶数,那么 $p\not\equiv 13$ 或 $17(\bmod 20)$;而如果 $p\equiv 3$ 或 $7(\bmod 20)$,那么 $F_{m-1}\equiv -1(\bmod p)$.

**证** 设 $m=2m'$,$F_{m'}\equiv a(\bmod p)$,$F_{m'-1}\equiv b(\bmod p)$,那么由式 ④ 得出 $a+2b\equiv 0(\bmod p)$,并且 $F_{m-1}\equiv a^2+b^2(\bmod p)$.

这样 $F_{m-1} \equiv 5b^2 \pmod p$.

由式 ⑤ 又得出 $F_{m-1}^2 \equiv 1 \pmod p$,因而 $F_{m-1} \equiv 5b^2 \equiv \pm 1 \pmod p$.

如果 $p \equiv 13$ 或 $17 \pmod{20}$,那么1和$-1$在模$p$下就都是二次剩余,而5不是,故不可能.如果 $p \equiv 3$ 或 $7 \pmod{20}$,那么 5 和 $-1$ 都不是模 $p$ 下的二次剩余,因此我们必须有 $F_{m-1} \equiv -1 \pmod p$.

类似地,若 $m$ 是 4 的倍数,那么 $p \equiv 11$ 或 $19 \pmod{20}$ 的情况也可以排除.

(4) 考虑 $F_n$ 对 2 的幂:如果 $n = 2^m$,利用式 ④ 我们可以获得表 3 中的 $F_n$ 和 $F_{n-1}$ 在模 20 下的值.

**表** 3

| $m$ | 2 | 3 | 4 | 5 | 6 |
| --- | --- | --- | --- | --- | --- |
| $F_{n-1}$ | 2 | 13 | 10 | 9 | 2 |
| $F_n$ | 3 | 1 | 7 | 9 | 3 |

对 $m \geqslant 6$,表中的值以周期 4 重复.(为方便起见,有时我们用 $F(x)$ 代表 $F_x$.) 现在 $F(2^m) = F(2^{m-1})G_m$,其中 $F(2^{m-1})$ 和 $G_m = 2F(2^{m-1}-1) + F(2^{m-1})$ 互素.

如果$p$是$G_m$的素因子,那么$n = 2^m$是最小的使得$p \mid F_n$的整数$n$.那样由结论(3) 就得出 $p \not\equiv 13$ 或 $17 \pmod{20}$.

另一方面,上表显示 $G_2 = 3$ 和对所有 $m > 2$ 有 $G_m \equiv 7 \pmod{20}$.那就得出不是所有的$G_m$ 的素因子都能 $\equiv \pm 1 \pmod 5$ 的.这也就是说当 $m > 2$ 时,至少要有一个 $G_m$ 的素因子 $p$ 使得 $p \equiv 3$ 或 $7 \pmod{20}$.

这样由结论(3)就得出$F(2^m - 1) \equiv -1 \pmod p$,因此$-1$不是模$p$的二次剩余.下面考虑 $n$ 的情况.

①$n$ 是奇数.如果 $n \geqslant 3$,$n$ 可写成 $n = 2^m k \pm 1$ 的形式,其中 $k$ 是奇数而 $m \geqslant 2$.由结论(4),$F(2^m)$ 存在一个素因子 $p$ 使得$F(2^m \pm 1) \equiv -1 \pmod p$,并且$-1$ 不是模 $p$ 的二次剩余.

由式 ① ~ ③ 我们就得出

$$F_n = F(2^m k \pm 1) \equiv (-1)^k \equiv -1 \pmod p$$

则 $F_n$ 不可能是一个完全平方数.

②$n \neq 2^k 3^l$.如果$p \geqslant 3$并且其指数是奇数,则称素数$p$是$F_n$的一个好的素因子.从结论(2)得出,如果$p$是$F_n$的一个好的素因子,那么$p$就是$F_{2n}$和$F_{3n}$的一个好的素因子.

如果 $m > 1$ 和 6 互素,$n = m2^k 3^l$,那么由 ① 可知 $F_m$ 不是完全平方数,由结论(2) 可知,它也不是 2 或 3 的倍数,那样 $F_m$ 有一个好的素因子.由此和前文就得出 $F_n$ 也有一个好的素因子,故 $F_n$ 不是完全平方数.

③$n = 2^k 3^l$.由于 $F_8 = 21$ 有好的素因子,因此由 ② 可知如果 $k \geqslant 3$ 或者

$l \geqslant 2$,那么 $F_n$ 就有一个好的素因子.

这样仅剩下以下 6 种情况

$$F_1 = 1,\ F_2 = 1,\ F_3 = 2,\ F_4 = 3,\ F_6 = 8,\ F_{12} = 144$$

显然其中仅有 $F_1$,$F_2$ 和 $F_{12}$ 是完全平方数.

关于$\{F_n\}$中的平方数问题,还有如下一些引申和拓广,比如:

(1) 除 $F_3 = 2$,$F_6 = 8$ 之外,$\{F_n\}$中不存在其他形如 $2k^2$ 形式的数($k$ 为正整数);

(2) 除 $F_4 = 3$ 之外,$\{F_n\}$中不存在其他形如 $3k^2$ 形式的数($k$ 为正整数);

(3) 除 $F_5 = 5$ 之外,$\{F_n\}$中不存在其他形如 $5k^2$ 形式的数($k$ 为正整数);

(4) 在$\{F_n\}$中不存在形如 $6k^2$ 或 $10k^2$($k$ 为正整数)的数.

这只需注意到如下命题:

若 $n = ab$,又 $p$ 或它的奇数次幂是 $F_b$ 的因子,又 $p \nmid a$,且$(c, p) = 1$(互素),则 $F_n$ 不可能是 $ck^2$ 形式的数,$k$ 为正整数.

如前面我们曾指出的那样,斐波那契数列某些性质尚未解决(如数列中有无最大质数,即质数是否有限问题),再比如:

以 $n$ 为下标的斐波那契数具有某一个预先给定的质数 $p$ 作为它的因子,我们知道 $n \leqslant p^2$,更确切地 $n \leqslant p + 1$. 再进一步有:

当 $p$ 是 $5k \pm 1$ 形质数时,$p \mid F_{p-1}$;

当 $p$ 是 $5k \pm 2$ 形质数时,$p \mid F_{p+1}$.

但具有固有因数(若质数 $p \mid F_n$,且 $p \nmid F_k (k < n)$,则称 $p$ 为 $F_n$ 的固有因数)的斐波那契数,它的下标可用怎样的公式表示?人们尚不清楚.

(利用稍复杂的工具还可以证明,所有的斐波那契数,除 $F_1$,$F_2$,$F_6$ 和 $F_{12}$ 外,都至少含有一个固有因数.)

在斐波那契数列中,仅有 $F_5 = 8 = 2^3$ 一项完全立方项,且无 4 次以上的完全平方项.

除了完全方幂数列,古希腊人把形如$\frac{1}{2}n(n+1)$的整数称为三角形数[①],它是基于当时的毕达哥拉斯学派的人们将数按照它们可用石子摆成的规则形状所决定,比如他们把形如图 5.2 的数分别称为三角形数、四角形数,它们的通项表达式分别为$\frac{1}{2}n(n+1)$和 $n^2$ 等(四角形数即完全平方数). 这些统称为多角形数.

---

① 三角形数 $\mu_n = \frac{1}{2}n(n+1)$ 有下面递推关系式

$$\mu_1 = 1,\quad \mu_2 = 3,\quad \mu_{n+1} = 2\mu_n - \mu_{n-1} + 1 \quad (n \geqslant 2)$$

利用它可以解决后面的数列$\{F_n\}$中的三角形数问题.

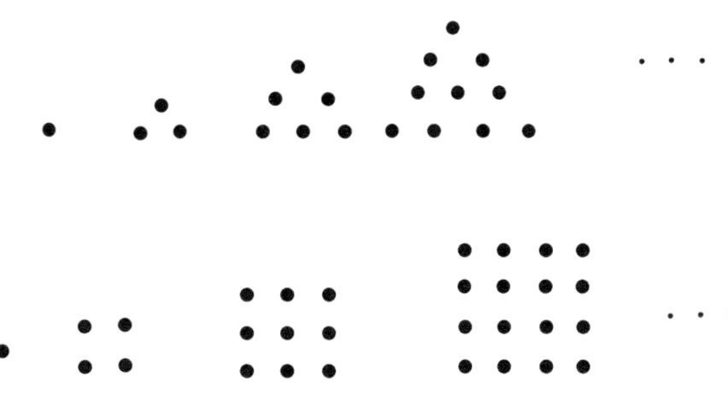

图 5.2

多角形数有许多有趣的性质，其中最著名的莫过于费马的猜测（1637 年）：

*任何自然数可用不超过 $k$ 个 $k$ 角形数和来表示.*

许多著名的数学家都曾对此证明做出过贡献. 比如欧拉（Euler，1707—1783）、拉格朗日、雅可比（Jacobi，1804—1851）（证明了 $k=4$ 的情形）、高斯（Gauss，1777—1855）（证明了 $k=3$ 的情形）等，它的一般情形的证明是数学家柯西（Cauchy，1789—1857）于 1815 年完成的.

对于多角形数的这些问题我们姑且不论，前面我们证明了：在斐波那契数列中，除 1，144 这两个四角形数（即完全平方数）外，不存在其他的四角形数.

三角形数 1，3，6，10，15，21，… 在斐波那契数列中的出现是有限还是无限（显然 1，3，21 出现在斐波那契数列中）？

这个问题于 1989 年由我国重庆师范学院的罗明解决，他证明了：

**命题 1** 斐波那契数列 $\{F_n\}$ 中仅有 $F_1=1, F_3=3, F_8=21, F_{10}=55$ 这 4 个三角形数.

1990 年，罗明又解决了卢卡斯数列中的三角形数问题，结论为：

**命题 2** 卢卡斯数列 $\{L_n\}$：2，1，3，4，7，… 中仅有 $L_1=1, L_3=3, L_{18}=5\,778\left(=\frac{1}{2}\cdot 107\cdot 108\right)$ 这 3 个三角形数.

此外，关于可表示为两个自然数立方和或差之半的斐波那契数问题，它涉及求所有类数为 2 的复二次域问题. 比如

$$1=\frac{1}{2}(1^3+1^3),\ 8=\frac{1}{2}(2^3+2^3),\ 13=\frac{1}{2}(3^3-1^3),\ \cdots$$

亚当斯（J. A. Antoniadis）将这种域与某种不定方程联系起来且与温格尔（B. M. M. de Weger）共同解决了此问题.

顺便讲一句：对于数列 $\{F_n\}$ 中的三角形数，它的项数恰好等于其在三角形数 $\{T_n\}$ 中的项数者，仅有

$$F_1=T_1=1,\ F_{10}=T_{10}=55$$

两项.

罗明还证明了：在 $8F_n+1$ 为完全平方数者仅有 $n=1,2,4,8,10$ 这 5 项，即

$$F_1=F_2=1,\ F_4=3,\ F_8=21,\ F_{10}=55$$

其实这个结论只需从形如 $8T_n+1=4n^2+4n+1$ 的数中寻找是四角形（完全平方）数者即可.

**注** 关于数列 $\{F_n\}$ 中除 0,1,144 外无其他完全平方数，文献[71]指出：

1951 年 W. 荣格伦（W. Ljunggren）率先证得此结论.

1964 年 H. 科恩（H. Cohn）给出另一证法.

1969 年 H. 伦顿（H. London）和 R. 芬克尔斯坦（R. Finkelstein）证明了 8 是 $\{F_n\}$ 中唯一的完全立方数.

2006 年 Y. 比若（Y. Bugeaud）、M. 米尼奥特（M. Mignotte）和 S. 西克赛克（S. Siksek）证明数列 $\{f_n\}$ 中只有 0,1,8,144 为整数方幂.

# 六 斐波那契数列的其他性质

斐波那契数列的性质有很多(前面我们也曾叙述过一些),下面我们再来列举其中的某些.

## 1. 与循环小数的联系

(1) 将斐波那契数列按图 6.1 那样逐个退后一位加起来,且添上小数点,则它是一个循环小数,且它的值是 1/89.

```
0
 1
  1
   2
    3
     5
      8
      1 3
        2 1
           ⋱
-----------------------------
0. 0 1 1 2 3 5 9 5 1 … → 1/89
```

图 6.1

这个等式其实即为下面等式

$$\sum_{k=1}^{\infty} \frac{F_k}{10^{k+2}} = \frac{1}{89}$$

它是 Stancliff 于 1953 年发现的. 注意到 89 为 $F_{11}$,且它的倒数是一个 4 千位的循环小数.

(2) 将斐波那契数列逐个后退两位,再把它们加起来,添上小数点,即是一个值为 1/9 899 的循环小数(图 6.2).

```
00
  01
    01
      02
        03
          05
            ⋱
------------------------------------
0.  00  01  01  02  03  05  … → 1/9 899
```

图 6.2

此即 $\sum\limits_{k=1}^{\infty}\dfrac{F_k}{10^{2(k+1)}}=\dfrac{1}{9\,899}$,此式还可推广为

$$\sum_{k=1}^{\infty}\frac{F_k}{10^{m(k+1)}}=\frac{1}{\underbrace{99\cdots98}_{m个}\underbrace{99\cdots9}_{m个}}$$

(3) 将斐波那契数列中的诸数一隔一地取出,再像上面那样逐个退后一位再相加,添上小数点也构成一个循环小数,它的值是 1/71(图 6.3).

```
0
 1
  3
   8
   2 1
     5 5
        ⋱
------------------------------------
0.0  1  4  0  6  5  … → 1/71
```

图 6.3

此即算式

$$\sum_{k=0}^{\infty}\frac{F_{2k}}{10^{k+1}}=\frac{1}{71}$$

(4) 一般地,在斐波那契数列中从 $F_b$ 开始,每隔 $a$ 项取出一项,得到一个子序列,将此子序列各数逐步退后 $k$ 位加起来,添上小数点,则它的和可表示为

$$\frac{M}{N}=\sum_{n=0}^{\infty}F_{an+b}\cdot 10^{-k(n+1)}=\frac{10^kF_b+(-1)^bF_{a-b}}{10^{2k}-10^k(\tau_1^a+\tau_2^a)+(-1)^a}$$

这里 $$\tau_1=\frac{1}{2}(1+\sqrt{5}),\quad \tau_2=\frac{1}{2}(1-\sqrt{5})$$

由比内公式

$$F_n=\frac{1}{\sqrt{5}}(\tau_1^n-\tau_2^n)=\frac{1}{\tau_1-\tau_2}(\tau_1^n-\tau_2^n)$$

将之代入 $$\frac{M}{N}=\sum_{n=0}^{\infty}F_{an+b}10^{-k(n+1)}$$

有 $$\frac{M}{N}=\frac{1}{\tau_1-\tau_2}\left[\tau_1^b10^{-k}\sum_{k=0}^{\infty}\left(\frac{\tau_1^a}{10^k}\right)^n-\tau_2^b10^{-k}\sum_{k=0}^{\infty}\left(\frac{\tau_2^a}{10^k}\right)^n\right]$$

且当 $\left|\frac{\tau_1^a}{10^k}\right|<1,\left|\frac{\tau_2^a}{10^k}\right|<1$ 时上式右收敛.

因 $|\tau_2|<1$,故 $\left|\frac{\tau_2^a}{10^k}\right|<1$ 恒成立.

余下只需 $\left|\frac{\tau_1^a}{10^k}\right|<1$ 即可,即 $a,k$ 满足 $\tau_1^a<10^k$ 即可.

因 $10<\tau_1^5$,有 $10^k<\tau_1^{5k}$,故 $a<5k$. 这时

$$\frac{M}{N}=\frac{1}{\tau_1-\tau_2}\left[\frac{\tau_1^b10^{-k}\cdot 1}{1-\frac{\tau_1^a}{10^k}}-\frac{\tau_2^b10^{-k}\cdot 1}{1-\frac{\tau_2^a}{10^k}}\right]=$$

$$\frac{1}{\tau_1-\tau_2}\left[\frac{\tau_1^b}{10^k-\tau_1^a}-\frac{\tau_2^b}{10^k-\tau_2^a}\right]=$$

$$\frac{1}{\tau_1-\tau_2}\cdot\frac{10^k(\tau_1^b-\tau_2^b)-\tau_1^b\tau_2^a+\tau_1^a\tau_2^b}{10^{2k}-10^k(\tau_1^a+\tau_2^a)+(-1)^a}=$$

$$\frac{10^kF_b-(-1)^aF_{b-a}}{10^{2k}-10^k(\tau_1^a+\tau_2^a)+(-1)^a}$$

或

$$\frac{10^kF_b+(-1)^bF_{a-b}}{10^{2k}-10^k(\tau_1^a+\tau_2^a)+(-1)^a}$$

显然前面诸式中:

(1)$a=1,b=0,k=1$,则

$$\frac{M}{N}=\frac{F_1}{10^2-(\tau_1+\tau_2)\cdot 10-1}=\frac{1}{89}$$

(2)$a=2,b=0,k=1$,则

$$\frac{M}{N}=\frac{F_2}{10^2-(\tau_1^2+\tau_2^2)\cdot 10+1}=\frac{1}{71}$$

(3)$a=1,b=0,k=2$,则

$$\frac{M}{N}=\frac{F_1}{10^4-(\tau_1+\tau_2)\cdot 10^2-1}=\frac{1}{9\ 899}$$

1866 年,数学家西林(P. Seeling)曾发现:$5^{\frac{1}{5}}=\sqrt[5]{5}$ 的最佳逼近,即其连分式

$$1+\frac{1}{2}+\frac{1}{1}+\frac{1}{1}+\frac{1}{1}+\frac{1}{2}+\cdots$$

(这里是连分数的简单记法)的渐近分数分别为

$$1,\ \frac{3}{2},\ \frac{4}{3},\ \frac{7}{5},\ \frac{11}{8},\ \frac{29}{21},\ \cdots$$

该分数序列分母皆为斐波那契数列 $\{F_n\}$ 中的数,分子则是卢卡斯数列 $\{L_n\}(L_1=1,L_2=3,L_{n+1}=L_n+L_{n-1},n\geqslant 2)$ 中的数. 结论真否?

注意到 $\{F_n\}$ 中第 $k+1$ 个数和 $\{L_n\}$ 中第 $k$ 个数分别为

$$F_{k+1}=\frac{1}{\sqrt{5}}\left[\left(\frac{1+\sqrt{5}}{2}\right)^{k+1}-\left(\frac{1-\sqrt{5}}{2}\right)^{k+1}\right]$$

和

$$L_n=\left(\frac{1+\sqrt{5}}{2}\right)^{k}+\left(\frac{1-\sqrt{5}}{2}\right)^{k}$$

而

$$\lim_{k\to\infty}\frac{L_k}{F_{k+1}}=\frac{1}{2}(5-\sqrt{5})\approx 1.381\ 966\ 011$$

又 $5^{\frac{1}{5}}\approx 1.379\ 729\ 661$,此时该近似数的渐近分数分别为

$$\frac{40}{29},\ \frac{109}{79},\ \frac{912}{661},\ \frac{1\ 021}{740},\ \frac{26\ 431}{19\ 161},\ \frac{27\ 458}{19\ 901}$$

它们与 $\{F_n\}$ 和 $\{L_n\}$ 的关系已不再显现,尽管上面两个近似数关系误差不大,但毕竟两数值并不相同. 该猜测不真.

顺便讲一句,这里的 $\{F_n\}$ 与 $\{L_n\}$ 通项表达式及它们之间的关系有等式

$$\left(\frac{L_n+\sqrt{5}F_n}{2}\right)^{p}=\frac{L_{np}+\sqrt{5}F_{np}}{2}$$

这可用数学归纳法证得.

### 2. 倒数性质

若 $k$ 是偶数,则 $\frac{1}{F_k}=\frac{1}{F_{k+1}}+\frac{1}{F_{k+2}}+\frac{1}{F_kF_{k+1}F_{k+2}}$.

我们只需证明下面的结论即可:

若 $p$ 是自然数,$p^2+1$ 是一个质数,则有唯一的 $p_1,p_2$ 使

$$\frac{1}{p}=\frac{1}{p+p_1}+\frac{1}{p+p_2}+\frac{1}{p(p+p_1)(p+p_2)}$$

成立.

更确切地讲,即方程

$$\frac{1}{p}=\frac{1}{x}+\frac{1}{y}+\frac{1}{pxy}$$

有唯一解的充要条件是 $p^2+1$ 是质数.

不失一般性,令 $y>x$(注意 $y=x$ 不是方程的解,由方程可有 $xy=px+py+1$,则 $x,y,p$ 两两互质),不妨设 $y=x+k(k>0)$.故

$$xy=px+py+1$$

即

$$x(x+k)=px+p(x+k)+1$$

或

$$x^2+(k-2p)x-(pk+1)=0$$

若其有整数解,则其判别式

$$\Delta=k^2+4p^2+4$$

是完全平方数,即对任何 $p$ 存在 $k$ 和 $s$ 使

$$k^2+4p^2+4=s^2$$

故

$$4(p^2+1)=s^2-k^2=(s+k)(s-k) \tag{*}$$

而 $s^2-k^2$ 是偶数,则 $s,k$ 必为同奇偶.

若 $p^2+1$ 是质数,当 $p\neq 1$ 时,由上式有

$$\begin{cases}2(p^2+1)=s+k\\2=s-k\end{cases}$$

解得 $s=p^2+2,k=p^2$,代入原方程可解得 $x=p+1$

从而 $y=x+k=p^2+p+1$,方程有唯一解满足

$$\frac{1}{p}=\frac{1}{p+1}+\frac{1}{p^2+p+1}+\frac{1}{p(p+1)(p^2+p+1)} \tag{**}$$

若 $p-1$,则 $1=\frac{1}{2}+\frac{1}{3}+\frac{1}{6}$,结论也真.

又若 $p^2+1$ 不是质数,令 $p^2+1=p_1p_2$,且 $p_2>p_1(p_1\neq p_2)$.由(*)有

$$4p_1p_2=(s+k)(s-k)$$

则

$$\begin{cases}2p_1p_2=s+k\\2=s-k\end{cases}$$

及

$$\begin{cases}2p_2=s+k\\2p_1=s-k\end{cases}$$

解后者可有 $s=p_1+p_2,k=p_2-p_1$,代入原方程可得

$$x=p_1+\sqrt{p_1p_2-1}=p_1+p$$

且

$$x=p_2+\sqrt{p_1p_2-1}=p_2+p$$

故它除有式(**)形式的解外还有

$$\frac{1}{p}=\frac{1}{p+p_1}+\frac{1}{p+p_2}+\frac{1}{p(p_1+p)(p_2+p)} \qquad (***)$$

下面回到斐波那契数列来,由于当 $k$ 是偶数时

$$F_k^2+1=F_{k-1}F_{k+1}$$

代入式(***)有

$$\frac{1}{F_k}=\frac{1}{F_k+F_{k-1}}+\frac{1}{F_k+F_{k+1}}+\frac{1}{F_k(F_k+F_{k-1})(F_k+F_{k+1})}=$$
$$\frac{1}{F_{k+1}}+\frac{1}{F_{k+2}}+\frac{1}{F_kF_{k+1}F_{k+2}}$$

下面我们再给出它的一个几何解释.

在如图 6.4 所示的一个从左端开始而右端可以无限延长的并列单位正方形中,把标有自然数 $1,2,3,\cdots,n,\cdots$ 的点联结产生一个角序列

$$\alpha_1,\ \alpha_2,\ \alpha_3,\ \cdots,\ \alpha_n,\ \cdots$$

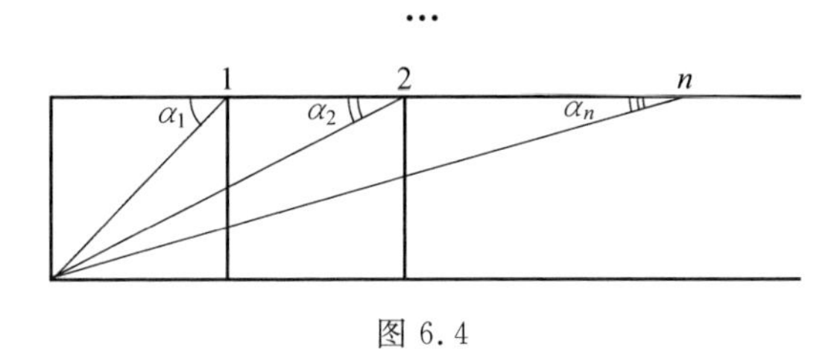


图 6.4

则方程 $\frac{1}{p}=\frac{1}{x}+\frac{1}{y}+\frac{1}{pxy}$ 的解 $(p,x,y)$ 在角序列中有关系式

$$\alpha_p=\alpha_x+\alpha_y$$

对斐波那契数列来讲,若 $k$ 是偶数,则

$$\alpha(F_k)=\alpha(F_{k-1})+\alpha(F_{k+1})$$

这只需注意到 $\alpha_n=\arctan\frac{1}{n}$ 即可.

**注 1** 这个几何解释可视为下面命题的推广:

如图 6.5,三个正方形并列,则 $\alpha=\beta+\gamma$.

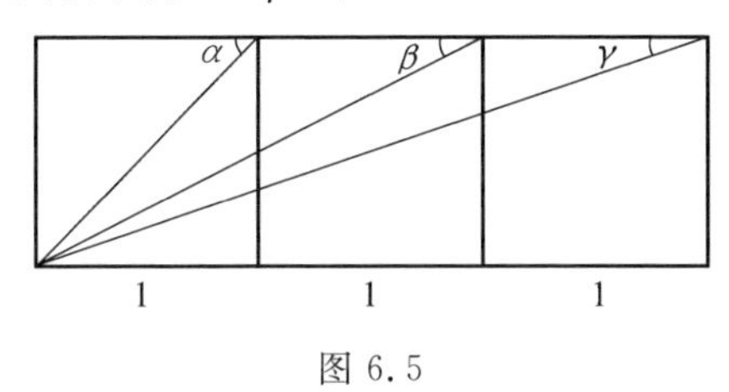


图 6.5

**注 2** 由于不定方程解的个数是 $\frac{1}{2}\varphi(p^2+1)$,其中 $\varphi(x)$ 表示 $x$ 的不同因子个数,则结

合前述几何事实有：

给定自然数 $n$，可知 $\alpha_n$ 有多少种不同方法表示成该角序列中两个角之和.

**注 3** Phillips 给出 Aitken $-\delta^2$ 变换的一个应用，将相邻两 $\{F_n\}$ 序列的比值构成新序列，其每项也是相邻两 $\{F_n\}$ 序列的比值，即这种变换将上述序列每一项变到相同的项.

M. J. Jamieson 利用卢卡斯序列

$$L_i = F_{i-1} + F_{i+1} \quad (i = 1,2,3,\cdots)(F_0 = 0, F_1 = 1, F_2 = 1,\cdots)$$

性质及它们与 $F_i$ 之比

$$R_i = \frac{F_{i+1} + F_{i-1}}{F_i} = 2\frac{F_{i+1}}{F_i} - 1$$

序列满足 Phillips 的结果.[68]

## 3. $\{F_n\}$ 的相邻项比产生的数列

在插值多项式计算中，若逐次应用公式

$$L_k(x) = L_{(0,1,\cdots,k)}(x) = \frac{1}{x_k - x_0}\begin{vmatrix} L_{(0,1,\cdots,k-1)}(x) & x_0 - x \\ L_{(0,1,\cdots,k)}(x) & x_k - x \end{vmatrix} \quad (k = 1,2,\cdots)$$

去计算关于节点 $x_0, x_1, \cdots, x_n$ 的插值多项式 $L_n(x)$ 在点 $x$ 处的值，其中 $L_{(1,2,\cdots,m)}(x)$ 是以 $x_1, x_2, \cdots, x_m$ 为插值节点的插值多项式，称为 Aitken 格式（或变换）.

在利用公式进行计算时，两个次数相邻的插值多项式的值之差在要求的小数（误差）范围之内（即一致）时，迭代终止.

注意，这里给出的是二阶行列式形式，这方便记忆.

它的展开式是分式形式

$$L_k(x) = \frac{(x_0 - x)L_{(0,1,\cdots,k-1)}(x) - (x_k - x)L_{(0,1,\cdots,k)}(x)}{x_k - x_0} \quad (k = 1,2,\cdots)$$

此方法不要求节点 $x_i$ 单调，即无须按大小顺序排列 $x_1, x_2, \cdots, x_n$，而从靠近 $x$ 的点开始排列为宜.

数学家 M. J. Jamieson 指出：Phillips 给出了用 Aitken $-\delta^2$ 变换（迭代）将 $\{F_n\}$ 中相邻的两数的比值构成新序列，其每项也是 $\{F_n\}$ 中的相邻两项的比值，即是说，这种变换将上述序列中每一项变到相同的项. M. J. Jamieson 利用了卢卡斯序列

$$L_i = F_{i-1} + F_{i+1} \quad (F_0 = 0, F_1 = 1, F_2 = 1,\cdots) \quad (i = 1,2,3,\cdots)$$

的性质及它与 $F_i$ 之比

$$R_i = \frac{F_{i+1} + F_{i-1}}{F_i} = 2\frac{F_{i+1}}{F_i} - 1 \tag{$*$}$$

序列 $\{R_n\}$ 亦满足 Phillips 的结果.

注意到 Aitken 变换与如式（$*$）那样的线性变换是可交换的，因而只需对 $R_n$ 证明 Phillips 结果即可，详见文献[68].

这个结论 M. J. Jamieson 还应用到了余切序列,结论类(相)同.[68]

## 4. 斐波那契数的尾数组成的数列

前文我们曾介绍了$\{F_n\}$数列关于模余数列的周期性问题,其实由斐波那契数的尾数组成的数列也是循环的.

显然有数列:1,1,2,3,5,8,3,1,… 中两个奇数项和一个偶数项交替出现,总共有 5·5=25 对由奇数数字组成的有序数对,故不多于 3·25=75 次连续相加后,这些奇数对之一出现重复,且开始一个新的循环.

因为两数之和(或差)是唯一的,故这对重复出现的数应当和数列开始的那对奇数相同,且不与中间的一对奇数相同(可用反证法去证).

实际上,只需 60 项便出现循环,它们是:

1,1,2,3,5,8,3,1,4,5,9,4,3,7,0,7,7,4,1,5,6,1,7,8,5,3,8,1,9,0,9,9,8,7,5,2,7,9,6,5,1,6,7,3,0,3,3,6,9,5,4,9,3,2,5,7,2,9,1,0,1,1,….

**注** 对于满足递推关系

$$a_{n+k}=a_n+a_{n+1}+\cdots+a_{n+k-1}$$

的任何数列,也有和上面类似的结论.

若将斐波那契数列$\{F_n\}$末 3 位数分别记下,如

001, 001, 002, 003, 005, 008, 013, 021, 034, …

它是一个周期序列(即循环序列).

若将该序列记为$\{r_n\}$,考察数列相邻两项所有可能的组合

(001,001), (001,002), (002,003), (003,005), …

这种数对不超过 $1\,000\times1\,000=10^6$ 个. 由于两数之和末 3 位仅与每个加数的末 3 位有关,再注意到

$$F_{n+1}=F_n+F_{n-1}$$

的事实,当上述某两相邻$\{F_n\}$的末 3 位数对在某一项重复出现时,接下来的数对就会重复出现,即开始循环.

此外,关于$\{F_n\}$中数的尾数还有许多结果或猜测,比如:

在$\{F_n\}$前 $10^8$ 项中,一定存在末 4 位全为 0 的项.

其实这个结论可以推广为:

*$\{F_n\}$的末 $k(k\in\mathbf{N})$ 位组成的序列是周期序列.*

若记$\{R_n\}$为$\{F_n\}$中末 4 位组成的序列,由前面介绍过的性质知存在 $k$ 与 $s$ 使 $R_k=R_{k+s}$,且 $R_{k+1}=R_{k+s+1}$. 这样可有

$$R_{k-1}=R_{k+s-1},\ R_{k-2}=R_{k+s-2},\ \cdots,\ R_0=R_s$$

这里令 $F_0=0$,从而 $R_0=0000$,即 $R_s=0000$. 故 $F_s$ 的末 4 位全为 0.

### 5. 斐波那契数串

设 $s_1=$"$a$",$s_2=$"$b$",且 $s_{n+2}=s_{n+1}s_n(n>0)$. 换言之,$s_{n+2}$ 是通过把 $s_n$ 放在 $s_{n+1}$ 的右边形成的数串,比如 $s_3=$"$ba$",$s_4=$"$bab$",$s_5=$"$babba$"等.

显然 $s_n$ 有 $F_n$ 个字母,它没有双重(即连续出现)的 $a$,也没有三重的 $b$,且 $s_n$ 含有 $F_{n-2}$ 个 $a$,$F_{n-1}$ 个 $b$.

又若 $m-1=F_{k_1}+F_{k_2}+\cdots+F_{k_r}$,其中 $k_1\geqslant k_2+2\geqslant k_3+2\geqslant\cdots\geqslant k_r+2\geqslant 2$,则 $m<n$ 时:

$s_n$ 的第 $m$ 个字母是 $a$,当且仅当 $k_r=2$;

$s_n$ 的第 $m$ 个字母是 $b$,当且仅当 $[(k+1)\dfrac{1}{\tau_1}]-[k\dfrac{1}{\tau_1}]=1$,这里 $[x]$ 表示高斯函数,即不超过 $x$ 的最大整数,且在前 $k$ 个字母中,$b$ 的个数是 $[(k+1)\dfrac{1}{\tau_1}]$.

此外有人还猜测,在 $\{F_n\}$:0,1,1,2,3,5,8,13,…,隔项取后得到的数 1,2,5,… 是 Bell 数,又是 Catalan 数.

### 6. 斐波那契数的三角形

是否存在以斐波那契数为边长的三角形?

答案是否定的,注意到斐波那契数列中数间关系

$$F_1=F_2=1,\quad F_{n+1}=F_n+F_{n-1}\quad(n\geqslant 2)$$

今取斐波那契数列中三项 $F_l\leqslant F_m\leqslant F_n$,考虑它们可否组成三角形.

注意到 $F_n\geqslant F_l+F_m$,这与三角形一边小于其他两边和的定理相违背,从而它们不能组成一个三角形.

但若 $\alpha\in(0,1)$,注意到关系(不等)式

$$F_n^\alpha+F_{n-1}^\alpha>(F_n+F_{n-1})^\alpha=F_{n+1}^\alpha$$

故以 $F_{n-1}^\alpha,F_n^\alpha,F_{n+1}^\alpha$ 为三边可构造斐波那契三角形.

此外,人们还研究下面一些情况的斐波那契三角形构造问题:

(1) 以 $(F_{n-1},F_{n-1},F_n)$ 为三边的情形,这里 $n\geqslant 4$.

(2) 以 $(F_{n-k},F_n,F_n)$ 为三边的情形,这里 $1\leqslant k<n$.

(3) 以 $(F_n,F_{n+k},F_{n+k})$ 为三边的情形.

对于(1) 类,仅有 $n=6$ 的一组解,即(5,5,8) 一组.

对于(2) 类,Harborth 和 Kemnitz 证明了,$k=1$ 或 $n\leqslant 25$ 时,这类三角形不存在.

曹富珍证明了 $k=2,3,4$ 时,这类三角形不存在,此外他还猜测:(2) 类的斐波那契三角形不存在.

对于(3) 类的情形,人们已证得 ①$n+k\leqslant 25$,②$k=1,2$,③$n=3j-1(j\in$

$\mathbf{N}$),④$n=6j-3$ 且 $k=3$ 或 $n=6j-3$,且 $k=0(j\in\mathbf{N})$,⑤$k\geqslant n-4$ 五种情况,该类三角形不存在.

1948 年,瑞恩发现数列$\{F_n\}$中的项存在关系

$$(F_nF_{n+3})^2+(2F_{n+1}F_{n+2})^2=F_{2n+3}^2$$

换言之,以 $F_nF_{n+3}$,$2F_{n+1}F_{n+2}$,$F_{2n+3}$ 为边长可构成一个直角三角形.

其实若设 $F_n=a$,$F_{n+1}=b$,则上面式中三项可以分别表示为(注意到 $F_{n+2}=F_n+F_{n+1}$ 等)

$$p=F_nF_{n+3}=a(a+2b)=a^2+2ab$$
$$q=2F_{n+1}F_{n+2}=2[b(a+b)]=2b^2+2ab$$
$$r=F_{2n+3}=F_{2(n+1)+1}=F_{n+1}^2+F_{n+2}^2=b^2+(a+b)^2$$

(由"斐波那契数列的数论性质"中的性质).

容易验证 $p^2+q^2=r^2$.

同时由 $p,q,r$ 构成的直角三角形面积

$$S_\triangle=\frac{1}{2}pq=\frac{1}{2}(F_nF_{n+3})(2F_{n+1}F_{n+2})=F_nF_{n+1}F_{n+2}F_{n+3}$$

即$\{F_n\}$中相继 4 项之积.

又若设 $x=a+b$,$y=b$,则可推得

$$a=x-y$$

这时

$$\{a,b,a+b,a+2b\}\xrightarrow{\text{化为}}\{x-y,y,x,x+y\}$$

这样,$p=x^2-y^2$,$q=2xy$,$r=x^2+y^2$,它们显然是一勾股(毕达哥拉斯)数组.

顺便指出,若记

$$p_n=F_nF_{n+3},\ q_n=2F_{n+1}F_{n+3},\ r_n=F_{2n+3}$$

可有下面极限式

$$\lim_{n\to\infty}\frac{q_n}{p_n}=\lim_{n\to\infty}\frac{2F_{n+1}F_{n+3}}{F_nF_{n+3}}=2\lim_{n\to\infty}\frac{F_{n+1}}{F_n}=\tau(\text{黄金数 }0.618\cdots\text{ 的倒数 }1.618\cdots)$$

$$\lim_{n\to\infty}\frac{p_n+r_n}{q_n}=\lim_{n\to\infty}\frac{F_nF_{n+3}+F_{2n+3}}{2F_{n+1}F_{n+3}}=\lim_{n\to\infty}\frac{F_nF_{n+3}+F_{n+1}^2+F_{n+2}^2}{2F_{n+1}F_{n+3}}=\tau$$

关于极限式 $\lim\limits_{n\to\infty}\frac{F_{n+1}}{F_n}=\tau$ 的证明可详见后文.

当然,能产生勾股(毕达哥拉斯)数组的$\{F_n\}$中某些数的组合还有许多,比如:

① 当 $n$ 为奇数时,满足 $p^2+q^2=r^2$ 的

$$(p,q,r)=(F_{n+1}F_{n+3},2F_{n+2},F_nF_{n+4})$$

② 当 $n$ 为偶数时,满足 $p^2+q^2=r^2$ 的

$$(p,q,r)=(F_nF_{n+4},2F_{n+2},F_{n+1}F_{n+3})$$

皆为勾股(毕达哥拉斯)数组.

注意到前面曾介绍过的数列$\{F_n\}$中5个连续数间的部分项有关系式:

③$F_nF_{n+4}+F_{n+1}F_{n+3}=2F_{n+2}^2$.

④$F_nF_{n+4}-F_{n+1}F_{n+3}=(-1)^{n-1}2$.

将上两式两边分别相乘可有

$$(F_nF_{n+4})^2-(F_{n+1}F_{n+3})^2=(-1)^{n-1}(2F_{n+2})^2$$

由此即可推得上面结论①②的事实.

## 7. 斐波那契数的四面体

一个四面体的四个顶点坐标分别是$(F_n,F_{n+1},F_{n+2})$,$(F_{n+3},F_{n+4},F_{n+5})$,$(F_{n+6},F_{n+7},F_{n+8})$,$(F_{n+9},F_{n+10},F_{n+11})$,求该四面体体积.

由斐波那契数列满足关系式$F_{k+2}=F_k+F_{k+1}$,从而该四面体的各个顶点坐标$(x,y,z)$都满足关系式

$$x+y=z$$

即

$$x+y-z=0$$

这说明该四面体四个顶点都在上述平面内,从而它的体积为0.

## 8. 值为1的行列式

若$\mathbf{A}=(a_{ij})_{3\times3}$,是否存在$\det\mathbf{A}=\det(a_{ij})=\det(a_{ij}^2)=1$的矩阵$\mathbf{A}$?

R. Mclntosh给出两个由数列$\{F_n\}$中数组成的$\mathbf{A}$的例子

$$\begin{pmatrix}1\,167 & 2 & 5\\1\,698 & 3 & 8\\2\,866 & 5 & 13\end{pmatrix},\quad\begin{pmatrix}610 & 5 & 13\\1\,054 & 8 & 21\\1\,665 & 13 & 34\end{pmatrix}$$

1987年末,R. Wytek借助计算机给出下面的非斐波那契数的例子,它们是

$$\begin{pmatrix}2 & 3 & 2\\4 & 2 & 3\\9 & 6 & 7\end{pmatrix},\quad\begin{pmatrix}2 & 3 & 5\\3 & 2 & 3\\9 & 5 & 7\end{pmatrix},\quad\begin{pmatrix}2 & 3 & 6\\3 & 2 & 3\\17 & 11 & 16\end{pmatrix}$$

$$\begin{pmatrix}5 & 7 & 6\\6 & 4 & 7\\17 & 16 & 20\end{pmatrix},\quad\begin{pmatrix}8 & 7 & 8\\12 & 11 & 7\\17 & 15 & 16\end{pmatrix},\quad\begin{pmatrix}10 & 7 & 12\\4 & 2 & 7\\17 & 12 & 20\end{pmatrix}$$

P. J. Hilton曾对该问题给出一个拓扑意义.

当时对于矩阵阶数能否推广,以及矩阵行列式元素的幂次能否推广,一般情形未获解.

对于$k$阶情形,在$a_{ij}\geqslant k(1\leqslant i,j\leqslant k)$的条件下,已由A. Danescu等人解决.

顺便指出由$\{F_n\}$组成的行列式

$$\begin{vmatrix} F_1 & F_2 & \cdots & F_n \\ F_2 & F_3 & \cdots & F_{n+1} \\ \vdots & \vdots & \cdots & \vdots \\ F_n & F_{n+1} & \cdots & F_{2n-1} \end{vmatrix} = 0$$

只需注意到关系式 $F_{n+1} = F_n + F_{n-1}$,再考虑行列式第三列是其前两列和即可.

## 9. 斐波那契数列不等式

涉及$\{F_n\}$的不等问题有很多,比如:

(1)$\left(\frac{1+\sqrt{5}}{2}\right)^{n-2} < F_n < \left(\frac{1+\sqrt{5}}{2}\right)^{n-1}$.

注意到比内公式 $F_n = \frac{1}{\sqrt{5}}\left[\left(\frac{1+\sqrt{5}}{2}\right)^n - \left(\frac{1-\sqrt{5}}{2}\right)^n\right]$,从而

$$\lim_{n\to\infty}\frac{F_n}{F_{n+1}} = \frac{\sqrt{5}-1}{2} = \frac{1}{\tau} = 0.618\cdots$$

其中 $\tau = \frac{1}{2}(\sqrt{5}+1) = 1.618\cdots$.

由上可知$\frac{1}{2}(\sqrt{5}-1)$是$\frac{F_n}{F_{n+1}}$的最佳渐近分数,从而不等式成立.

仿上,类似的通项不等式还有

$$\frac{1}{\sqrt{5}}\tau^{n-\frac{1}{n}} \leqslant F_n \leqslant \frac{1}{\sqrt{5}}\tau^{n+\frac{1}{n}}$$

其中 $\tau = \frac{1}{2}(1+\sqrt{5}) = 1.618\cdots$.

其实类似的不等式又如,若 $\tau^2 = \tau + 1$,则 $\omega\tau = 1$($\tau$ 取正值).

(2) 若 $\tau = \frac{1}{\omega} = 1.618\cdots$,则

$$\tau^{n-\frac{1}{n}} \leqslant \sqrt{5}F_n \leqslant \tau^{n+\frac{1}{n}}\ (n \geqslant 1) \qquad (*)$$

只需注意到由比内公式

$$F_n = \frac{1}{\sqrt{5}}(\tau^n - \omega^n),\text{且 } \tau\omega = 1$$

只需证

$$\tau^{n-\frac{1}{n}} \leqslant \tau^n - \frac{1}{\tau^n}$$

即
$$\tau^{2n-\frac{1}{n}} \leqslant \tau^{2n} - 1$$

或
$$\tau^{2n^2-1} \leqslant (\tau^{2n}-1)^n$$

对于 $n$ 用数学归纳法证之.

当 $n=1$ 时,$\tau \leqslant \tau^2 - 1$,显然.

当 $n=2$ 时,要证 $\tau^7 \leqslant (\tau^4-1)^2$. (**)

由 $\tau^4=(\tau^2)^2=(\tau+1)^2=\tau^2+2\tau+1=3\tau+2$,这样

$$(\tau^4-1)^2=(3\tau+1)^2=\cdots=15\tau+10$$

这时式(**)化为 $\tau^7=13\tau+8\leqslant 15\tau+10$,结论显然.

今证 $n>2$ 的情形,只需证

$$\tau^{2(n+1)^2-1}\leqslant(\tau^{2n+2}-1)^{n+1}$$

由
$$\frac{[\tau^{2(n+1)}-1]^{n+1}}{(\tau^{2n}-1)^n}=[\tau^{2(n+1)}-1]\left[\frac{\tau^{2(n+1)}-1}{\tau^{2n}-1}\right]^n$$

又 $\dfrac{\tau^{2(n+1)}-1}{\tau^{2n}-1}>\tau^2$,且 $\dfrac{\tau^{2(n+1)}-1}{\tau^{2n}-1}-\tau^2=\dfrac{\tau^2-1}{\tau^{2n}-1}=\dfrac{\tau}{\tau^{2n}-1}>\dfrac{\tau}{\tau^{2n}}=\dfrac{1}{\tau^{2n-1}}$

利用二项式展开可有

$$\left[\frac{\tau^{2(n+1)}-1}{\tau^{2n}-1}\right]^n>\left(\tau^2+\frac{1}{\tau^{2n-1}}\right)^n=\tau^{2n}+n\frac{\tau^{2n-2}}{\tau^{2n-1}}+\cdots>\tau^{2n}+1$$

这样

$$\begin{aligned}\frac{[\tau^{2(n+1)}-1]^{n+1}}{(\tau^{2n}-1)^n}&>[\tau^{2(n+1)}-1](\tau^{2n}+1)=\\&\tau^{4n+2}+\tau^{2n+2}-\tau^{2n}-1=\\&\tau^{4n+2}+\tau^{2n}(\tau^2-1)-1=\\&\tau^{4n+2}+\tau^{2n+1}-1>\\&\tau^{4n+2}\end{aligned}$$

即不等式(*)左边成立,注意到它的等价形式为

$$\frac{1}{\sqrt{5}}\tau^{n-\frac{1}{n}}\leqslant F_n\leqslant\frac{1}{\sqrt{5}}\tau^{n+\frac{1}{n}}\quad(n\geqslant1)$$

仿上可证不等式右边真.

(3) $F_{n+1}\leqslant\sum\limits_{k=1}^{n}F_k\leqslant F_{n+2}$.

注意到 $\sum\limits_{k=1}^{n}F_k=F_{n+2}-1$,又 $F_{n+2}=F_n+F_{n+1}$,知上不等式成立.

若再注意到 $F_{m+n}=F_mF_{n+1}+F_{m-1}F_n$,则有:

(4) ① $F_mF_n<F_{m+n}$.

② $F_n^m<F_{mn}$(Shapiro 不等式).

(5) $\sum\limits_{k=1}^{n}\dfrac{F_k}{2^k}<2\ (n\in\mathbf{N})$.

(6) $1+\dfrac{1}{\sqrt[n]{F_n}}\leqslant\sqrt[n]{F_{n+1}}\ (n\in\mathbf{N})$.

由 $F_{k+1}=F_k+F_{k-1}(k\in\mathbf{N})$,则有

$$1=\frac{F_k}{F_{k+1}}+\frac{F_{k-1}}{F_{k+1}}\Longrightarrow n=\sum_{k=1}^{n}\frac{F_k}{F_{k+1}}+\sum_{k=1}^{n}\frac{F_{k-1}}{F_{k+1}}$$

由算术-几何平均值不等式有(命 $F_0=F_1=1$)

$$n\sqrt[n]{\prod_{k=1}^{n}\frac{F_k}{F_{k+1}}}+n\sqrt[n]{\prod_{k=1}^{n}\frac{F_{k-1}}{F_{k+1}}}\leqslant n$$

即

$$\frac{1}{\sqrt[n]{F_{n+1}}}+\frac{1}{\sqrt[n]{F_nF_{n+1}}}\leqslant 1$$

从而

$$1+\frac{1}{\sqrt[n]{F_n}}\leqslant\sqrt[n]{F_{n+1}}$$

对于 $L_1=1,L_2=2,L_{n+1}=L_n+L_{n-1}$ 的卢卡斯数列 $\{L_n\}$,成立:

(Ⅰ)$1+\frac{1}{\sqrt[n]{L_n}}\leqslant\sqrt[n]{L_{n+1}}$.

(Ⅱ)$n$ 为奇数时,$\operatorname{arccot}(L_{n-1})<\operatorname{arccot}(L_n)+\operatorname{arccot}(L_{n+1})$.

关于斐波那契数列的不等式还有很多,比如文献[36]中就刊登不少.此外,新的这类不等式还不断被发现.

# 七　某些斐波那契数列之和

数列求和自然是研究数列性质的一个重要内容. 利用斐波那契数列的性质及其通项表达式,我们可以求某些斐波那契数列的和.

**1.** $\sum_{k=1}^{n} F_k = F_{n+2} - 1$(前 $n$ 项和公式).

**证**　由等式

$$F_{k+2} = F_{k+1} + F_k$$

可有

$$\sum_{k=1}^{n} F_k = \sum_{k=1}^{n} (F_{k+2} - F_{k+1}) = F_{n+2} - F_2 =$$

$$F_{n+2} - 1 \quad \text{(注意和式中前后项相消)}$$

**注**　该性质我们还可直接由斐波那契数列的组合模型出发去证,如:

我们把 $N_n = \{1, 2, \cdots, n\}$ 中所有不包含相邻元素的子集称为间隔型子集,$F_{n+2}$ 为 $N_n$ 的所有间隔型子集的数目.

以 $\mathscr{L}$ 记 $N_n$ 的所有间隔型子集所组成的集合,类似子集为元素所组成的集合,且以这类子集中所出现的最大元为 $k$ 来对 $\mathscr{L}$ 进行分类:

以 $E_k$ 记 $\mathscr{L}$ 的这样的子集类:$E_k$ 是由最大元为 $k$ 的所有间隔型子集所组成的,于是它将 $\mathscr{L}$ 分成 $n$ 个互不相交的子集类,且有等式

$$\mathscr{L} = \{\varnothing\} \cup \bigcup_{k=1}^{n} E_k$$

若记 $|E|$ 表示集合 $E$ 的元素个数,则有

$$F_{n+2} = |\mathscr{L}| = 1 + \sum_{k=1}^{n} |E_k|$$

显然 $E_1 = E_2 = 1$，对于 $k > 2$，当将 $E_k$ 中每个间隔型子集的元素 $k$ 去掉之后恰好是 $N_{k-2}$ 的一个间隔型子集，故 $|E_k| = F_k$，代入上式即

$$F_{n+2} = 3 + \sum_{k=3}^{n} |E_k| = 3 + \sum_{k=3}^{n} F_k = 1 + \sum_{k=1}^{n} F_k$$

此外，我们还可以用这种方法证明斐波那契数列的其他性质，比如

$$F_{m+n} = F_{n-1}F_{m-1} + F_nF_m$$

我们只需从集合 $N_{n+m} = \{1,2,\cdots,n-1,n,n+1,\cdots,n+m\}$ 出发考虑，记其间隔型子集类为 $\mathscr{L}_1$，将其元按含不含 $n$ 划分 $E_1$，$E_2$ 两类，因若包含 $n$ 势必不包含 $n-1$ 和 $n+1$，故将 $n$ 去掉后再按小于和大于 $n$ 分成两个集合，得到的恰是

$$\{1,2,\cdots,n-2\}\text{ 和 }\{n+2,\cdots,n+m\}$$

两个间隔型子集，故 $|E_1| = F_{n-1}F_{m-1}$.

对 $E_2$ 中每个元素按小于或大于 $n$ 直接可分成

$$\{1,2,\cdots,n-1\}\text{ 和 }\{n+1,\cdots,n+m\}$$

两个间隔型子集，故有 $|E_2| = F_nF_m$.

综上即有

$$F_{n+m} = F_{n-1}F_{m-1} + F_nF_m$$

**2.** $\sum_{k=1}^{n} F_{2k-1} = F_{2n}$（奇数项和公式）.

**证** 由 $F_1 = F_2 = 1$，再注意到数列 $\{F_n\}$ 的性质及下面等式变形可有

$$\sum_{k=1}^{n} F_{2k-1} = F_1 + \sum_{k=2}^{n} F_{2k-1} = F_2 + \sum_{k=2}^{n} (F_{2k} - F_{2k-2}) = F_2 + F_{2n} - F_2 = F_{2n}$$

**3.** $\sum_{k=1}^{n} F_{2k} = F_{2n+1} - 1$（偶数项和公式）.

**证** 由上面两结论我们有

$$\sum_{k=1}^{n} F_{2k} = \sum_{k=1}^{2n} F_k - \sum_{k=1}^{n} F_{2k-1} = (F_{2n+2} - 1) - F_{2n} = F_{2n+1} - 1$$

**4.** $\sum_{k=1}^{n} (-1)^{k+1} F_k = (-1)^{n+1} F_{n-1} + 1$（交错或正负相间和）.

**证** 由性质 2 和 3 的结论我们可有

$$\sum_{k=1}^{n} F_{2k-1} - \sum_{k=1}^{n} F_{2k} = F_{2n} - (F_{2n+1} - 1) = -F_{2n-1} + 1$$

上式两边再加上 $F_{2n+1}$ 有

$$\sum_{k=1}^{n+1} F_{2k-1} - \sum_{k=1}^{n} F_{2k} = F_{2n+1} - F_{2n-1} + 1 = F_{2n} + 1$$

综上有

$$\sum_{k=1}^{n} (-1)^{k+1} F_k = (-1)^{n+1} F_{n-1} + 1$$

**5.** $\sum_{k=1}^{n} F_{3k} = \frac{1}{2}(F_{3n+2} - 1)$(三倍数项和).

**证** 由比内公式可有

$$F_n = \frac{1}{\sqrt{5}}\left[\left(\frac{1+\sqrt{5}}{2}\right)^n - \left(\frac{1-\sqrt{5}}{2}\right)^n\right] = \frac{1}{\sqrt{5}}(\tau_1^n - \tau_2^n)$$

这里

$$\tau_1 = \frac{1+\sqrt{5}}{2}, \quad \tau_2 = \frac{1-\sqrt{5}}{2}$$

故

$$\sum_{k=1}^{n} F_{3k} = \sum_{k=1}^{n} \frac{1}{\sqrt{5}}(\tau_1^{3k} - \tau_2^{3k}) = \frac{1}{\sqrt{5}}\left(\sum_{k=1}^{n}\tau_1^{3k} - \sum_{k=1}^{n}\tau_2^{3k}\right) =$$

$$\frac{1}{\sqrt{5}}\left(\frac{\tau_1^{3n+3} - \tau_1^3}{\tau_1^3 - 1} - \frac{\tau_2^{3n+3} - \tau_2^3}{\tau_2^3 - 1}\right)$$

由 $\tau_k^3 - 1 = \tau_k^2 + \tau_k - 1 = (\tau_k + 1) + \tau_k - 1 = 2\tau_k (k = 1, 2)$,故

$$\sum_{k=1}^{n} F_{3k} = \frac{1}{\sqrt{5}}\left(\frac{\tau_1^{3n+3} - \tau_1^3}{2\tau_1} - \frac{\tau_2^{3n+3} - \tau_2^3}{2\tau_2}\right) = \frac{1}{\sqrt{5}} \cdot \frac{\tau_1^{3n+2} - \tau_1^2 - \tau_2^{3n+2} + \tau_2^2}{2} =$$

$$\frac{1}{\sqrt{5}}\left(\frac{\tau_1^{3n+2} - \tau_2^{3n+2}}{2} - \frac{\tau_1^2 - \tau_2^2}{2}\right) = \frac{1}{2}(F_{3n+2} - F_2) =$$

$$\frac{1}{2}(F_{3n+2} - 1)$$

**6.** $\sum_{k=1}^{n} F_k^2 = F_n F_{n+1}$(平方和).

**证** 由前面我们讲过的公式

$$F_k^2 = F_k F_{k+1} - F_k F_{k-1}$$

故

$$\sum_{k=1}^{n} F_k^2 = F_1^2 + \sum_{k=2}^{n} F_k^2 = F_1 F_2 + \sum_{k=2}^{n}(F_k F_{k+1} - F_k F_{k-1}) =$$

$$F_n F_{n+1} \quad \text{(注意和式中前后项相消)}$$

此外还可证明如下

$$\sum_{k=1}^{n+1} F_k^2 = \sum_{k=1}^{n} F_k^2 + F_{n+1}^2 = F_n F_{n+1} + F_{n+1}^2 =$$

$$F_{n+1}(F_n + F_{n+1}) = F_{n+1} F_{n+2}$$

**7.** $\sum_{k=1}^{n} F_k^3 = \frac{1}{10}[F_{3n+2} + (-1)^{n+1} 6F_{n-1} + 5]$.

**证** 由 $\tau_1 \tau_2 = -1$ 可有

$$F_k^3 = \left(\frac{\tau_1^k - \tau_2^k}{\sqrt{5}}\right)^3 = \frac{1}{5}\,\frac{\tau_1^{3k} - 3\tau_1^{2k}\tau_2^k + 3\tau_1^k\tau_2^{2k} - \tau_2^{3k}}{\sqrt{5}} =$$

$$\frac{1}{5}\left(\frac{\tau_1^{3k} - \tau_2^{3k}}{\sqrt{5}} - 3\tau_1^k\tau_2^k\,\frac{\tau_1^k - \tau_2^k}{\sqrt{5}}\right) =$$

$$\frac{1}{5}[F_{3k}-(-1)^k 3F_k]=\frac{1}{5}[F_{3k}+(-1)^{k+1}3F_k]$$

故 $\sum_{k=1}^{n}F_k^3=\frac{1}{5}\sum_{k=1}^{n}[F_{3k}+(-1)^{k+1}3F_k]=\frac{1}{5}\left[\sum_{k=1}^{n}F_{3k}+3\sum_{k=1}^{n}(-1)^{k+1}F_k\right]=$

$$\frac{1}{5}\left\{\frac{F_{3n+2}-1}{2}+3[(-1)^{n+1}F_{n-1}+1]\right\}=$$

$$\frac{1}{10}[F_{3n+2}+(-1)^{n+1}6F_{n-1}+5]$$

**8.** 级数 $\sum_{m=0}^{\infty}F_{2^m}=\frac{1}{2}(7-\sqrt{5})$.

**证** 注意到 $F_n=\frac{1}{\sqrt{5}}(a^n-b^n)$,其中 $a=\frac{1+\sqrt{5}}{2}$,$b=\frac{1}{a}$. 则

$$\sum_{m=0}^{\infty}F_{2^m}=1+\sqrt{5}\sum_{m=1}^{\infty}\left(\frac{1}{a^{2^m}-1}-\frac{1}{a^{2^{m+1}}-1}\right)=$$

$$1+\frac{\sqrt{5}}{a^2-1}=\frac{1}{2}(7-\sqrt{5})$$

**9.** $\sum_{k=1}^{n}(n-k+1)F_k=F_{n+4}-(n+3)$.

这个结论只是后面我们所要讲到的性质的特例.

**10.** (1) $\sum_{k=1}^{2n-1}F_kF_{k+1}=F_{2n}^2$;(2) $\sum_{k=1}^{2n}F_kF_{k+1}=F_{2n+1}^2-1$.

由公式 $F_{n+m}=F_{n-1}F_m+F_nF_{m+1}$ 我们可有

$$F_{n-1}F_n+F_nF_{n+1}=F_{2n}$$

用它不难证得上面的结论.

**11.** $\sum_{k=1}^{n}C_n^kF_{m+k}=F_{m+2n}$.

我们只需先来证明一个更一般的结论

$$\sum_{k=1}^{n}C_n^kF_t^kF_{t-1}^{n-k}F_{m+k}=F_{m+tn}$$

**证** 只需考虑下面式子的变换

$$\sum_{k=1}^{n}C_n^kF_t^kF_{t-1}^{n-k}F_{m+k}=\frac{1}{\sqrt{5}}\sum_{k=1}^{n}C_n^kF_t^kF_{t-1}^{n-k}(\tau_1^{m+k}-\tau_2^{m+k})=$$

$$\frac{1}{\sqrt{5}}\sum_{k=1}^{n}C_n^k(\tau_1^mF_t^kF_{t-1}^{n-k}\tau_1^k-\tau_2^mF_t^kF_{t-1}^{n-k}\tau_2^k)=$$

$$\frac{1}{\sqrt{5}}\left[\tau_1^m\sum_{k=1}^{n}C_n^k\tau_1^kF_t^kF_{t-1}^{n-k}-\tau_2^m\sum_{k=1}^{n}C_n^k\tau_2^kF_t^kF_{t-1}^{n-k}\right]=$$

$$\frac{1}{\sqrt{5}}[\tau_1^m(\tau_1 F_t + F_{t-1})^n - \tau_2^m(\tau_2 F_t + F_{t-1})^n] =$$

$$\frac{1}{\sqrt{5}}(\tau_1^m \cdot \tau_1^{nt} - \tau_2^m \cdot \tau_2^{nt}) =$$

$$\frac{1}{\sqrt{5}}(\tau_1^{m+nt} - \tau_2^{m+nt}) = F_{m+nt}$$

显然，$t=2$ 时即为 11 的结论.

类似地我们还可以证明

$$\sum_{k=0}^{\infty} C_n^k F_{n-k} = F_{2n}$$

我们再来看一个以 $F_n$ 为系数的幂级数求和公式.

**12.** $$\sum_{k=1}^{n} F_k x^k = \begin{cases} \dfrac{x^{n+1}F_{n+1} + x^{n+2}F_n - x}{x^2 + x - 1}, & x^2 + x - 1 \neq 0 \\ \dfrac{(n+1)x^n F_{n+1} + (n+2)x^{n+1}F_n - 1}{2x+1}, & x^2 + x - 1 = 0 \end{cases}.$$

**证**　考虑到下面式子的变形

$$(x^2 + x - 1)\sum_{k=1}^{n} F_k x^k = x^2 \sum_{k=1}^{n} F_k x^k + x\sum_{k=1}^{n} F_k x^k - \sum_{k=1}^{n} F_k x^k =$$

$$\left(\sum_{k=1}^{n-2} F_k x^{k+2} + F_{n-1}x^{n+1} + F_n x^{n+2}\right) + \left(F_1 x^2 + \sum_{k=2}^{n-1} F_k x^{k+1} + F_n x^{n+1}\right) -$$

$$\left(F_1 x + F_2 x^2 + \sum_{k=3}^{n} F_k x^k\right) =$$

$$(F_1 x^2 - F_1 x - F_2 x^2) + \sum_{k=1}^{n-2}(F_k + F_{k+1} - F_{k+2})x^{k+2} +$$

$$(F_{n-1} + F_n)x^{n+1} + F_n x^{n+2} = -x + F_{n+1}x^{n+1} + F_n x^{n+2}$$

故若 $x^2 + x - 1 \neq 0$，则有

$$\sum_{k=1}^{n} F_k x^k = \frac{F_{n+1}x^{n+1} + F_n x^{n+2} - x}{x^2 + x - 1}$$

若 $x^2 + x - 1 = 0$，则 $x = \dfrac{1}{\tau_1}$ 或 $x = \dfrac{1}{\tau_2}$，直接计算可有

$$\sum_{k=1}^{n} F_k x^k = \frac{(n+1)F_{n+1}x^n + (n+2)F_n x^{n+1} - 1}{2x+1}$$

此外，它还可以考虑用比内公式计算

$$\sum_{k=1}^{n} F_k x^k = \sum_{k=1}^{n} \frac{\tau^k - \omega^k}{\sqrt{5}} x^k = \frac{1}{\sqrt{5}}\sum_{k=1}^{n}(\tau^k - \omega^k)x^k =$$

$$\frac{1}{\sqrt{5}}\sum_{k=1}^{n}\tau^k x^k - \frac{1}{\sqrt{5}}\sum_{k=1}^{n}\omega^k x^k$$

这是两个几何级数和，若公比 $\tau x$，$\omega x$ 不为 1，用几何数列求和公式可求其值，若公比为 1，则级数彼此项皆相等，求其和更简.

比如考虑 $\tau x \neq 1, \omega x \neq 1$ 时

$$\sum_{k=1}^{n} F_k x^k = \frac{1}{\sqrt{5}}\left(\frac{\tau^{n+1}x^{n+1}-\tau x}{\tau x - 1} - \frac{\omega^{n+1}x^{n+1}-\omega x}{\omega x - 1}\right)$$

又考虑到 $\omega\tau = -1, \omega + \tau = 1$（这里 $\tau, \omega$ 满足 $x^2 + x - 1 = 0$），$\omega - \tau = \sqrt{5}$，则

$$\sum_{k=1}^{n} F_k x^k = \frac{x - F_n x^{n+2} - F_{n+1}x^{n+1}}{1 - x - x^2}$$

当 $x = 1$ 时可有 $\sum_{k=1}^{n} F_k = \frac{1 - F_n - F_{n+1}}{-1} = F_{n+2} - 1$，又当 $x = -1$ 时可有

$$\sum_{k=1}^{n}(-1)^k F_k = \frac{-1-(-1)^{n+2}F_n - (-1)^{n+1}\cdot F_{n+1}}{-1} = (-1)^{n+1}F_{n-1} + 1$$

这两个等式我们前文已有介绍.

我们知道组合数 $C_n^k$ 还可以记成 $\binom{n}{k}$，它的计算公式是

$$\binom{n}{k} = \frac{n(n-1)\cdots(n-k+1)}{k(k-1)\cdots 2\cdot 1} = \prod_{1\leqslant j\leqslant k}\left(\frac{n-k+j}{j}\right)$$

我们可以仿此定义斐波那契组合数

$$\left(\binom{n}{k}\right) = \frac{F_n F_{n-1}\cdots F_{n-k+1}}{F_k F_{k-1}\cdots F_1} = \prod_{1\leqslant j\leqslant k}\left(\frac{F_{n-k+j}}{F_j}\right)$$

比如 $n \leqslant 6$ 时，我们可有如表 1 所示的斐波那契组合数表（我们规定 $F_0 = 0$）.

**表 1**

| $n$ | $\left(\binom{n}{0}\right)$ | $\left(\binom{n}{1}\right)$ | $\left(\binom{n}{2}\right)$ | $\left(\binom{n}{3}\right)$ | $\left(\binom{n}{4}\right)$ | $\left(\binom{n}{5}\right)$ | $\left(\binom{n}{6}\right)$ |
|---|---|---|---|---|---|---|---|
| 0 | 1 | 0 | 0 | 0 | 0 | 0 | 0 |
| 1 | 1 | 1 | 0 | 0 | 0 | 0 | 0 |
| 2 | 1 | 1 | 1 | 0 | 0 | 0 | 0 |
| 3 | 1 | 2 | 2 | 1 | 0 | 0 | 0 |
| 4 | 1 | 3 | 6 | 3 | 1 | 0 | 0 |
| 5 | 1 | 5 | 15 | 15 | 5 | 1 | 0 |
| 6 | 1 | 8 | 40 | 60 | 40 | 8 | 1 |

有趣的是表中主对角线“╲”下方的一系列数恰为斐波那契数列中的数 1，1，2，3，5，…

（表的第 3 列亦然）

斐波那契数(列)的 $m$ 次幂的序列满足一个递推关系——它依赖于其前边的 $m+1$ 项,比如

$$F_n^2-2F_{n+1}^2-2F_{n+2}^2+F_{n+3}^2=0$$

一般地,我们可有:

**13.** $\sum_{k=0}^{m}\left(\binom{m}{k}\right)(-1)^{[(m-k)/2]}F_{n+k}^{m-1}=0$,这里$[x]$表示不超过 $x$ 的最大整数.

**证** 对 $m$ 用数学归纳法.

① 当 $m=1$ 时结论显然成立.

② 设 $m-1$ 时结论成立,今考虑 $m$ 的情形

$$\sum_k\left(\binom{m}{k}\right)(-1)^{[(m-k)/2]}F_{n+k}^{m-2}F_k=F_m\sum_k\left(\binom{m-1}{k-1}\right)(-1)^{[(m-k)/2]}F_{n+k}^{m-2}=0 \quad ①$$

$$\sum_k\left(\binom{m}{k}\right)(-1)^{[(m-k)/2]}F_{n+k}^{m-2}(-1)^kF_{m-k}=$$

$$F_m\sum_k\left(\binom{m-1}{k}\right)(-1)^{[(m-1-k)/2]}F_{n+k}^{m-2}(-1)^m=0 \quad ②$$

注意到 $F_{k-1}F_m-F_kF_{m-1}=(-1)^kF_{m-k}$,故有

$$\sum_k\left(\binom{m}{k}\right)(-1)^{[(m-k)/2]}F_{n+k}^{m-2}F_{k-1}=0 \quad ③$$

再由 $F_{n+k}=F_{k-1}F_n+F_kF_{n+1}$ 及 ①③ 即可推得 $m$ 时的结论.

我们容易证明拉伯耳特级数

$$\sum_{n=1}^{\infty}\frac{x^n}{1-x^n}\quad(|x|<1) \qquad (*)$$

绝对收敛,事实上我们只需注意到

$$\frac{x^n}{1-x^n}=\frac{x^n}{1-x^{2n}}+\frac{x^{2n}}{1-x^{2n}} \qquad (**)$$

且由当 $|x|<1$ 时,$\sum_{n=1}^{\infty}x^n$ 绝对收敛,据阿贝尔判别法,以单调递减且有下界的因子$\frac{1}{1-x^{2n}}$乘此级数的对应项所得级数

$$\sum_{n=1}^{\infty}\frac{x^n}{1-x^{2n}}\quad(|x|<1) \qquad (***)$$

也绝对收敛.

同理,再以单调递减有界因子 $x^n$ 乘级数(***)对应的项所得级数

$$\sum_{n=1}^{\infty}\frac{x^{2n}}{1-x^{2n}}\quad(|x|<1)$$

也绝对收敛.

故级数(∗)绝对收敛且收敛域为 $|x|<1$.

(或当 $|x|<1$ 时,由极限 $\lim\limits_{n\to\infty}\left|\dfrac{a_{n+1}(x)}{a_n(x)}\right|=|x|<1$,知级数(∗)当 $|x|<1$ 时绝对收敛,这里 $a_n(x)$ 为(∗)的通项).

我们若记级数(∗)为 $L(x)$,则可以证明:

**14.** $\sum\limits_{k=1}^{\infty}\dfrac{1}{F_{2k}}=1+\dfrac{1}{3}+\dfrac{1}{8}+\dfrac{1}{21}+\dfrac{1}{55}+\cdots=\sqrt{5}\left[L\left(\dfrac{3-\sqrt{5}}{2}\right)-\left(\dfrac{7-3\sqrt{5}}{2}\right)\right]$.

这只需注意到表示斐波那契数列通项的比内公式

$$F_k=\frac{\alpha^k-\beta^k}{\alpha-\beta}\quad(k=0,1,2,\cdots)$$

其中 $\alpha,\beta$ 是方程 $x^2-x-1=0$ 的两根即可.

由此我们还可以有:若记

$$s_1=\sum_{k=1}^{\infty}\frac{1}{F_{2k-1}^2},\quad s_2=\sum_{k=1}^{\infty}\frac{(-1)^{k-1}k}{F_{2k}}$$

则

$$\frac{s_1}{s_2}=\sqrt{5}$$

此外,我们还可以证明 $\sum\limits_{k=1}^{\infty}\dfrac{1}{F_{2k-1}}$ 收敛,进而 $\sum\limits_{k=1}^{\infty}\dfrac{1}{F_k}$ 收敛.

**15.** 级数 $\sum\limits_{n=1}^{\infty}\dfrac{1}{F_n}$ 收敛.

**证** 用数学归纳法可以证明 $\dfrac{3}{2}F_{n-1}\leqslant F_n\leqslant 2F_{n-1}$. 从而

$$F_n\geqslant\left(\frac{3}{2}\right)^{n-1}F_1=\left(\frac{3}{2}\right)^{n-1},\ F_n^{-1}\leqslant\left(\frac{2}{3}\right)^{n-1}$$

注意到 $\sum\limits_{n=1}^{\infty}\left(\dfrac{2}{3}\right)^{n-1}$ 收敛,故级数 $\sum\limits_{n=1}^{\infty}F_n^{-1}$ 收敛.

**注** 新近 L.安德烈(L. Andre)证明 $\sum\limits_{n=1}^{\infty}\dfrac{1}{F_n}$ 是一个无理数,且算得

$$\sum_{n=1}^{\infty}\frac{1}{F_n}\approx 3.359\ 885\ 662\ 43$$

仿上我们还可以证得下面等式:

**16.** $1-\sum\limits_{k=2}^{\infty}\dfrac{1}{F_{2^k}}=\dfrac{\sqrt{5}-1}{2}$.

**17.** $\sum\limits_{n=1}^{\infty}(-1)^n\dfrac{1}{F_nF_{n+2}}=2-\sqrt{5}$.

**注** 这个命题我们简单证明一下.我们先来证一个更为一般的结论(命题).

若 $p_n$ 满足关系式 $p_n=ap_{n-1}+p_{n-2}(a>0,n\geqslant 2)$,且对于 $k\geqslant 1$,式 $p_kp_1-p_{k+1}p_0\neq 0$,则由循环级数结论知



$\mathscr{F}_1=\mathscr{F}_2=1\quad \mathscr{F}_{n+2}=\mathscr{F}_n+\mathscr{F}_{n+1}$

$$p_n = A\alpha^n + B\beta^n \quad (A,B\text{ 为常数})$$

其中
$$\alpha = \frac{1}{2}(a + \sqrt{a^2+4}),\beta = \frac{1}{2}(a - \sqrt{a^2+4})$$

由上设 $p_k p_1 - p_{k+1} p_0 \neq 0$，知 $A \neq 0$，且 $B \neq 0$. 又 $\left|\frac{\beta}{\alpha}\right| < 1$，故有

$$\lim_{n\to\infty} \frac{p_{n-1}}{p_n} = \frac{1}{\alpha} = \left[\frac{1}{2}(a + \sqrt{a^2+4})\right]^{-1} = \frac{1}{2}(\sqrt{a^2+4} - a)$$

固定 $k$，对 $n$ 用数学归纳法易证（仿前证 $\{F_n\}$ 的性质）

$$p_{n-1}p_{n+k} - p_{n+k-1}p_n = (-1)^n(p_k p_1 - p_{k+1}p_0) \quad (n \geqslant 1)$$

从而

$$\sum_{n=1}^{N} \frac{(-1)^n}{p_n p_{n+k}} = \sum_{n=1}^{N}\left(\frac{1}{p_k p_1 - p_{k+1}p_0} \cdot \frac{p_{n-1}p_{n+k} - p_{n+k-1}p_n}{p_n p_{n+k}}\right) =$$
$$\frac{1}{p_k p_1 - p_{k+1}p_0}\sum_{n=1}^{N}\left(\frac{p_{n-1}}{p_n} - \frac{p_{n+k-1}}{p_{n+k}}\right) =$$
$$\frac{1}{p_k p_1 - p_{k+1}p_0}\left(\sum_{n=1}^{k}\frac{p_{n-1}}{p_n} - \sum_{n=N+1}^{N+k}\frac{p_{n-1}}{p_n}\right)$$

在上式中令 $N \to +\infty$（两边取极限）有

$$\sum_{n=1}^{\infty} \frac{(-1)^n}{p_n p_{n+k}} = \frac{1}{p_k p_1 - p_{k+1}p_0}\left[\sum_{n=1}^{k}\frac{p_{n-1}}{p_n} - \frac{k}{2}(\sqrt{a^2+4} - a)\right]$$

取 $k=2, a=1$，有 $\sum_{n=1}^{\infty}\frac{(-1)^n}{p_n p_{n+2}} = 2 - \sqrt{5}$.

类似的公式还有不少，这里不多介绍了.

接下来看一个关于 $\{F_n\}$ 中数的比值、乘积的式子.

**18.** $\left(1 + \sum_{k=1}^{n}\frac{1}{F_{2k-1}F_{2k+1}}\right)\left(1 - \sum_{k=1}^{n}\frac{1}{F_{2k}F_{2k+2}}\right) = 1.$

用数学归纳法可证

$$1 + \sum_{k=1}^{n}\frac{1}{F_{2k-1}F_{2k+1}} = \frac{F_{2n+2}}{F_{2n+1}}$$
$$1 - \sum_{k=1}^{n}\frac{1}{F_{2k}F_{2k+2}} = \frac{F_{2n+1}}{F_{2n+2}}$$

注意到行列式 $\begin{vmatrix} F_{2k+1} & F_{2k+2} \\ F_{2k+3} & F_{2k+9} \end{vmatrix} = 1.$

**19.** $\prod_{k=1}^{\infty}\frac{F_{2k}+1}{F_{2k}-1} = 3.$

**证** 令 $L_0 = 2, L_1 = 1$ 的卢卡斯数列 $\{L_n\}$. 用数学归纳法可以证明下面的恒等式

$$F_{2n} = F_n L_n \tag{1}$$
$$F_{2n+1} - F_n L_{n+1} = (-1)^n \tag{2}$$
$$F_{2n+1} - F_{n+1}L_n = (-1)^{n+1} \tag{3}$$

$$F_{2n}-F_{n-1}L_{n+1}=(-1)^{n+1} \tag{4}$$

$$F_{2n}-F_{n+1}L_{n-1}=(-1)^{n} \tag{5}$$

对乘积式分子、分母应用最后两式(4)(5) 注意约简可有：

$n$ 为偶数时，$\prod\limits_{k=1}^{n}\dfrac{F_{2k}+1}{F_{2k}-1}=\dfrac{F_1L_2}{F_2L_2}\cdot\dfrac{F_nL_{n+1}}{F_{n+1}L_n}$；

$n$ 为奇数时，$\prod\limits_{k=1}^{n}\dfrac{F_{2k}+1}{F_{2k}-1}=\dfrac{F_1L_2}{F_2L_1}\cdot\dfrac{F_{n+1}L_n}{F_nL_{n+1}}$.

这样 $\lim\limits_{n\to\infty}\dfrac{F_{n+1}}{F_n}=\lim\limits_{n\to\infty}\dfrac{L_{n+1}}{L_n}=\dfrac{1+\sqrt{5}}{2}$，故

$$\prod_{k=1}^{\infty}\frac{F_{2k}+1}{F_{2k}-1}=\frac{F_1L_2}{F_2L_1}=3$$

**20.** $\sum\limits_{k=1}^{n-1}\arctan\dfrac{1}{F_{2k+1}}+\arctan\dfrac{1}{F_{2n}}=\dfrac{\pi}{4}$.

**证**　若 $\alpha_1,\alpha_2,\cdots,\alpha_n$ 满足 $\sum\limits_{k=1}^{n}\arctan(\alpha_k)=A$，则称 $\alpha_1,\alpha_2,\cdots,\alpha_n$ 为角 $A$ 的正切序列. 这样可有：序列 $\dfrac{1}{F_3},\dfrac{1}{F_5},\cdots,\dfrac{1}{F_{2n-1}},\dfrac{1}{F_{2n}}$ 是 $\dfrac{\pi}{4}$ 角的 $n(n\geqslant 2)$ 项正切序列值.

我们用数列 $\{F_n\}$ 的性质 $(F_{2n+1})^2=F_{2n}F_{2n+2}+1$ 来证明：

① 当 $n=2$ 时，$\dfrac{1}{F_3},\dfrac{1}{F_5}$ 即 $\dfrac{1}{2},\dfrac{1}{3}$，为 $\dfrac{\pi}{4}$ 角的两项正切序列值.

只需注意到关系式

$$\tan(\alpha+\beta)=\frac{\tan\alpha+\tan\beta}{1-\tan\alpha\tan\beta}$$

及

$$\frac{\frac{1}{2}+\frac{1}{3}}{1-\frac{1}{2}\cdot\frac{1}{3}}=1$$

故

$$\arctan\frac{1}{2}+\arctan\frac{1}{3}=\frac{\pi}{4}$$

② 假设 $n=k(k\geqslant 2)$ 时，$\dfrac{1}{F_3},\dfrac{1}{F_5},\cdots,\dfrac{1}{F_{2k-1}},\dfrac{1}{F_{2k}}$ 是 $k$ 项正切序列值，那么，当 $n=k+1$ 时，注意到此时序列的最后两项满足关系

$$\frac{\frac{1}{F_{2k+1}}+\frac{1}{F_{2k+2}}}{1-\frac{1}{F_{2k+1}}\cdot\frac{1}{F_{2k+2}}}=\frac{F_{2k+1}+F_{2k+2}}{F_{2k+1}\cdot F_{2k+2}-1}=\frac{F_{2k+3}}{F_{2k+1}(F_{2k+1}+F_{2k})-1}=$$

$$\frac{F_{2k+3}}{(F_{2k+1})^2-1+F_{2k+1}\cdot F_{2k}}=\frac{F_{2k+3}}{F_{2k}\cdot F_{2k+2}+F_{2k+1}\cdot F_{2k}}=$$

$$\frac{F_{2k+3}}{F_{2k}(F_{2k+2}+F_{2k+1})}=\frac{F_{2k+3}}{F_{2k}\cdot F_{2k+3}}=\frac{1}{F_{2k}}$$

从而 $\tan\left(\frac{1}{F_{2k+1}}+\frac{1}{F_{2k+2}}\right)=\tan\left(\frac{1}{F_{2k}}\right)$，再由归纳假设，知

$$\frac{1}{F_3},\frac{1}{F_5},\cdots,\frac{1}{F_{2k-1}},\frac{1}{F_{2k+1}},\frac{1}{F_{2k+2}}$$

是$\frac{\pi}{4}$ 角的 $k+1$ 项正切序列值.

数列$\{F_n\}$ 的这个奇妙性质，揭示了数列$\{F_n\}$ 与(某些) 角之间的内在联系

$$\arctan\frac{1}{F_3}+\arctan\frac{1}{F_5}+\cdots+\arctan\frac{1}{F_{2n-1}}+\arctan\frac{1}{F_{2n}}=\frac{\pi}{4}$$

即

$$\sum_{k=1}^{n-1}\arctan\frac{1}{F_{2k+1}}+\arctan\frac{1}{F_{2n}}=\frac{\pi}{4}$$

关于这类等式更一般地还有：

① 若 $\cot A_n=F_n$，则有 $A_n+A_{n+1}=A_{n-1}$($n>3$ 奇数).

计算 $\cot(A_n+A_{n+1})=\frac{F_nF_{n+1}-1}{F_{n+2}}$，又 $F_{n-1}F_{n+2}-F_{n+1}F_n=(-1)^n$，则 $\cot(A_n+A_{n+1})=F_{n-1}=\cot A_{n-1}$.

② $\sum_{n=1}^{\infty}\arctan\frac{1}{F_{2n+1}}=\frac{\pi}{2}$.

只需注意到 $F_{2n}=F_{2n}F_{2n+2}+1$，则

$$\tan\left(\arctan\frac{1}{F_{2n}}-\arctan\frac{1}{F_{2n+2}}\right)=$$
$$\frac{F_{2n+2}-F_{2n}}{1+F_{2n+2}F_{2n}}=\frac{F_{2n+1}}{F_{2n+1}^2}=\frac{1}{F_{2n+1}}$$

故 $\arctan\frac{1}{F_{2n}}-\arctan\frac{1}{F_{2n+2}}=\arctan\frac{1}{F_{2n+1}}$. 则

$$\sum_{n=1}^{\infty}\arctan\frac{1}{F_{2n+1}}=\arctan\frac{1}{F_1}+\sum_{n=1}^{\infty}\left(\arctan\frac{1}{F_{2n}}-\arctan\frac{1}{F_{2n+2}}\right)=$$
$$\arctan\frac{1}{F_1}+\arctan\frac{1}{F_2}-\lim_{n\to\infty}\arctan\frac{1}{F_{2n+2}}=$$
$$\frac{\pi}{4}+\frac{\pi}{4}=\frac{\pi}{2}$$

顺便讲一句：其实一个自然数用数列$\{F_n\}$ 中互异的数表示，称为 $F$-表示问题. 可以证明：

**21.** 自然数 $N$ 的不含$\{F_n\}$ 中相邻项，且不含 $F_1=1$ 的 $F$-表示存在且唯一.

它可以用数学归纳法证其存在性，用反证法证明其唯一性. 先考虑存在

性.由

$$1=F_2,\ 2=F_3,\ 3=F_4,\ 4=F_2+F_4$$

知 $1\sim 4$ 皆可 $F$-表示,即 $N<F_5$ 时结论成立.

今设 $N<F_k$ 时结论真,且 $N=\sum_{i=1}^{r}F_{k_i}$.现考虑 $F_n<N<F_{k+1}$ 的情形.

由 $N=F_n+(N-F_n)$,而 $N-F_n<F_{n+1}-F_n=F_{n-1}<F_n$,知由归纳假设 $N-F_n$ 可 $F$-表示,且最大项 $F_{k_r}\leqslant F_{n-2}$,进而 $N$ 可 $F$-表示.

再证唯一性.只考虑 $N\geqslant F_5$ 的情形.设 $N<F_n$ 时有唯一 $F$-表示.设 $F_n\leqslant N<F_{n+1}$ 时 $N$ 有 $F$-表示

$$N=\sum_{i=1}^{r}F_{k_i}$$

显然 $F_{k_1}\leqslant F_n$,今证 $F_{k_1}=F_n$.若不然设 $F_{k_1}\leqslant F_{n-1}$,则:

① 当 $n=2k$ 时

$$N\leqslant F_{2k-1}+F_{2k-3}+\cdots+F_3=F_{2k}-F_1=F_n-1$$

② 当 $n=2k+1$ 时

$$N\leqslant F_{2k}+F_{2k-2}+\cdots+F_2=F_{2k+1}-F_1=F_n-1$$

这均与 $N>F_n$ 前设矛盾!

# 八 斐波那契数列与连分数

前面我们曾提到:1753 年,西姆森发现斐波那契数列中前后相邻两项 $F_n$ 与 $F_{n+1}$ 之比$\frac{F_n}{F_{n+1}}$是连分数

$$\cfrac{1}{1+\cfrac{1}{1+\cfrac{1}{1+\ddots}}}$$

的第 $n$ 个渐近分数,这是斐波那契数列与连分数联系的第一个发现.或$\frac{F_{n+1}}{F_n}$是连分数

$$1+\cfrac{1}{1+\cfrac{1}{1+\cfrac{1}{1+\ddots}}}$$

的第 $n-1$ 个渐近分数.

我们知道,斐波那契数列

$$F_1=F_2=1,\quad F_{n+1}=F_n+F_{n-1}\quad (n\geqslant 2)$$

这样,利用辗转相除法可将$\frac{F_{n+1}}{F_n}$化为连分数形式

$$\frac{F_{n+1}}{F_n}=\frac{F_n+F_{n-1}}{F_n}=1+\frac{F_{n-1}}{F_n}=1+\cfrac{1}{\cfrac{F_n}{F_{n-1}}}=1+\cfrac{1}{1+\cfrac{F_{n-2}}{F_{n-1}}}=$$

$$\cfrac{1}{1+\cfrac{1}{\cfrac{F_{n-1}}{F_{n-2}}}}=\cdots=\cfrac{1}{1+\cfrac{1}{1+\ddots+1+\cfrac{1}{1}}}$$

为了后面的叙述,我们先来复述一下连分数的某些性质.

为方便计,连分数

$$\alpha = a_0 + \cfrac{1}{a_1 + \cfrac{1}{a_2 + \ddots + \cfrac{1}{a_n}}}$$

常记为

$$a_0 + \frac{1}{a_1} + \frac{1}{a_2} + \cdots + \frac{1}{a_n} \text{ 或 } a_0 + a_{1+} a_{2+} \cdots_+ a_n$$

这里 $a_1, a_2, \cdots, a_n$ 是正整数,$a_0$ 是非负整数,且称 $a_0, a_1, \cdots, a_n$ 为该连分数的部分商(或部分分数). 且称

$$a_0,\ a_0 + \frac{1}{a_1},\ a_0 + \cfrac{1}{a_1 + \cfrac{1}{a_2}},\ \cdots$$

为该连分数的第 1,第 2,第 3,…… 渐近分数.

若$\frac{P_0}{Q_0} = \frac{a_0}{1}$, $\frac{P_1}{Q_1} = a_0 + \frac{1}{a_1}$, $\frac{P_2}{Q_2} = a_0 + \cfrac{1}{a_1 + \cfrac{1}{a_2}}$, $\cdots$, $\frac{P_n}{Q_n} = \alpha$,则连分数有下述性质:

(1)$P_{k+1} = P_k a_{k+1} + P_{k-1}$;

(2)$Q_{k+1} = Q_k a_{k+1} + Q_{k-1}$;

(3)$P_{k+1} Q_k - P_k Q_{k+1} = (-1)^k$.

我们用数学归纳法证明这些式子.

**证** ①$k = 1$ 时

$$\frac{P_1}{Q_1} = a_0 + \frac{1}{a_1} = \frac{a_0 a_1 + 1}{a_1}$$

注意到$(a_1, a_0 a_1 + 1) = 1$ 即它们互素,则$\frac{a_0 a_1 + 1}{a_1}$ 是既约分数,从而

$$P_1 = a_0 a_1 + 1, \quad Q_1 = a_1$$

又
$$\frac{P_2}{Q_2} = a_0 + \cfrac{1}{a_1 + \cfrac{1}{a_2}} = \frac{a_0(a_1 a_2 + 1) + a_2}{a_1 a_2 + 1}$$

由$(a_0(a_1 a_2 + 1) + a_2, a_1 a_2 + 1) = (a_2, a_1 a_2 + 1) = (a_2, 1) = 1$,故上面分式亦为既约分数,从而

$$P_2 = a_0(a_1 a_2 + 1) + a_2 = (a_0 a_1 + 1) a_2 + a_0 = P_1 a_2 + P_0$$

且 $Q_2 = a_1 a_2 + 1 = Q_1 a_2 + Q_0$,及 $P_2 Q_1 - P_1 Q_2 = (-1)^1 = -1$ 成立.

② 今设 $P_{k+1} = P_k a_{k+1} + P_{k-1}$, $Q_{k+1} = Q_k a_{k+1} + Q_{k-1}$, $P_{k+1} Q_k - P_k Q_{k+1} = (-1)^k$,下面考虑 $k + 2$ 的情形

$$\frac{P_{k+2}}{Q_{k+1}}=\frac{P_k\left(a_{k+1}+\dfrac{1}{a_{k+2}}\right)+P_{k-1}}{Q_k\left(a_{k+1}+\dfrac{1}{a_{k+2}}\right)+Q_{k-1}}=\frac{P_{k+1}a_{k+2}+P_k}{Q_{k+1}a_{k+2}+Q_k}$$

用反证法证明最大公约$(P_{k+1}a_{k+2}+P_k,\ Q_{k+1}a_{k+2}+Q_k)=1$. 若

$$d=(P_{k+1}a_{k+2}+P_k,\ Q_{k+1}a_{k+2}+Q_k)>1$$

则
$$d\mid[(P_{k+1}a_{k+2}+P_k)Q_{k+1}-(Q_{k+1}a_{k+2}+Q_k)P_{k+1}]$$

但上式右为$(-1)^{k+1}$，又 $d>1$ 这不可能. 从而

$$(P_{k+1}a_{k+2}+P_k,\ Q_{k+1}a_{k+2}+Q_k)=1$$

故
$$P_{k+2}=P_{k+1}a_{k+2}+P_k,\quad Q_{k+2}=Q_{k+1}a_{k+2}+Q_k$$

这样可有

$$\begin{aligned}&P_{k+2}Q_{k+1}-P_{k+1}Q_{k+2}=\\&P_{k+1}a_{k+2}Q_{k+1}+P_kQ_{k+1}-P_{k+1}a_{k+2}Q_{k+1}-P_{k+1}Q_k=\\&P_kQ_{k+1}-P_{k+1}Q_k=(-1)^{k+1}\end{aligned}$$

由上面的结论，我们自然还可有：

(4) $\dfrac{P_{k+1}}{Q_{k+1}}-\dfrac{P_k}{Q_k}=\dfrac{(-1)^k}{Q_kQ_{k+1}}$.

(5) $P_{k+2}Q_{-2}-P_{k-2}Q_{k+2}=(-1)^{k-1}(a_{k+2}a_{k+1}a_k+a_{k+2}+a_k)$.

**证**　由前面连分数性质(1)，(2) 知

$$\begin{aligned}\text{式左}=&P_{k+2}Q_{k-2}-P_{k-2}Q_{k+2}=\\&(P_{k+1}a_{k+2}+P_k)Q_{k-2}-P_{k-2}(a_{k+1}Q_{k+1}+Q_k)=\\&a_{k+2}P_{k+1}Q_{k-2}+P_kQ_{k-2}-a_{k+2}P_{k-2}Q_{k+1}-P_{k-2}Q_k=\\&a_{k+2}(P_{k+1}Q_{k-2}-P_{k-2}Q_{k+1})+(P_kQ_{k-2}-P_{k-2}Q_{k+1})=\\&a_{k+2}[(a_{k+1}P_k+P_{k-1})Q_{k-2}-P_{k-2}(a_{k+1}Q_k+Q_{k-1})]+\\&[(a_kP_{k-1}+P_{k-2})Q_{k-2}-P_{k-2}(a_kQ_{k-1})+Q_{k-2}]=\\&a_{k+2}[a_{k+1}(P_kQ_{k-2}-P_{k-2}Q_k)+(P_{k-1}Q_{k-2}-P_{k-2}Q_{k-1})]+\\&[a_k(P_{k-1}Q_{k-2}-P_{k-2}Q_{k-1})]=\\&a_{k+2}a_{k+1}[(a_kP_{k-1}+P_{k-2})Q_{k-2}-\\&P_{k-2}(a_kQ_{k-1}+Q_{k-2})]+(-1)^{k-1}a_{k+2}+(-1)^{k-1}a_k=\\&(-1)^{k-1}a_{k+2}a_{k+1}a_k+(-1)^{k-1}a_{k+2}+(-1)^{k-1}a_k=\\&(-1)^{k-1}(a_{k+2}a_{k+1}a_k+a_{k+2}+a_k)\end{aligned}$$

下面我们将证明，连分数的渐近分数将收敛到该连分数值. 即有性质：

(6) 渐近分数序列$\left\{\dfrac{P_n}{Q_n}\right\}$收敛(即当 $n\to\infty$ 时有极限).

考虑序列$\left\{\dfrac{P_{2n}}{Q_{2n}}\right\}$和$\left\{\dfrac{P_{2n-1}}{Q_{2n-1}}\right\}$，由上面性质(4) 有

$$\frac{P_{2n+2}}{Q_{2n+2}}-\frac{P_{2n}}{Q_{2n}}=\frac{P_{2n+2}}{Q_{2n+2}}-\frac{P_{2n+1}}{Q_{2n+1}}+\frac{P_{2n+1}}{Q_{2n+1}}-\frac{P_{2n}}{Q_{2n}}=\frac{-1}{Q_{2n+2}Q_{2n+1}}+\frac{1}{Q_{2n+1}Q_{2n}}>0$$

则渐近分数序列$\left\{\frac{P_{2n}}{Q_{2n}}\right\}$是递增序列.

同理可证

$$\frac{P_{2n+3}}{Q_{2n+3}}-\frac{P_{2n+1}}{Q_{2n+1}}=\frac{1}{Q_{2n+3}Q_{2n+2}}-\frac{1}{Q_{2n+2}Q_{2n+1}}<0$$

则知渐近分数序列$\left\{\frac{P_{2n+1}}{Q_{2n+1}}\right\}$是递减序列.

应该指出,这里我们引用了结论

$$P_0<P_1<P_2<\cdots$$

$$Q_0<Q_1<Q_2<\cdots$$

下面考虑$\frac{P_{2n}}{Q_{2n}}$与$\frac{P_{2m+1}}{Q_{2m+1}}$的大小.当取奇数$k>\max\{2n,2m+1\}$时,则

$$\frac{P_k}{Q_k}>\frac{P_{k+1}}{Q_{k+1}}$$

又渐近分数序列$\left\{\frac{P_{2n}}{Q_{2n}}\right\}$递增,有

$$\frac{P_{k+1}}{Q_{k+1}}>\frac{P_{2n}}{Q_{2n}}$$

及渐近分数序列$\left\{\frac{P_{2n+1}}{Q_{2n+1}}\right\}$递减,有

$$\frac{P_k}{Q_k}<\frac{P_{2m+1}}{Q_{2m+1}}$$

综上,我们有

$$\frac{P_{2n}}{Q_{2n}}<\frac{P_{2m+1}}{Q_{2m+1}}$$

再由性质(4)及$P_i<P_{i+1}$,$Q_i<Q_{i+1}(i=0,1,2,\cdots)$,有

$$\left|\frac{P_{n+1}}{Q_{n+1}}-\frac{P_n}{Q_n}\right|=\frac{1}{Q_{n+1}Q_n}<\frac{1}{n^2}$$

由柯西准则知渐近分数序列$\left\{\frac{P_n}{Q_n}\right\}$有极限即收敛.

**注**　胡尔维茨(L. Hurwitz)曾证明:

任何无理数$\alpha$的两个相继渐近分数中,至少有一个记$\frac{p}{q}$满足$\left|\alpha-\frac{p}{q}\right|<\frac{1}{2q^2}$,而3个相继渐近分数中至少有一个记$\frac{p}{q}$满足$\left|\alpha-\frac{q}{p}\right|<\frac{1}{\sqrt{5}q^2}$.

(7) 若$Q_n=P_{n-1}$,$n=2k$,则$P_n=P_k^2+P_{k-1}^2$,$Q_n=P_kQ_k+P_{k-1}Q_{k-1}$.

由设$Q_n=P_{n-1}$,$n=2k$,故

$$\frac{P_n}{Q_n}=\frac{P_n}{P_{n-1}}=a_0+\frac{1}{a_1}+\cdots+\frac{1}{a_{k-1}}+\frac{1}{a_k}+\frac{1}{a_k}+\frac{1}{a_{k-1}}+\cdots+\frac{1}{a_0}$$

令
$$y=a_k+\frac{1}{a_{k-1}}+\frac{1}{a_{k-2}}+\cdots+\frac{1}{a_0}$$

则
$$\frac{P_n}{Q_n}=a_1+\frac{1}{a_2}+\cdots+\frac{1}{a_k}\frac{1}{y}$$

故
$$\frac{P_n}{Q_n}=\frac{yP_k+P_{k-1}}{yQ_k+Q_{k-1}}$$

又
$$\frac{P_k}{Q_k}=a_0+\frac{1}{a_1}+\cdots+\frac{1}{a_k}$$

所以
$$\frac{P_k}{P_{k-1}}=a_k+\frac{1}{a_{k-1}}+\cdots+\frac{1}{a_1}+\frac{1}{a_0}=y$$

将其代入上式可有

$$\frac{P_n}{Q_n}=\frac{\frac{P_k}{P_{k-1}}P_k+P_{k-1}}{\frac{P_k}{P_{k-1}}Q_k+Q_{k-1}}=\frac{P_k^2+P_{k-1}^2}{P_kQ_k+P_{k-1}Q_{k-1}}$$

又
$$\begin{aligned}&(P_k^2+P_{k-1}^2)(Q_k^2+Q_{k-1}^2)=\\&P_k^2Q_k^2+P_{k-1}^2Q_{k-1}^2+P_k^2Q_{k-1}^2+P_{k-1}^2Q_k^2=\\&(P_k^2Q_k^2+2P_kQ_kP_{k-1}Q_{k-1}+P_{k-1}^2Q_{k-1}^2)+\\&(P_k^2Q_{k-1}^2-2P_kQ_kP_{k-1}Q_{k-1}+P_{k-1}^2Q_k^2)=\\&(P_kQ_k+P_{k-1}Q_{k-1})^2+(P_kQ_{k-1}-P_{k-1}Q_k)^2=\\&(P_kQ_k+P_{k-1}Q_{k-1})^2+1\end{aligned}$$

即 $P_k^2+P_{k-1}^2$ 与 $P_kQ_k+P_{k-1}Q_{k-1}$ 互质. 从而

$$P_n=P_k^2+P_{k-1}^2,\ Q_n=P_kQ_k+P_{k-1}Q_{k-1}$$

下面我们利用上述内容再来证明斐波那契数列的一些性质.

**1.** 连分数$\underbrace{1+\frac{1}{1}+\frac{1}{1}+\frac{1}{1}+\cdots+\frac{1}{1}}_{n个}$或$1+\underbrace{1_+\ 1_+\ 1_+\ \cdots_+\ 1}_{n-1个}$的值等于$\frac{F_{n+1}}{F_n}$.

令 $\alpha_k=\frac{P_k}{Q_k}$,因 $\alpha_1=1=\frac{1}{1}$,$\alpha_2=1+\frac{1}{1}=\frac{2}{1}$,故 $P_1=1$, $P_2=2$

又
$$P_{n+1}=P_n\alpha_{n+1}+P_{n-1}=P_n+P_{n-1}$$

有
$$P_n=F_{n+1}$$

同理 $Q_1=1$,$Q_2=1$,又

$$Q_{n+1}=Q_n\alpha_{n+1}+Q_{n-1}=Q_n+Q_{n-1}$$

故
$$Q_n=F_n$$

从而
$$a_n=\frac{F_{n+1}}{F_1}$$

显然我们若求得连分数$1+\frac{1}{1}+\frac{1}{1}+\frac{1}{1}+\cdots$的值,即可求得极限$\lim\limits_{n\to\infty}\frac{F_{n+1}}{F_n}$.

注意到

$$1+\cfrac{1}{1+\cfrac{1}{1+\cfrac{1}{1+\ddots}}}=1+\cfrac{1}{\left(1+\cfrac{1}{1+\cfrac{1}{1+\ddots}}\right)}$$

今设$x=1+\frac{1}{1}+\frac{1}{1}+\cdots$,则$x-1=\frac{1}{1+(x-1)}$,或由上式有$x=1+\frac{1}{x}$,故

$$x^2-x-1=0$$

解得$x=\frac{1}{2}(1\pm\sqrt{5})$,因连分数是正值,故

$$x=\frac{1}{2}(1+\sqrt{5})$$

从而

$$\lim_{n\to\infty}\frac{F_{n+1}}{F_n}=\frac{1}{2}(1+\sqrt{5})$$

现在我们直接来利用比内公式求$\lim\limits_{n\to\infty}\frac{F_{n+1}}{F_n}$,这也即求出了连分数的值.

为此我们先来证明:与首项为$\frac{a}{\sqrt{5}}$,公比为$\frac{1}{2}(\sqrt{5}+1)$的几何级数的第$n$项$a$最接近的整数是$F_n$.

注意到

$$|F_n-a_n|=\left|\frac{\tau_1^n-\tau_2^n}{\sqrt{5}}-\frac{\tau_1^n}{\sqrt{5}}\right|=\frac{|\tau_2|^n}{\sqrt{5}}$$

又$|\tau_2|<1$,故

$$|\tau_2|^n<1$$

再由$\sqrt{5}>2$,故

$$|F_n-\alpha_n|=\frac{|\tau_2|^n}{\sqrt{5}}<\frac{1}{2}$$

如是可设$u_n=\frac{\tau_1^n}{\sqrt{5}}+Q_n$,这里$|Q_n|<\frac{1}{2}$,而

$$\lim_{n\to\infty}\frac{F_{n+1}}{F_n}=\lim_{n\to\infty}\frac{\frac{\tau_1^{n+1}}{\sqrt{5}}+Q_{n+1}}{\frac{\tau_1^n}{\sqrt{5}}+Q_n}=\lim_{n\to\infty}\frac{\tau_1+\frac{Q_{n+1}\sqrt{5}}{\tau_1^n}}{1+\frac{Q_n\sqrt{5}}{\tau_1^n}}=\tau_1$$

这里只需注意到$\tau_1=\frac{1+\sqrt{5}}{2}=\frac{1}{2}(1+\sqrt{5})>1$即可.

我们想强调一下

$$\lim_{n\to\infty}\frac{F_n}{F_{n+1}}=\frac{1}{\lim\limits_{n\to\infty}\frac{F_{n+1}}{F_n}}=\frac{1}{\tau_1}=\frac{2}{1+\sqrt{5}}=\frac{\sqrt{5}-1}{2}=\frac{1}{2}(\sqrt{5}-1)$$

它恰为黄金比值(或黄金数)0.618….

我们回过头来利用连分数的性质,接着推证斐波那契数列的一些性质.

**2.** 我们由 $P_kQ_{k-1}-P_{k-1}Q_k=(-1)^k$ 及 $\frac{F_{n+1}}{F_n}$ 的连分数式中 $P_n=Q_{n+1}$,可推得

$$F_{k+1}F_{k-1}-F_k^2=(-1)^k$$

**3.** 由连分数的各渐近分数 $\frac{P_0}{Q_0},\frac{P_1}{Q_1},\cdots,\frac{P_n}{Q_n},\cdots$ 是既约分数,故有斐波那契数列中相邻两项互质.

**4.** 由连分数性质(5) $P_{k+2}Q_{k-2}-P_{k-2}Q_{k+2}=(-1)^{k-1}(a_{k+2}a_{k+1}a_k+a_{k+2}+a_k)$,可有

$$F_{k+3}F_{k-2}-F_{k-1}F_{k+2}=(-1)^{k-1}\cdot 3$$

**5.** 由连分数性质(7) 我们可有

$$F_{2k+1}=F_{k+1}^2+F_k^2$$
$$F_{2k}=F_kF_{k+1}+F_{k-1}F_k$$

顺便提一下,$\tau=\frac{1+\sqrt{5}}{2}=1.618\cdots\left(\frac{1}{\tau}=0.618\cdots\right)$ 的幂 $\tau^{-2}$ 的连分

$$\tau^{-2}=\cfrac{1}{2+\cfrac{1}{1+\cfrac{1}{1+\ddots}}}$$

的渐近分数分别为

$$\frac{1}{2},\ \frac{1}{3},\ \frac{2}{5},\ \frac{3}{8},\ \frac{5}{13},\ \cdots,\ \frac{F_n}{F_{n+2}},\ \cdots$$

# 九 斐波那契数列的某些推广形式

前面我们已经提到过，借助斐波那契数列"递归"的思想，可将斐波那契数列加以推广，这个工作最早始于卢卡斯，故通常推广的斐波那契数列又称为卢卡斯数列（或卢卡斯-拉赫曼数列）.

下面我们将斐波那契数列稍加改造，以推广其形式，比如：

(1)$a_1=a, a_2=b, a_{n+2}=a_{n+1}+a_n(n\geqslant 1)$，这里$a,b$是常数.

(2)$a_1=a, a_2=b, a_{n+2}=\alpha a_{n+1}+\beta a_n(n\geqslant 1)$，这里$a,b,\alpha,\beta$均为常数.

(3)$a_1=a, a_2=b, a_{n+2}=a_{n+1}+a_n+f(n)$，这里$a,b$是常数，$f(n)$是$n$的函数.

……

利用循环（递归）级数通项的求法，我们不难求得它们的通项，下面我们来看一些例子：

**1.** $a_0=r, a_1=s, a_{n+2}=a_{n+1}+a_n(n\geqslant 0)$，这里$r,s$为常数.

则其通项为：$a_{n+1}=rF_{n-1}+sF_n(n\geqslant 1)$.

**2.** $a_0=0, a_1=1, a_{n+2}=a_{n+1}+a_n+c(n\geqslant 0)$，这里$c$为常数.

则其通项为

$$a_n=cF_{n-1}+(c+1)F_n-c$$

由设$(a_{n+2}+c)=(a_{n+1}+c)+(a_n+c)$，只需考虑新数列$\tilde{a}_n=a_n+c$，由上面的结论1可有

$$a_n = cF_{n-1} + (c+1)F_n - c$$

**3.** 若 $a_0=1, a_1=1, a_{n+2}=a_{n+1}+a_n+C_n^m$，$m$ 是一个给定的正整数. 则其通项：$a_n = F_{m+1}F_{n+1} + (F_{m+2}+1)F_n - \sum\limits_{k=0}^{m} C_{n+k}^{m-k}$.

**4.** 若 $f(n)$，$g(n)$ 是任意函数，又

$$a_0=0,\ a_1=1,\ a_{n+2}=a_{n+1}+a_n+f(n)$$

$$b_0=0,\ b_1=1,\ b_{n+2}=b_{n+1}+b_n+g(n)$$

$$c_0=0,\ c_1=1,\ c_{n+2}=c_{n+1}+c_n+xf(n)+yg(n)$$

我们可以用 $a_n, b_n, x, y$ 和 $F_n$ 来表示出 $c_n$，即

$$c_n = xa_n + yb_n + (1-x-y)F_n$$

**5.** 若 $a_0=0$，$a_1=1$，$a_{n+2}=a_{n+1}+6a_n (n \geqslant 0)$. 则其通项：

$$a_n = \frac{1}{5}[3^n - (-2)^n]$$

**6.** 对于广义斐波那契数列(鲁卡斯数列) $\{L_n\}$：

$$L_0=2,\quad L_1=0,\quad L_{n+1}=L_n+L_{n-1}\quad (n \geqslant 1)$$

若 $p$ 为 $L_{2k}-2$ 的素(质)因子，则 $p$ 亦为 $L_{2k+1}-1$ 的素因子.

用数学归纳法(仿前)可证明：$L_{2k-1}L_{2k+1}=L_{2k}^2-5$.

故 $\quad (L_{2k-1}+1)(L_{2k+1}-1)=L_{2k-1}L_{2k+1}+L_{2k+1}-L_{2k-1}-1=$

$$L_{2k}^2+L_{2k}-6=(L_{2k}-2)(L_{2k}+3)$$

由题设知 $p \mid (L_{2k}-2)$，则 $p \mid [(L_{2k}-2)(L_{2k}+3)]$，即

$$p \mid [(L_{2k-1}+1)(L_{2k+1}-1)]$$

又 $p \mid (L_{2k}-2)$，及 $L_{2k}-2=(L_{2k+1}-1)-(L_{2k-1}+1)$

则 $$p \mid [(L_{2k+1}-1)-(L_{2k-1}+1)]$$

从而 $$p \mid (L_{2k-1}+1),\ p \mid (L_{2k+1}-1)$$

**7.** 对于广义斐波那契数列 $\{L_n\}$：$L_0=0, L_1=1$，且 $L_n=L_{n-1}+L_{n-2}+1 (n \geqslant 2)$，则对任意整数 $m$，数列 $\{L_n\}$ 中总存在能被 $m$ 整除的连续两项.

用数学归纳法证. 今定义 $L_{-1}=0$，则 $L_n=L_{n-1}+L_{n-2}+1$ 对 $n=1$ 成立.

考虑数列 $\{F_n\}$ 中连续两项 $(L_n, L_{n+1})$. 在模 $m$(同余) 的意义下这样的数对至多有 $m^2$ 种.

故存在 $k<l$，使在模 $m$(同余) 意义下有

$$(F_k, F_{k+1}) \equiv (F_l, F_{l+1}) \pmod m$$

若 $l=k+1$，则 $F_k, F_{k+1}$ 满足题设.

若 $l>k+1$，注意到 $F_{n-2}=F_n-F_{n-1}-1$，则

$$F_{k-1} \equiv F_{l-1} \pmod m$$

故 $(F_{k-1}, F_k)$ 与 $(F_{l-1}, F_l)$ 在模 $m$ 意义下同余.

依次类推有

$$(F_{-1}, F_0) \equiv (F_{l-k-1}, F_{l-k}) \pmod m.$$

由于 $F_{-1}=F_0=0$,则 $F_{l-k-1}\equiv F_{l-k}\equiv 0 \pmod m$.

**8.** 对于广义斐波那契数列(卢卡斯数列)

$$L_0=1,\quad L_1=0,\quad L_{n+2}=L_{n+1}+L_n (n\geqslant 0, \text{整数})$$

考虑有序数列$(x,y)$构成的集合$S$,其中$(x,y)$满足:由一个正整数构成的有限集$J$,使

$$x=\sum_{j\in J}L_j,\quad y=\sum_{j\in J}J_{j-1}$$

则存在实数$\alpha,\beta,m,M$,使由非负整数构成的有序数对$(x,y)\in S$的充要条件是

$$m<\alpha x+\beta y<M$$

这是IMO的一道预选题,难度较大,证明也不简.这里要注意到:

若$\varphi=\frac{1}{2}(1+\sqrt{5})$,$\psi=\frac{1}{2}(1-\sqrt{5})$,是二次方程$t^2-t-1=0$的两根,(黄金数$\omega$是$u^2-u+1=0$的两根之一,其值为$-4$),显然

$$\varphi\psi=-1,\quad \varphi+\psi=1,\quad 1+\psi=\psi^2,\quad 1+\varphi=\varphi^2$$

再注意到$L_n=\frac{1}{\sqrt{5}}(\varphi^{n-1}-\psi^{n-1})$,$n\geqslant 0$.

**9.** 若通过$e_0=0$,$e_1=1$,$e_{n+2}=e_{n+1}+e_n+F_n(n\geqslant 1)$来定义二阶斐波那契数列,则

$$e_n=\frac{3n+3}{5}F_n-\frac{n}{5}F_{n+1}=\frac{1}{5}[(3n+3)F_n-nF_{n+1}]$$

这可考虑$F(z)=\sum_{n=0}^{\infty}e_nz^n$,注意到

$$(1-z-z^2)F(z)=z_1+F_0z^2+F_1z^3+\cdots=z+z^2G(z) \qquad (*)$$

其中$G(z)=\sum_{k=0}^{\infty}F_kz^k$,这样可有

$$F(z)=G(z)+z[G(z)]^2$$

又

$$G(z)=\frac{1}{\sqrt{5}}\left(\frac{1}{1-\tau_1z}-\frac{1}{1-\tau_2z}\right)=$$
$$\frac{1}{\sqrt{5}}(1+\tau_1z+t_1^2z^2+\cdots-1-\tau_2z-\tau_2^2z^2-\cdots)$$

$$[G(z)]^2=\frac{1}{5}\left[\frac{1}{(1-\tau_1z)^2}+\frac{1}{(1-\tau_2z)^2}-\frac{2}{1-z-z^2}\right]$$

而$[G(z)]^2$中$z^n$的系数是



$\mathscr{F}_1=\mathscr{F}_2=1\quad \mathscr{F}_{n+2}=\mathscr{F}_n+\mathscr{F}_{n+1}$

$$\sum_{0\leqslant k\leqslant n}F_kF_{n-k}=\frac{1}{5}[(n+1)(\tau_1^n+\tau_2^n)-2F_{n+1}]=$$

$$\frac{1}{5}[(n+1)(F_n+2F_{n-1})-2F_{n+1}]=$$

$$\frac{n-1}{5}F_n+\frac{2n}{5}F_{n-1}$$

注意到式(*)便可有

$$e^n=\frac{3n+3}{5}F_n-\frac{n}{5}F_{n+1}$$

下面我们想用一个较为初等的办法先求出斐波那契数列的通项,进而借用此办法来求推广的斐波那契数列的通项.

由 $F_{n+1}=F_n+F_{n-1}(n\geqslant 1)$,两边同加上 $\lambda F_n$,则有

$$F_{n+1}+\lambda F_n=(1+\lambda)\left(F_n+\frac{1}{1+\lambda}F_{n-1}\right)$$

于是问题就转化为确定参数 $\lambda$,使数列 $\{F_{n+1}+\lambda F_n\}$ 为等比数列,显然 $\lambda$ 需满足

$$\lambda=\frac{\lambda}{1+\lambda}\Longrightarrow\lambda=\frac{1}{2}(-1\pm\sqrt{5})$$

如是,数列 $\{F_{n+1}+\lambda F_n\}$ 即为一个首项是 $F_1+\lambda F_0$,公比为 $q=1+\lambda$ 的等比数列,且

$$F_{n+1}+\lambda F_n=(F_1+\lambda F_0)(1+\lambda)^n$$

将 $\lambda=\frac{1}{2}(-1\pm\sqrt{5})$ 代入上式得 $F_{n+1}$,$F_n$ 的线性方程组

$$\begin{cases}F_{n+1}+\dfrac{-1+\sqrt{5}}{2}F_n=\left(\dfrac{1+\sqrt{5}}{2}\right)^n\\ F_{n+1}+\dfrac{-1-\sqrt{5}}{2}F_n=\left(\dfrac{1-\sqrt{5}}{2}\right)^n\end{cases}$$

两式两边相减消去 $F_{n+1}$,整理后可解得

$$F_n=\frac{1}{\sqrt{5}}\left[\left(\frac{1+\sqrt{5}}{2}\right)^n-\left(\frac{1-\sqrt{5}}{2}\right)^n\right]$$

我们又一次得到了比内公式.

下面我们利用上述方法来求一些推广的斐波那契数列(常称之为卢卡斯序列,当然它也是递归数列)的通项公式或其他问题.

**10.** 若序列 $a_0=1$,$a_1=2$,且 $a_{n+1}=a_n-a_{n-1}(n\geqslant 1)$,则 $a_n=2\cos\left(\frac{n-1}{3}\right)\pi$.

将递推关系改写为

$$a_{n+1}-\lambda a_n=(1-\lambda)\left(a_n-\frac{1}{1-\lambda}a_{n-1}\right)$$

令 $-\lambda=-\dfrac{1}{1-\lambda}$，即 $\lambda=\dfrac{1}{1-\lambda}$ 得 $\lambda^2-\lambda+1=0$，解得

$$\lambda_{1,2}=\frac{1\pm\sqrt{3}\,\mathrm{i}}{2}=\frac{1}{2}(1\pm\sqrt{3}\,\mathrm{i})$$

仿上可有

$$a_{n+1}-\lambda a_n=(a_1-\lambda a_0)(1-\lambda)^n$$

将 $\lambda_{1,2}$ 代入上方程可得

$$\begin{cases}a_{n+1}-\lambda_1 a_n=(2-\lambda_1)(1-\lambda_1)^n\\ a_{n+1}-\lambda_2 a_n=(2-\lambda_2)(1-\lambda_2)^n\end{cases}$$

解得

$$a_n=2\cos\left(\frac{n-1}{3}\right)\pi$$

一般地，我们可给出下面广义斐波那契数列的通项：

**11.** 若 $a_0,a_1$ 给定，$a_{n+1}=b_1a_n+b_2a_{n-1}$，这里 $b_1,b_2$ 是给定的非零常数，则

$$a_{n+1}=b_1a_n-\frac{b_1^2}{4}a_{n-1}\quad(n\geqslant 1)$$

引入 $\lambda$ 将以上递归关系式改写为

$$a_{n+1}+\lambda a_n=(b_1+\lambda)\left(a_n+\frac{b_2}{b_1+\lambda}a_{n-1}\right)$$

若其为等比数列，则 $\lambda=\dfrac{b_2}{b_1+\lambda}$，即

$$\lambda^2+b_1\lambda-b_2=0\qquad(**)$$

若其两根为 $\lambda_1,\lambda_2$，则当 $\lambda_1\neq\lambda_2$ 时，有

$$a_{n+1}=\frac{a_n[(a_1+\lambda_1a_1)(b_1+\lambda_1)^n-(a_1+\lambda_2a_0)(b_1+\lambda_2)^n]}{\lambda_1-\lambda_2}\quad(n\geqslant 0)$$

而 $\lambda_1=\lambda_2$ 时，则有

$$a_{n+1}=b_1a_n-\frac{b_1^2}{4}a_{n-1}\quad(n\geqslant 2)$$

对于后面的情形，这只需注意到，若引进函数

$$f(\lambda)=(a_1+\lambda a_0)(b_1+\lambda)^n$$

则

$$a_n=\frac{f(\lambda_1)-f(\lambda_2)}{\lambda_1-\lambda_2}$$

注意到 $\lambda_1+\lambda_2=-b_1$，故当 $\lambda_1,\lambda_2\to-\dfrac{b_1}{2}$ 时即为 $f(\lambda)$ 在 $-\dfrac{b_1}{2}$ 处的导数值

$$f'(\lambda)\big|_{\lambda=-\frac{1}{2}b_1}=n\left(\frac{b_1}{2}\right)^{n-1}a_1-(n-1)\left(\frac{b_1}{2}\right)^n a_0\quad(n\geqslant 0)$$

注意到 $\lambda_1=\lambda_2=-\dfrac{b_1}{2}$，$b_1^2+4b_2^2=0$，则有

$$a_{n+1}=b_1a_n-\frac{b_1^2}{4}a_{n-1}\quad(n\geqslant 1)$$

我们可用数学归纳法证明它.

①$n=0,1$ 时显然.

② 设 $n=k,k+1$ 时结论真,今考虑 $n=k+2$ 的情形.即由

$$a_k=k\left(\frac{b_1}{2}\right)^{k-1}a_1-(k-1)\left(\frac{b_1}{2}\right)^k a_0$$

$$a_{k+1}=(k+1)\left(\frac{b_1}{2}\right)^k a_1-k\left(\frac{b_1}{2}\right)^{k+1}a_0$$

及递推关系式可有

$$a_{k+2}=b_1a_{k+1}-\frac{b_1^2}{4}a_k=b_1\left[(k+1)\left(\frac{b_1}{2}\right)^k a_1-k\left(\frac{b_1}{2}\right)^{k+1}a_0\right]-$$
$$\frac{b_1^2}{4}\left[k\left(\frac{b_1}{2}\right)^{k-1}a_1-(k-1)\left(\frac{b_1}{2}\right)^k a_0\right]=$$
$$(k+2)\left(\frac{b_1}{2}\right)^{k+1}a_1-(k+1)\left(\frac{b_1}{2}\right)^{k+2}a_0$$

即 $n=k+2$ 时命题亦正确.

**注** 这个方法可以推广到三阶循环(递归)数列的情形,比如求:$a_0=1,a_1=2,a_2=3$,且 $a_{n+2}=a_{n+1}+3a_n+a_{n-1}-4(n\geqslant 1)$ 的通项.

先令 $a_n=b_n+\delta$,代入递归关系式有

$$b_{n+2}+\delta=(b_{n+1}+\delta)+3(b_n+\delta)+(b_{n-1}+\delta)-4$$

即

$$b_{n+2}=b_{n+1}+3b_n+b_{n-1}+4\delta-4$$

取 $\delta=1$,这时问题化为:$b_0=0,b_1=1,b_2=2,b_{n+2}=b_{n+1}+b_n+b_{n-1}(n\geqslant 1)$.

再引入参数 $\lambda,\xi$ 使

$$b_{n+2}+\lambda b_{n+1}+\xi b_n=(1+\lambda)\left(b_{n+1}+\frac{3+\xi}{1+\lambda}b_n+\frac{1}{1+\lambda}b_{n-1}\right)$$

则参数 $\lambda,\xi$ 应满足方程组

$$\begin{cases}\lambda=\dfrac{3+\xi}{1+\lambda}\\ \xi=\dfrac{1}{1+\lambda}\end{cases}$$

方可使 $\{b_{n+2}+\lambda b_{n+1}+\xi b_n\}$ 为等比数列.

消去 $\lambda$,得

$$\xi^3+3\xi^2+\xi-1=0$$

即

$$(\xi+1)(\xi^2+2\xi-1)=0$$

解之代入原方程组后可有

$$\begin{cases}\xi_1=-1\\ \lambda_1=-2\end{cases},\begin{cases}\xi_2=-1+\sqrt{2}\\ \lambda_2=\sqrt{2}\end{cases},\begin{cases}\xi_3=-1-\sqrt{2}\\ \lambda_3=-\sqrt{2}\end{cases}$$

这时我们可有

$b_{n+1}+\lambda_i b_n+\xi_i b_{n-1}=(b_2+\lambda_i b_1+\xi_i b_0)(1+\lambda_i)^{n-1}=(2+\lambda_i)(1+\lambda_i)^{n-1}\quad(i=1,2,3)$

将 $\lambda_i,\xi_i(i=1,2,3)$ 代入上式，可得 $b_{n+1},b_n,b_{n-1}$ 的线性方程组

$$\begin{pmatrix}1&-2&-1\\1&\sqrt{2}&\sqrt{2}-1\\1&-\sqrt{2}&-\sqrt{2}-1\end{pmatrix}\begin{pmatrix}b_{n+1}\\b_n\\b_{n-1}\end{pmatrix}=\begin{pmatrix}0\\(2+\sqrt{2})(1+\sqrt{2})^{n-1}\\(2-\sqrt{2}(1-\sqrt{2})^{n-1})\end{pmatrix}$$

解得

$$b_n=\frac{1}{2\sqrt{2}}[(1+\sqrt{2})^n-(1-\sqrt{2})^n]\quad(n=0,1,2,\cdots)$$

又 $a_n=b_n+1$，则可有

$$a_n=1+\frac{1}{2\sqrt{2}}[(1+\sqrt{2})^n-(1-\sqrt{2})^n]\quad(n=0,1,2,\cdots)$$

当然它也可按照前面章节介绍的求 $k$ 阶循环级数通项的方法直接去求.

斐波那契数列还可以作如下推广：

**12.** 设 $F_n=F_n^{(s)}(n=0,1,2,\cdots)$ 满足下面递推关系

$$F_0=F_1=\cdots=F_{s-2}=0,F_{s-1}=1$$

$$F_{n+s}=F_{n+s-1}+F_{n+s-2}+\cdots+F_{n+1}+F_n\quad(n\geqslant 0)$$

且方程

$$F(x)=x^s-x^{s-1}-\cdots-x-1=0$$

的最大实根次数为 $s$，则称 $F_n^{(s)}$ 为广义 $s$ 维斐波那契数列.

这个问题还与所谓分圆域有关. 若 $p$ 是大于或等于 5 的质数，令 $s=\frac{1}{2}(p-1)$，则

$$\sum_{i=1}^{p}x^{p-k}=0$$

是有理数域上的既约方程. 它的根为

$$e^{\frac{2\pi ki}{p}}=\mathrm{EXP}\left(\frac{2\pi kj}{p}\right)\quad(1\leqslant k\leqslant p-1)$$

作代换 $x+x^{-1}=y$，则有

$$1+\sum_{k=1}^{s}\left\{\left[\frac{1}{2}(y+\sqrt{y^2-4})\right]^k+\left[\frac{1}{2}(y-\sqrt{y^2-4})\right]^k\right\}=0$$

它的根为 $2\cos\frac{2k\pi}{p}(1\leqslant k\leqslant s)$. 以其为基底的代数数域称为 $s$ 次实分圆域.

在该域上面亦可作斐波那契数列推广.

兰伊(G. N. Raney)对斐波那契数列作了如下推广：

令 $\boldsymbol{A}=\boldsymbol{A}_n=(a_{ij})$，其中 $i+j\leqslant n+1$ 时 $a_{ij}=1$，其余为 0.

再令 $\boldsymbol{e}_0=(1,0,0,\cdots,0)^{\mathrm{T}},\boldsymbol{e}_k=\boldsymbol{A}\boldsymbol{e}_{k-1}(k=1,2,\cdots)$，则$\{\boldsymbol{e}_k\}$ 为广义斐波那契

向量序列.

由 $f_n(\lambda)=\det(\boldsymbol{A}_n-\lambda\boldsymbol{I})$，当 $n=\frac{1}{2}(p-1)$ 时，$f(\lambda)$ 在有理数域 $\mathbf{R}$ 上是既约的，这里 $p$ 是不少于 5 的素数. 当 $f_n(\lambda)$ 是既约的，则 $n$ 个整数序列 $e_k(r)(r=1,2,\cdots,n;k=0,1,2,\cdots)$ 可有满足由 $f_n(\lambda)$ 构成的递推公式

$$\sum_{j=0}^{n}\mathrm{C}_{n-j+[\frac{j}{2}]}^{[\frac{j}{2}]}(-1)^{\frac{1}{2}(n-j)(n-j-1)+j}e_k(r)=0$$

这里 $e_k(r)$ 是按前述定义的 $n$ 个整数列.

此处初始值分别取自 $(\boldsymbol{e}_1,\boldsymbol{e}_2,\cdots,\boldsymbol{e}_n)^{\mathrm{T}}$ 的行向量 $(e_1(1),e_2(1),\cdots,e_n(1))^{\mathrm{T}}$.

我们再来看几则斐波那契数列“另类”推广的例.

**13.** 更列问题.

N. 伯努利(N. Bernoulli) 曾提出并解答了下面的问题：

某人写了 $n$ 封信及信封，所有信笺都装错的情形有多少种？

欧拉称之为“组合理论的一个妙题”，且给出了另一种解法 —— 递推.

用数学语言该问题可变为：

求 $n$ 个元素的排列，使排列中没有一个元素位于它应处的位置.

该问题又称**更列问题**. 记这种排列数为 $D_n$，欧拉发现下面的递推式

$$D_0=1,\ D_1=0,\ D_n=(n-1)(D_{n-1}+D_{n-2})\quad(n\geqslant 2)\qquad(*)$$

这一点稍做解释不难明白：

设有 $n(n\geqslant 2)$ 个元素 $x_1,x_2,\cdots,x_n$ 的一个更列 $(a_1,a_2,\cdots,a_n)$.

第 1 位置可取 $x_1$ 之外的其他 $n-1$ 个元素.

若 $a_1=x_k(x_k\neq x_1)$，则第 $k$ 位置可按取 $x_1$ 与否分为两类：

① 第 $k$ 位置上是 $x_1$，则其为 $n-2$ 个元素排列数，其中每个元素均在自然位置上，共有 $D_{n-2}$ 个.

② 第 $k$ 位置上不是 $x_1$，则其为 $x_1,x_2,\cdots,x_{k-1},x_{k+1},\cdots,x_n$ 在第 2 到第 $n$ 这 $n-1$ 个位置上排列，其中 $x_1$ 不在第 $k$ 位置上，而其他元素不在其自然位置上. 这相当于 $n-1$ 个元素的更列，个数为 $D_{n-1}$.

注意到 $k$ 可取除 $x_1$ 外的 $n-1$ 个元素，这样便有式$(*)$.

用数学归纳法(或其他类于斐波那契通项求法) 可得

$$D_n=n!\ \sum_{k=0}^{n}(-1)^k\frac{1}{k!}$$

这里规定 $0!=1$.

其实 $\frac{D_n}{n!}$ 是 $\mathrm{e}^{-1}$ 级数展开式中的前 $n$ 项和.

换言之，$n!\ \mathrm{e}^{-1}$ 是 $n$ 个元素更列数 $D_n$ 的一个很好的近似，其误差小

于$(n+1)^{-1}$.

**14.** Ménage 问题.

**Ménage 问题** $n$ 对夫妻围坐圆桌,男女相间但夫妻不邻,问坐法若干?

该问题于 1891 年由卢卡斯首先提出,莱桑(M. Laisant)、莫赫(M. C. Moreau)及泰勒(H. M. Taylor)都给出过解答.

显然 $n<3$ 时,符合题设坐法不存在.今考虑 $n\geqslant 3$ 的情形.

问题化为:若 $a_1,a_2,\cdots,a_n$ 为 $\{1,2,\cdots,n\}$ 的一个排列,符合要求的坐法对应着符合下述条件的排列:阵列

$$\begin{matrix} 1 & 2 & 3 & \cdots & n-1 & n \\ 2 & 3 & 4 & \cdots & n & 1 \\ \cdots & \cdots & \cdots & \cdots & \cdots & \cdots \\ a_1 & a_2 & a_3 & \cdots & a_{n-1} & a_n \end{matrix}$$

中任一列均无相同的数.这种排列数称为 Ménage 数,记为 $M_n$.可以证明该数适合递推式(类似于斐波那契数列式的递推式)

$$(n-2)M_n=n(n-2)M_{n-1}+nM_{n-2}+4(-1)^{n+1}$$

由此可以算得

$$M_n=\sum_{k=0}^{n}(-1)^k\frac{2n}{2n-k}C_{2n-k}^{k}(n-k)!\quad (k\geqslant 3)$$

表 1 给出一些 Ménage 数.

表 1

| $n$ | 2 | 3 | 4 | 5 | 6 | 7 | 8 | … |
|---|---|---|---|---|---|---|---|---|
| $M_n$ | 0 | 12 | 96 | 3 120 | 115 200 | 5 836 320 | 382 072 320 | … |

由于女宾的坐法数是 $2n!$ 故所求坐法总数为

$$2n!M_n=2n!\sum_{k=0}^{n}(-1)^k\frac{2n}{2n-k}C_{2n-k}^{k}(n-k)!\quad (k\geqslant 3)$$

林特(J. H. vanLint)曾将问题做了推广,从而解决了下面限位排列问题:对于 $1\sim(m+n)$ 的无重排列 $a_1a_2\cdots a_{m+n}$ 使阵列

$$\begin{matrix} 1 & 2 & \cdots & m-1 & m & m+1 & m+2 & \cdots & m+n \\ m & 1 & \cdots & m-2 & m-1 & m+n & m+1 & \cdots & m+n-1 \\ \cdots & \cdots & \cdots & \cdots & \cdots & \cdots & \cdots & \cdots & \cdots \\ a_1 & a_2 & \cdots & a_{m-1} & a_m & a_{m+1} & a_{m+2} & \cdots & a_{m+n} \end{matrix}$$

中任何一列皆没有相同的数,这里 $2\leqslant n\leqslant m$.这种排列个数记为 $U_{m,n}$,则

$$U_{m,n}=F_{m+n}+F_{m-n}\quad (2\leqslant n\leqslant m)$$

1966年，M. N. S. Swamy将数列$\{F_n\}$推广至多项情形，且定义了

$$F_1(x)=1,\ F_2(x)=x,\ F_n(x)=xF_{n-1}(x)+F_{n-2}(x)\quad (n\geqslant 3)$$

且称之为斐波那契多项式. 同时他还指出

$$F_n^2(x)\leqslant (x^2+1)^2(x^2+2)^{n-3}\quad (n=3,4,5,\cdots)$$

# 十 斐波那契数列的应用

2011 年美国纽约州 13 岁的初中生艾顿·德怀尔按照斐波那契树(见前文)的形状安装一套太阳能电池板,它在阳光不足或阳光间接照射的情况下,能效居然提高了 50%,因此他获得美国自然历史博物馆颁发的“青年博物学家奖”.可见斐波那契数列应用价值十分广泛.

提起斐波那契数列的应用,我们也不由得想起苹果手机的商标设计.

我们来看它的设计图案(图 10.1,10.2):

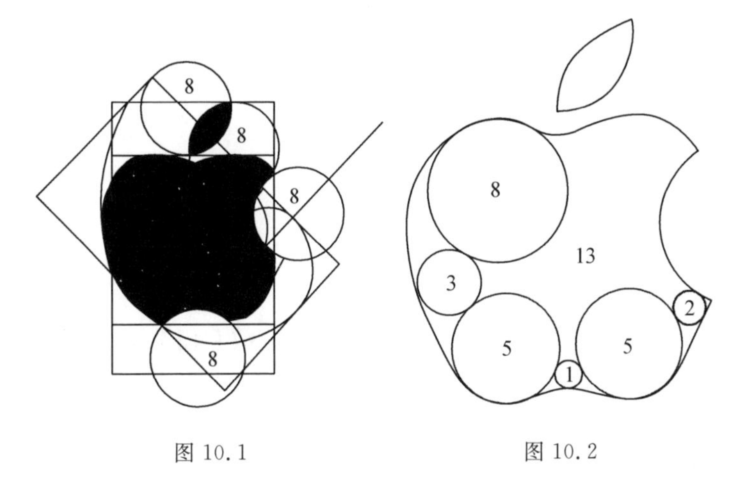


图 10.1　　　　图 10.2

请注意图 2 中的小图尺寸,圆中数字表示该小圆半径:

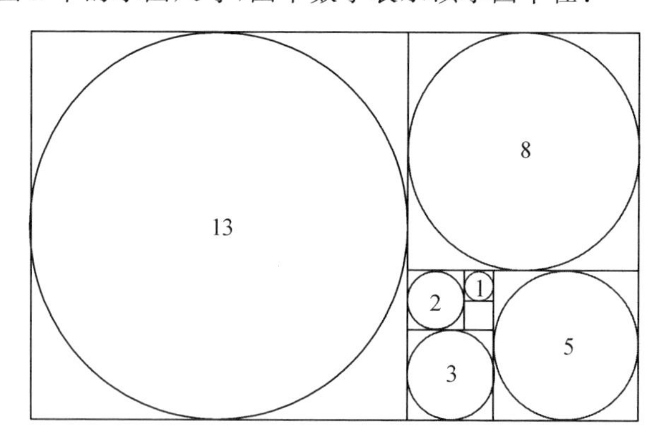


图 10.3

这些小圆半径恰好为斐波那契数列中的前几项:1,2,3,5,8,13(图 10.3).下面我们来谈谈斐波那契数列在数学中的某些重要应用.

## 1. 拉梅定理的证明

前面我们提到过:1864 年拉梅利用斐波那契数列证明:应用辗转相除法的步数(即辗转相除的次数)不大于较小数的位数的 5 倍.这是斐波那契数列的最早应用.下面我们来叙述这个证明.

假设$(a_{n+1}, a_n)$是一对整数,且$a_n = \min\{a_{n+1}, a_n\}$,又它们的辗转相除中含有$n(n > 1)$步.

下面我们来讨论:当$n$固定时,$a_n$的最小值是什么? 今设辗转相除过程的$n$个步骤表示为

$$
\begin{aligned}
&a_{n+1} = m_n a_n + a_{n-1} \quad (0 < a_{n-1} < a_n) \\
&a_n = m_{n-1} a_{n-1} + a_{n-2} \quad (0 < a_{n-2} < a_{n-1}) \\
&\qquad\qquad \vdots \\
&a_4 = m_2 a_3 + a_2 \quad (0 < a_2 < a_3) \\
&a_3 = m_2 a_2 + a_1 \quad (0 < a_1 < a_2) \\
&a_2 = m_1 a_1
\end{aligned}
$$

其中$a_i, m_i (i = 1, 2, \cdots, n)$均为自然数,故它们都不小于 1,特别应该指出:$m_1 \neq 1$,否则由$a_2 = m_1 a_1$有$a_2 = a_1$,这与前式中$0 < a_1 < a_2$的假设相抵,故$m_1 \geqslant 2$.

这样,我们按照上述诸表达式相继推去有

$$a_1 \geqslant 1$$
$$a_2 \geqslant 2 \cdot 1 = 2$$
$$a_3 \geqslant 1 \cdot 2 + 1 = 3$$
$$a_4 \geqslant 1 \cdot 3 + 2 = 5$$
$$a_5 \geqslant 1 \cdot 5 + 3 = 8$$
$$\vdots$$

当 $i > 1$ 时，这里均是以最小的 $m_i = 1$ 来计算的，容易看出：

$a_n \geqslant F_{n+1}$，这里 $F_i$ 为斐波那契数列的第 $i$ 项，由斐波那契数列的性质：$F_n = F_{n-1} + F_{n-2} (n > 2)$，我们不难证明

$$F_{n+5} > 10F_n$$

事实上，$n = 1, 2, 3, 4$ 时，结论显然直接计算可得，当 $n > 4$ 时，我们有

$$F_n = F_{n-1} + F_{n-2} = 2F_{n-2} + F_{n-3}$$

又
$$\begin{aligned} F_{n+5} &= F_{n+4} + F_{n+3} = 2F_{n+3} + F_{n+2} = 3F_{n+2} + 2F_{n+1} = \\ &5F_{n+1} + 3F_n = 8F_n + 5F_{n-1} = \\ &13F_{n-1} + 8F_{n-2} = 21F_{n-2} + 13F_{n-3} > \\ &20F_{n-2} + 10F_{n-3} = 10F_n \end{aligned}$$

此即说：$F_{n+5}$ 至少比 $F_n$ 多一位数.

我们知道：当 $0 < n \leqslant 6$ 时，$F_n$ 是一位数，由上结论：

当 $6 < n < 2 \cdot 5 + 1$ 时，$F_n$ 至少是 2 位数.

当 $2 \cdot 5 + 1 < n \leqslant 3 \cdot 5 + 1$ 时，$F_n$ 至少是 3 位数.

当 $3 \cdot 5 + 1 < n \leqslant 4 \cdot 5 + 1$ 时，$F_n$ 至少是 4 位数.

……

当 $k \cdot 5 + 1 < n \leqslant (k + 1) \cdot 5 + 1$ 时，$F_n$ 至少是 $k + 1$ 位数.

对任何自然数 $n$，必有整数 $k$ 使

$$k \cdot 5 < n \leqslant (k + 1) \cdot 5$$

或
$$k \cdot 5 + 1 < n + 1 \leqslant (k + 1) \cdot 5 + 1,$$

这样 $F_{n+1}$ 至少是 $k + 1$ 位数，于是 $a_n$ 的位数的 5 倍至少是 $5(k + 1)$，从而

$$n \leqslant (k + 1) \cdot 5 \leqslant (a_n \text{ 的位数的 5 倍})$$

### 2. 对梅森质数研究的贡献

1786 年，卢卡斯将斐波那契数列推广的同时，意外发现它与梅森素数 $M_p = 2^p - 1$ 间的渊源.

卢卡斯数列 $\{L_n\}$：$L_1 = 1, L_2 = 3, L_{n+1} = L_n + L_{n-1} (n \geqslant 3)$，即 1, 3, 4, 7, 11, …. 这个数列通项 $L_n = \dfrac{F_{2n}}{F_n}$.

卢卡斯又设 $R_n = L_{2n}$，可得到数列$\{R_n\}$:3,7,47,199,… 其通项:$R_1 = 3$，$R_{n+1} = R_n^2 - 2(n \geqslant 1)$.

卢卡斯发现了下面的命题:

**卢卡斯定理** 若 $4 \mid (p-3)$，其中 $p$ 是质数，则当且仅当 $M_p$ 是质数时，$M_p \mid R_{p-1}$.

如当 $p=7$ 时，$4 \mid (7-3)$，而 $R_1 = 3, R_2 = 7, R_3 = 41, R_4 = 2\ 207, R_5 = 4\ 870\ 847, R_6 = 23\ 725\ 150\ 497\ 407$.

可以验证$(2^7 - 1) \mid R_6$，故 $M_7 = 2^7 - 1$ 是一个质数.

如前文所述，卢卡斯本人首先证明了

$M_{127} = 2^{127} - 1 = 170\ 141\ 183\ 460\ 469\ 231\ 731\ 687\ 303\ 715\ 884\ 105\ 527$ (39 位)

是一个素数. 这个 39 位素数是人们在电子计算机问世前发现的最大素数.

这个定理的(约束)条件 $4 \mid (p-1)$ 使之仅适于验证部分梅森质数，因为它充分但不必要.

尽管 $4 \nmid (257-3)$，$4 \nmid (61-3)$，但 $M_{61}$，$M_{257}$ 却是梅森质数.

为此卢卡斯法做了改进，即对$\{L_n\}$初始值做了修订，给出一个更为出色的法则.

**卢卡斯法则** 梅森数 $M_p = 2^p - 1$ 是质数的充要条件是 $M_p \mid S_{p-1}$，这里 $S_1 = 4, S_2 = 14$，且 $S_{n+1} = S_n^2 - 2$.

这一法则适于大于3的全部梅森质数的判定. 然而 $M_p \mid S_{p-1}$ 的验算远非易事. 尽管如此，人们还是利用它找到了一些梅森质数.

1883 年，波夫辛首先证明 $M_{61} = 2^{61} - 1$ 是质数.

1886 年，塞尔豪夫再次验证 $M_{61}$ 是质数.

1887 年，哈德劳特又一次证明 $M_{61}$ 是质数.

由于数列$\{S_n\}$增长极快，上述法则给梅森质数检验带来不便.

1930 年，美国加州大学的莱赫曼改进了卢卡斯法则，提出

**卢卡斯-莱赫曼定理** 梅森数 $M_p$ 是质数的充要条件 $S_{p-1} \equiv 0 \pmod{M_p}$，其中 $S_1 = 4, S_{n+1} \equiv S_n^2 - 2 \pmod{M_p}$.

如验证 $M_7 = 2^7 - 1 (=127)$ 是否为梅森质数，可由

$$S_1 = 4$$

$$S_2 = 4^2 - 2 = 14$$

$$S_3 \equiv 14^2 - 2 \pmod{127} = 67$$

$$S_4 = 67^2 - 2 \pmod{127} = 42$$

$$S_5 \equiv 42^2 - 2 \pmod{127} = 111$$

$$S_6 = 111^2 - 2 \pmod{127} = 0$$

故 $M_7$ 是素数.

### 3. 单位分数问题

分子是 1 的分数称为单位分数. 因为大约两千年以前古埃及人已开始研究这种分数,故它又称为埃及分数.

数论中有把真分数表示为单位分数(或埃及分数)和的问题,下面的结论将是重要的:

任何一个真分数总可以表示成不同的单位分数之和.

它的证明便是用与前一命题证明类似的方法 —— 斐波那契推演进行的.

设$\frac{m}{n}$是一个真分数,即 $m<n$. 若$\frac{1}{x_1}$是不超过$\frac{m}{n}$的最大单位分数,如果$\frac{1}{x_1}=\frac{m}{n}$,则命题已证得;否则有$\frac{1}{x_1}<\frac{m}{n}$. 于是有

$$\frac{m}{n}-\frac{1}{x_1}=\frac{mx_1-n}{nx_1}=\frac{m_1}{nx_1}$$

其中 $x_1>0, m_1>0$.

由于$\frac{1}{x_1-1}>\frac{m}{n}$,故 $m_1=mx_1-n<m$.

设$\frac{1}{x_2}$是不超过$\frac{m_1}{nx_1}$的最大单位分数,如果$\frac{1}{x_2}=\frac{m_1}{nx_1}$,则命题已证得,否则有$\frac{1}{x_2}<\frac{m_1}{nx_1}$,于是有

$$\frac{m_1}{nx_1}-\frac{1}{x_2}=\frac{m_1x_2-nx_1}{nx_1x_2}=\frac{m_2}{nx_1x_2}$$

其中 $x_2>1, x_1<x_2, m_2>0$.

由于$\frac{1}{x_2-1}>\frac{m_1}{nx_1}$,故 $m_2<m_1<m$.

如此下去,可得 $m>m_1>m_2>\cdots>m_k=0$,而且

$$\frac{m}{n}=\frac{1}{x_1}+\frac{1}{x_2}+\cdots+\frac{1}{x_k}$$

因为每进行一步上列演段,分子至少减少 1,故 $1\leqslant k\leqslant m$.

这就是说:任何一个真分数$\frac{m}{n}(0<m<n)$总可以表示成不超过 $m$ 个不同的单位分数(埃及分数)之和的形式.

**注** 这种问题与某些不定方程求解有关.

### 4. 在优选法中的应用

斐波那契数列的重要应用,还要算它在 20 世纪 50 年代出现的"优选法"中的应用.

“优选法”是近些年出现的“最优化方法”的一个分支，它是用计算方法去求函数的极值问题.这个问题其实是一个古老的问题，早在牛顿发明微积分的年代，人们已经知道通过导数去求函数的极值点.

1847年，柯西还提出了最速下降法.当函数的变元或次数增加时，求解上述极值问题变得较为困难.

近几十年来，由于电子计算机的应用和实际需要的增长，又使得这门古老的课题获得新生，一门新的学科分支 —— 最优化方法应运而生了.

对于非线性问题而言，求解数学规划问题

$$\min f(\boldsymbol{x}),\ \boldsymbol{x}\in\mathbf{R}^n$$

称为无约优化问题.此类问题解法主要依赖于迭代(图10.4).

即 $\boldsymbol{x}_{k+1}=\boldsymbol{x}_k+\lambda\boldsymbol{p}_k$，这里，$\boldsymbol{p}_k$ 称为搜索方向，$\lambda$ 称为步长，求解该问题称为一维搜索.常用的一维搜索方法有：

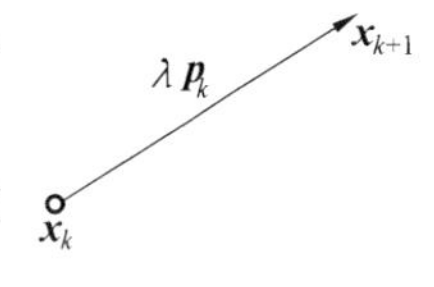


图10.4

(1) 缩区间法(包括对分法、0.618… 法、斐波那契数列法、……).

(2) 插值法(包括三点两次、两点两次、三次插值等).

(3) 牛顿迭代法($\lambda_{k+1}=\dfrac{\lambda_k-\varphi'(\lambda_k)}{\varphi''(\lambda_k)}$).

(4) 精确一维搜索.

而各种方法的命名依赖于搜索方向不同而异，如柯西的最速下降法(取 $\boldsymbol{p}_k=-\nabla f_k$，即 $f_k(x)$ 的梯度)、牛顿法(取 $\boldsymbol{p}_k=-(\nabla^2 f_k)^{-1}\ \nabla f_k$)($\nabla^2 f_k$ 为 $f_k(x)$ 的 Hesse 阵)、共轭梯变法、变尺度法(又称拟牛顿法)等.

对于一维搜索，斐波那契数列法曾作为一种算法而呈现它在计算过程中的最优性，我们先来看看算法.

假定 $f(x)$ 在区间[$a,b$]上是单峰函数，即 $f(x)$ 在[$a,b$]上只有一个极值点 $x^*$，若它是极小点，则 $f(x)$ 在 $x^*$ 的左边严格单调递减，而 $f(x)$ 在 $x^*$ 的右边严格单调递增.如果我们打算通过某种取点方式只计算 $n$ 次函数值，就将 $f(x)$ 在[$a,b$]上的近似极小点求出来(严格地讲是把极小点存在的区间长度缩到最小)，那么我们可以按照下面的办法即斐波那契(数列)法：

取 $x_1=\dfrac{F_{n-2}}{F_n}(b-a)+a$，$\tilde{x}_1=\dfrac{F_{n-1}}{F_n}(b-a)+a$，计算

$$f(x_1)=f_1,\ f(\tilde{x}_1)=\tilde{f}_1$$

若 $f_1<\tilde{f}_1$，则置 $a_1=a,b_1=\tilde{x}_1$；若 $f_1>\tilde{f}_1$，则置 $a_1=x_1,b_1=b$(我们把 $f_1=\tilde{f}_1$ 并入 $f_1<\tilde{f}_1$ 的情形).

我们在新区间[$a_1,b_1$]上仿上面办法插入点

$$x_2=\frac{F_{n-3}}{F_{n-1}}(b_1-a_1)+a_1$$

$$\tilde{x}_2 = \frac{F_{n-2}}{F_{n-1}}(b_1 - a_1) + a_1$$

重复上面的做法可得$[a_2, b_2]$，如此做下去.

我们想指出两点：

(1) 每计算一步(又称迭代一次) 新区间的长度为原来区间长的$\frac{F_{k-1}}{F_k}$.

比如第一次迭代，注意到

$$\tilde{x}_1 - a = \frac{F_{n-1}}{F_n}(b - a)$$

$$b - x_1 = b - \left[\frac{F_{n-2}}{F_n}(b - a) + a\right] = \frac{F_n - F_{n-2}}{F_n}(b - a) = \frac{F_{n-1}}{F_n}(b - a)$$

结论便是显然的了，对于后面的计算，道理同上.

(2) 每迭代一步，区间缩小后保留的点，在下步迭代中还可使用.

在第二步迭代中，必有下面四种情况之一发生

$$x_1 = x_2, \quad \tilde{x}_1 = x_2, \quad x_1 = \tilde{x}_2, \quad \tilde{x}_1 = \tilde{x}_2$$

容易验证：当 $f_1 \leqslant \tilde{f}_1$ 时，$\tilde{x}_2 = x_1$；当 $f_1 > \tilde{f}_1$ 时，$x_2 = \tilde{x}_1$.

这说明保留的点与新插入的点之一重合，即在第二步迭代中只需计算 3 个点的值.

类似地，第 $n-1$ 步迭代只需计算 $n$ 个点的函数值. 而且容易算出，这时区间$[a_{n-2}, b_{n-1}]$ 的长

$$b_{n-1} - a_{n-2} = \frac{F_2}{F_n}(b - a) = \frac{1}{F_n}(b - a)$$

对于单峰函数来讲，它是最优的. 下面来证明这一点.

设 $l_n$ 为某区间的长度：它使按某种取点方式求 $n$ 次函数值后，在可能遇到的各种情况下，总能把新区间(又称搜索区间) 的长度缩为 1，最优取点方式应保证使 $l_n$ 最大.

设 $l_k$ 的上确界为 $u_k(k=1,2,\cdots,n)$. 显然，$u_k$ 就是计算第$k$ 次函数值总能把搜索区间缩短到 1 的最大区间长度，由于要计算两次函数值后才能缩短区间，故 $u_0 = u_1 = 1$.

今估计对应于计算 $n$ 次函数值的上界 $u_n$. 设最初的两个试探点为 $x_1$，$x_2(x_1 < x_2)$，则余下来还可以计算 $n-2$ 次函数值.

极小点可能位于区间$[a, x_1]$，也可能位于区间$[x_1, b]$. 当极小点位于$[a, x_1]$ 时，我们必须借助于在其中计算 $n-2$ 次函数值，把该区间缩短为 1，故应有

$$x_1 - a \leqslant u_{n-2}$$

当极小点位于$[x, b]$ 上时，除了可再计算 $n-2$ 次函数值外，还能利用其中

已计算的一点 $x_2$ 处的函数值，所以总共可以利用 $(n-2)+1=n-1$ 个函数值，故应有

$$b-x_1\leqslant u_{n-1}$$

于是我们有第 $n$ 步区间长

$$L_n=b-a\leqslant u_{n-2}+u_{n-1}$$

故

$$u_n\leqslant u_{n-2}+u_{n-1}$$

由斐波那契数列取点法及上面的推算，知该算法经 $n$ 次函数求值解保证把搜索区间缩为原来的 $\frac{1}{F_n}$，从而它是最优的.

**注**　下面给出斐波那契法的算法：

(1) 置初始区间左、右端点 $a,b$；置精度 $\varepsilon$（最终区间的最大允许长度）和能够分辨函数值的最小间隔 $\delta$.

(2) 求计算函数值的次数 $N$，即求使得 $F_n\geqslant\frac{b-a}{\varepsilon}$ 成立的最小整数.

(3) 置 $k=N$，且按下面算式计算区间 $[a,b]$ 的两个内点

$$x_l=a+\frac{F_{n-2}}{F_n}(b-a) \qquad (*)$$

$$x_r=a+\frac{F_{n-1}}{F_n}(b-a) \qquad (**)$$

(4) 置 $k=k-1$.

(5) 若 $f(x_l)\geqslant f(x_r)$，则转(6)；否则

① 置 $b=x_r,x_r=x_l$.

② 根据 $k$ 的大小，分别执行下列步骤：当 $k<2$ 时，停止计算；当 $k>2$ 时，按(*)计算 $x_r$；当 $k=2$ 时，置 $x_l=x_r-\delta$.

③ 转(4).

(6) 置 $a=x_l,x_l=x_r$. 然后根据 $k$ 的大小分别执行下列步骤：当 $k<2$ 时，停止计算；当 $k>2$ 时，按(**)计算 $x_r$；当 $k=2$ 时，置 $x_r=x_l+\delta$.

(7) 转(4).

## 5. 在集合论和数值积分上的应用

斐波那契数列还有一些其他应用，这里我们只能略举几例，借此去窥其一斑而已. 先来看一个简单的例子.

集合 $N_{n-1}=\{1,2,\cdots,n-1\}$ 中，不含两个相邻元素的子集数为 $F_n$.

今以 $f(n,k)$ 表示 $N_{n-1}=\{1,2,\cdots,n-1\}$ 中不含相邻元素的 $k$-子集个数，$k$-子集即有 $k$ 个元素的子集.

设 $\{i_1,i_2,\cdots,i_k\}$ 为该种 $k$-子集，且设 $i_1<i_2<\cdots<i_k$.

由元素不相邻性知 $i_s-i_{s-1}\geqslant 2$.

若记 $j_s = i_s - s$，则必有 $j_s > j_{s-1}$. 反之，由 $j_s > j_{s-1}$ 可推出 $i_s - i_{s-1} \geqslant 2$.

故该 $k$-子集 $\{i_1, i_2, \cdots, i_k\}$ 与集合 $\{j_1, j_2, \cdots, j_k\}$ 一一对应.

但 $j_1 = i_1 - 1 \geqslant 0, j_k = i_k - k \leqslant n - k$.

故 $\{j_1, j_2, \cdots, j_k\}$ 为 $\{0, 1, \cdots, n-k\}$ 的一个 $k$-子集，它有 $C_{n-k+1}^k$ 种. 这样 $f(n,k) = C_{n-k+1}^k$. 而 $\sum\limits_{k=1}^{n} C_{n-k+1}^k = F_n$.

下面是一个关于"集合论"子集个数方面的问题.

设 $A_1, \cdots, A_n$ 是集 $E$ 的子集，证明 $E$ 的所有可以通过对集 $A_1 \backslash A_2$，$A_2 \backslash A_3, \cdots, A_{n-1} \backslash A_n, A_n \backslash A_1$ 作并、交和补(关于 $E$ 的)的运算而得到的不同子集的最大可能的个数是 $2^{\varphi(n)} (n \geqslant 2)$，这里 $\varphi(n) = \left(\frac{1+\sqrt{5}}{2}\right)^n + \left(\frac{1-\sqrt{5}}{2}\right)^n$.

**证**　对任意的 $B \subseteq E$，记 $B^1 = B, B^0 = E/B$，且设 $C_i = A_i \backslash A_{i(\bmod n)+1}$.

我们研究集 $D_\sigma = \bigcap\limits_{i=1}^{n} C_i^{\sigma_i}$，这里 $\sigma = (\sigma_1, \sigma_2, \cdots, \sigma_n)$ 是由 0 和 1 组成的数组.

当 $\sigma_1 \neq \sigma_2$ 时，$D_{\sigma_1} \cap D_{\sigma_2} = \varnothing$，并且容易看出，通过集的并、交和补的运算由集 $C_i$ 得到的每个集可表示成若干个集 $D_\sigma$ 的并的形式.

故通过上述运算从 $C_i$ 获得的集 $M$ 的个数等于 $2^N$，这里 $N$ 是非空集 $D_\sigma$ 的个数.

注意到当 $\sigma_i = \sigma_{i(\bmod n)+1} = 1$ 时，$D_\sigma = \varnothing$.

因而 $N \leqslant \varphi(n)$，这里 $\varphi(n)$ 是由 0 和 1 所组成的数组 $\sigma = (\sigma_1, \sigma_2, \cdots, \sigma_n)$ 的个数，且其对任何 $i$ 也不满足 $\sigma_i = \sigma_{i(\bmod n)+1} = 1$；我们把这样的数组称为允许的.

若集合 $A_1, A_2, \cdots, A_n$ 适合 $\bigcap\limits_{i=1}^{n} A_i^{\sigma_i} \neq \varnothing$(对任何 $\sigma = (\sigma_1, \sigma_2, \cdots, \sigma_n)$)，那么容易验证，对于允许的 $\sigma$，有

$$\bigcap_{i=1}^{n} A_i^{\sigma_i} \subseteq \bigcap_{i=1}^{n} C_i^{\sigma_i}$$

亦即 $D_\sigma \neq \varnothing$，因为等式 $N = \varphi(n)$ 是可能的.

若 $(\sigma_1, \sigma_2, \cdots, \sigma_n)$ 是允许的数组，那么数组 $(\sigma_1, \sigma_2, \cdots, \sigma_n, 0)$ 也是允许的.

若 $(\sigma_2, \sigma_3, \cdots, \sigma_n)$ 是允许的数组，那么当 $\sigma_n = 1$ 时，数组 $(1, \sigma_2, \cdots, \sigma_n, 0)$ 也是允许的；当 $\sigma_n = 0$ 时，数组 $(0, \sigma_2, \cdots, \sigma_n, 1)$ 也是允许的.

因为这样没有重复地列举了所有长为 $n+1$ 的允许数组，故

$$\varphi(n+1) = \varphi(n) + \varphi(n-1)$$

又 $1 \equiv 0 (\bmod 1)$，$\sigma_1 = \sigma_{1(\bmod 1)+1} = 1$，故 $\sigma_i = (1)$ 是非允许的数组，从而 $\varphi(1) = 1$. 再由 $\varphi(2) = 3$，则 $\{\varphi(n)\}$ 构成广义斐波那契数列. 容易证明

$$\varphi(n) = \left(\frac{1+\sqrt{5}}{2}\right)^n + \left(\frac{1-\sqrt{5}}{2}\right)^n$$

已故大师华罗庚教授曾经指出，斐波那契数列与数值积分也有关系，他曾

介绍了这个数列在丢番图逼近上的独特地位，进而联想到数值积分公式[21]

$$\int_0^1\int_0^1 f(x,y)\mathrm{d}x\mathrm{d}y \sim \frac{1}{F_{n+1}}\sum_{t=1}^{F_{n+1}} f\left(\left\{\frac{t}{F_{n+1}}\right\},\left\{\frac{tF_n}{F_{n+1}}\right\}\right)$$

这是用单和来逼近重积分的公式，这里$\{x\}$表示$x$的分数部分.

如何将它推广到多维的情形呢？

注意到$\frac{F_n}{F_{n+1}} \to \frac{\sqrt{5}-1}{2}$（$n\to+\infty$时），而$\frac{\sqrt{5}-1}{2}$是我们前面提到过而后面还要讲的黄金数，同时它还是五等分单位圆而产生的，即从多项式（或方程）

$$x^5=1$$

或即

$$(x-1)(x^4+x^3+x^2+x+1)=0$$

有$x-1=0$或

$$x^4+x^3+x^2+x+1=0 \tag{*}$$

方程（*）中令$y=x+\frac{1}{x}$而得到方程（注意配方变形）

$$y^2+y-1=0$$

解之有（已舍负值）

$$y=\frac{\sqrt{5}-1}{2}=0.618\cdots$$

又$\cos\frac{2\pi}{5}=\frac{1}{2}(\sqrt{5}-1)$，则

$$y=2\cos\frac{2\pi}{5}\text{（详见后文）}$$

圆内接正五边形，若$BE=1$，则其边长为$\frac{1}{2}(\sqrt{5}-1)$（图10.4）. 圆内接正十边形，若$r=1$，则其边长恰为$\frac{1}{2}(\sqrt{5}-1)$（图10.5）.

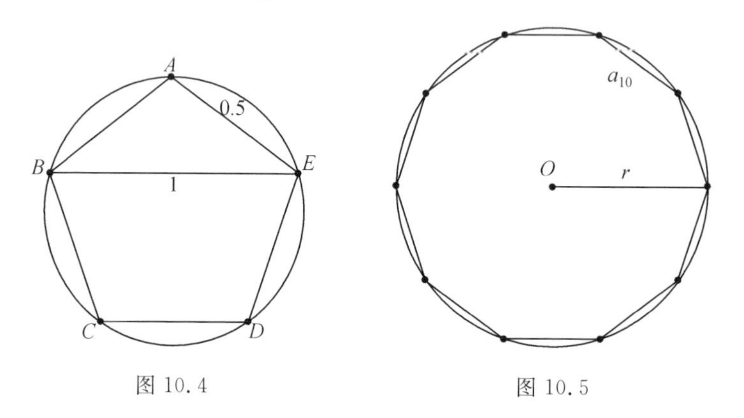


图10.4　　图10.5

这是分圆数. 既然五等分圆数是$2\cos\frac{2\pi}{5}$，那当$p$是奇质数，分圆为$p$等分的

$$2\cos\frac{2\pi l}{p}\quad\left(1\leqslant l\leqslant\frac{p-1}{2}=s\right)$$

是否可用来处理多维的数值积分?

闵可夫斯基(Minkowski,1864—1909)早已证明有 $x_1,x_2,\cdots,x_s$ 及 $y$ 使

$$\left|2\cos\frac{2\pi l}{p}-\frac{x_l}{y}\right|\leqslant\frac{s-1}{sy^{\frac{s}{s-1}}}$$

但闵可夫斯基的证明是存在性的证明,对于分圆域 $R\left(2\cos\frac{2\pi}{p}\right)$ 而言,因为有一个独立单位系的明确表达式,所以能够有效地找到 $x_1,x_2,\cdots,x_{s-1}$ 与 $y$,故可用

$$\left(\left\{\frac{t}{y}\right\},\left\{\frac{tx_1}{y}\right\},\cdots,\left\{\frac{tx_{s-1}}{y}\right\}\right)\quad(t=1,2,\cdots,y)$$

来代替

$$\left(\left\{\frac{t}{F_{n+1}}\right\},\left\{\frac{tF_n}{F_{n+1}}\right\}\right)\quad(t=1,2,\cdots,F_{n+1})$$

这不仅可用于数值积分,也可用于凡是有随机数的地方.

## 6. 正方形铺满平面问题与斐波那契数列

我们再来看一个用正方形铺满平面的问题,这些正方形的边长都是整数,且它们的规格(边长)都不相同.

当然,我们想顺便讲几句关于完美正方块的问题,所谓完美正方块是指这样的正方块:它可以用一些规格各不相同的(但边长都是整数)小正方形盖满(既无重叠又无空隙).

第一块完美正方块是1938年由美国一所大学的四位学者发现的,它由69个小正方形组成,故称它为69阶.

1940年,布鲁克(R. L. Brooks)等人利用完美矩形[①]找到一个26阶的完美正方形.

---

① 所谓完美矩形是指由大小不同的正方形所拼成的矩形.

莫伦(Z. Moron)1925年给出第一个完美矩形.布鲁克等人于1940年曾给出9～11阶完美矩形的明细表,并证明了完美矩形的最低阶数是9,且仅有两种(从等价变换角度),如图10.6(a),(b)所示.

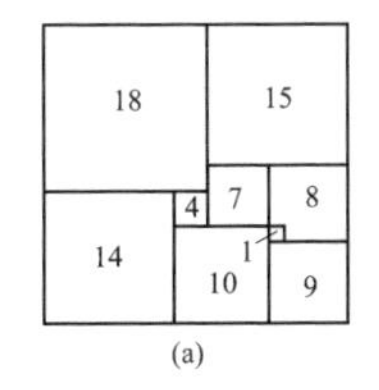


(a)

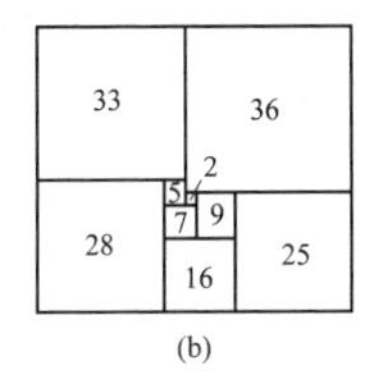


(b)

图10.6

尔后,布卡姆(BouwKamp)等人在1960年又用电子计算机算出9～15阶的全部完美矩形.

1969年,P. J. Federico构造出边长2∶1的完美矩形,堪称一绝.

1967 年,威尔逊(J. Wilson) 给出一个 25 阶完美正方块(图10.7(a)).

1978 年,荷兰特温特大学的一位教师狄金维蒂吉(Duijvestijn) 借助于电子计算机(使用了极为复杂的程序) 给出了一个 21 阶的完美正方块(图10.7(b)),他还证明了这个阶数的完美正方块是唯一的.

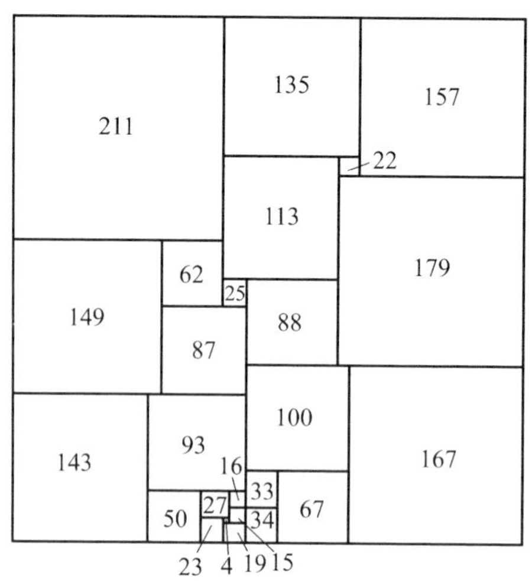

(a) 25阶完美正方块

(b)21 阶完美正方块

图 10.7

据传,苏联数学家鲁金(H. H. Лузин,1883—1950) 早在 20 世纪 40 年代就证明了完美正方块的最低阶数是 21(这一说法尚未被证实,因为此前鲁金曾认为该类正方形并不存在).

我们或许会问:能否用边长分别为 1,2,3,… 的正方形去铺满整个平面?这个问题至今未能获得解决. 但是人们借用斐波那契数列的性质证明:

用边长为 1,2,3,…(自然数边长) 的正方形,至少可以铺满整个平面的$\frac{3}{4}$.

从图 10.8 上我们可以看到,在图中虚线为坐标轴的平面的四个象限中:

用斐波那契数列$\{F_n\}$:1,2,3,5,… 为边长的正方形可以铺满坐标平面的第四象限;

用广义斐波那契(卢卡斯) 数列$\{L_n^{①}\}$:3,6,9,15,24,… 为边长的正方形可以铺满坐标平面的第一象限;

用广义斐波那契(卢卡斯) 数列$\{L_n^{②}\}$:7,11,18,29,… 为边长的正方形可以铺满坐标平面的第三象限;

还有没在上述三个数列中出现的 4,6,10,12,14,… 为边的正方形放在第二象限.

由图 10.8 可以明显地看出:以 1,2,3,… 为边长的正方形至少可以铺满平面的四分之三.

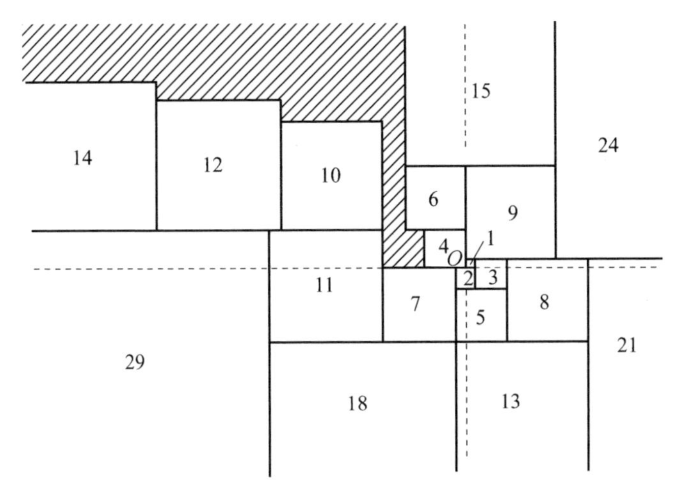


图 10.8

由“斐波那契数列的某些推广形式”中的公式可知

$$L_{n+1}^{①} = 6F_{n-1} + 9F_n \quad (n \geqslant 1)$$

$$L_{n+1}^{②} = 7F_{n-1} + 11F_n \quad (n \geqslant 1)$$

由之可以证明

$$F_{n+1} < L_n^{①} < L_n^{②} < F_{n+5}$$

故上面三个数列$\{F_n\}$,$\{L_n^{①}\}$,$\{L_n^{②}\}$不交(无公共项).

这个问题若条件放宽些,笔者发现:边长为1,1,2,3,5,8,…(它们只是1,2,3,4,…中的一部分数)的正方形完全可以填满整个平面,方法如图10.9所示.

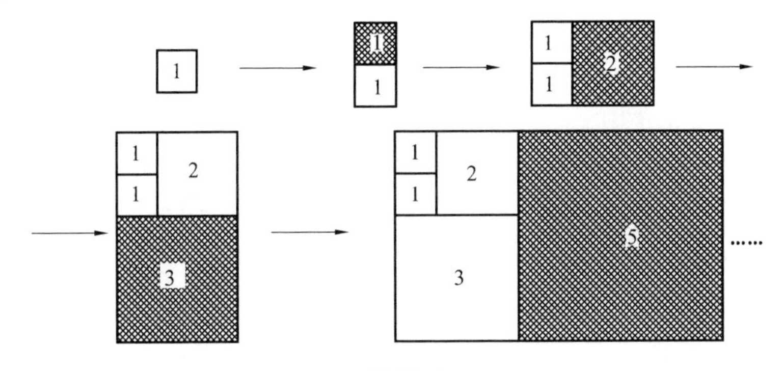


图 10.9

顺便讲一个小插曲,这个问题还与前面完美正方形构造有关.德国人R. Sprague认为:在完美矩形外补上一个正方形构成完美图形(不一定是完美正方形,如图10.10所示),这些完美图形边长比的极限为1.换言之,在完美矩形上不断添补正方形，其极限情形是一个完美正方形.

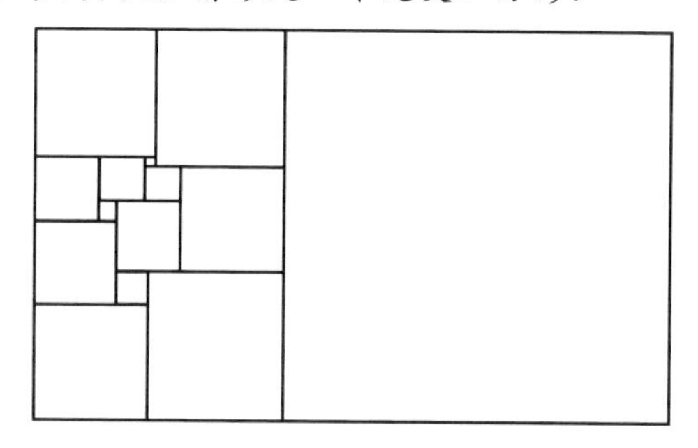

图 10.10　完美矩形添加(上图左边那块)一个正方形(上图右边那块)后仍为完美图形

浙江大学水乃翔指出上述结论不真，这种矩形边长比的极限应为

$$\frac{1}{2}(\sqrt{5}-1)=0.618\cdots.$$

此即说这种添补不会生成完美正方形，换言之，无论这种添补进行多少次，最终得到的仍是一个完美矩形.

注意到，当 $m>n$ 时，令 $v_1=m+n, v_2=m+v_1, v_3=v_1+v_2,\cdots$. 它是一个卢卡斯数列，由前文知

$$\lim_{n\to\infty}\frac{v_n}{v_{n+1}}=\frac{\sqrt{5}-1}{2}=0.618\cdots$$

斐波那契数列的性质，还常常被用在某些数学游戏上. 下面的两则图形拼剪问题正是这样.

## 7. 斐波那契数列与数学游戏(拼图和火柴游戏)

把一个边长为8的正方形按图 10.11(a) 方式剪裁(沿图中粗线)，然后拼成图 10.11(b) 的矩形：

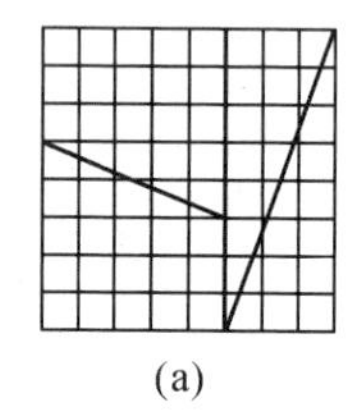

(a)

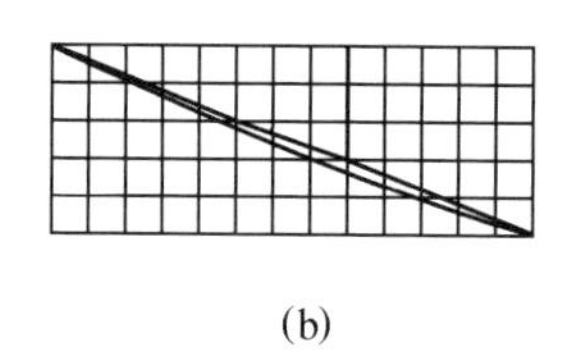

(b)

图 10.11

拼后你会发现：原来正方形面积为：$8^2=64$，而矩形面积是 $13\times5=65$，这分明多出一个面积单位来，何故？这显然是一个悖论题.

当然你若真的动手去剪拼，你会发现其中的症结所在：图 10.11(b) 的矩形中间是有缝的(有时或许会有重叠).

注意到正方形和矩形边长数字 3,5,8 恰好是斐波那契数列中相邻的三项，

由斐波那契数列性质

$$F_n^2 - F_{n-1}F_{n+1} = (-1)^{n+1}$$

你会恍然大悟的.

在上面的剪拼问题里,$F_n^2$ 是正方形面积,$F_{n-1}F_{n+1}$ 是剪拼后的矩形面积.

顺便讲一句,若按照上面的办法把正方形剪拼成矩形(要求面积不变),应当如何剪裁?

如图 10.12,我们可有下面的裁拼法

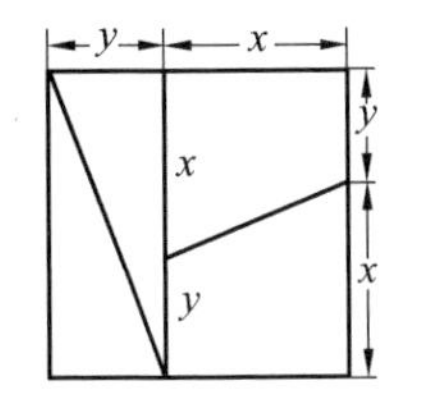


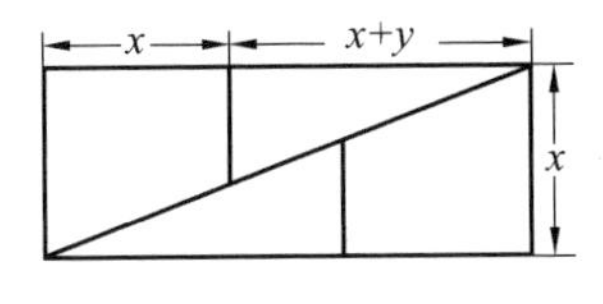


图 10.12

注意到

$$S_{\text{正方形}} = (x+y)^2,\ S_{\text{矩形}} = (2x+y)x$$

欲使 $S_{\text{正方形}} = S_{\text{矩形}}$,即

$$(x+y)^2 - (2x+y)x = 0$$

亦即

$$x^2 - xy - y^2 = 0$$

两边同除以 $y^2$,有

$$\left(\frac{x}{y}\right)^2 - \left(\frac{x}{y}\right) - 1 = 0$$

解得

$$\frac{x}{y} = \frac{1 \pm \sqrt{5}}{2}(\text{舍去负值})$$

它们恰为比内公式中两个数据,注意到:$\frac{x}{y} = \frac{1+\sqrt{5}}{2}$ 或 $\frac{y}{x} = \frac{\sqrt{5}-1}{2} = 0.618\cdots$ 时即为黄金分割.

故能实现上述完全剪拼的充要条件是 $x : y = \frac{1}{2}(1+\sqrt{5})$ 时.

我们再来看看另外一种与前面提到的类似拼剪,如图 10.13 所示.

算一下你会发现,图 10.13(b) 的面积:$2 \cdot 5 \cdot 6 + (6-5)(8-5) = 63$,比图 10.13(a) 正方形面积 64 少了 1.

真的动手剪拼你会发现:图 10.13(b) 中有重叠的部分(前面的问题拼的图有缝)!

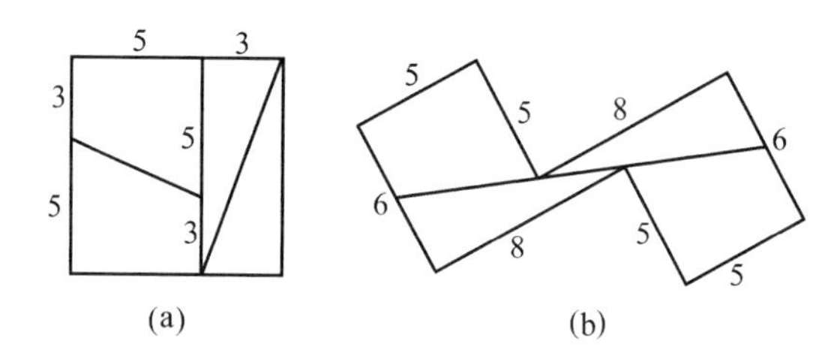


图 10.13

这里也是利用了斐波那契数列的另外一个性质发现的

$$4F_{n-1}F_{n-2}+F_{n-2}F_{n-4}-F_n^2=(-1)^n$$

它的证明只需注意到 $F_k^2-F_{k-1}F_{k+1}=(-1)^k$，便有

$$\begin{aligned}&4F_{n-1}F_{n-2}+F_{n-2}F_{n-4}=4F_{n-1}F_{n-2}+F_{n-2}(2F_{n-2}-F_{n-1})=\\&F_{n-2}(4F_{n-1}+2F_{n-2}-F_{n-1})=F_{n-2}(3F_{n-1}+2F_{n-2})=\\&F_{n-2}(F_n+F_{n-2}+2F_{n-1})=F_nF_{n-2}+F_{n-2}^2+2F_{n-1}F_{n-2}=\\&F_{n-1}^2+(-1)^n+F_{n-2}^2+2F_{n-1}F_{n-2}=(F_{n-1}+F_{n-2})^2+(-1)^n=\\&F_n^2+(-1)^n\end{aligned}$$

这些反映到图 10.13 中即为下面图 10.14 中的线段尺度标注：

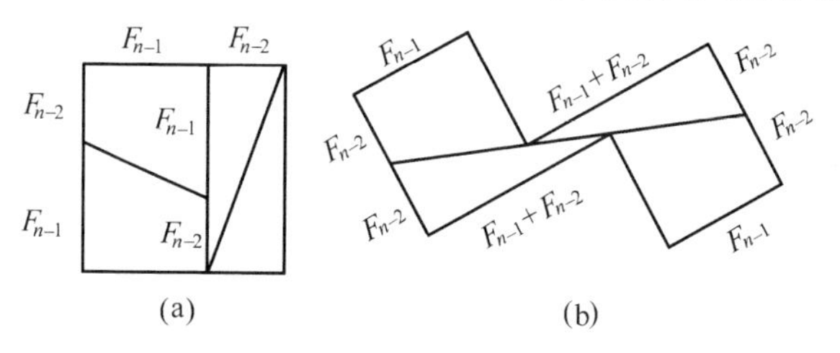


图 10.14

顺便指出：对于后面的剪拼问题，若要使剪拼后图形无缝或重叠的充要条件是

$$x:y=\frac{1}{2}(1+\sqrt{5})\text{ 或 }y:x=\frac{1}{2}(\sqrt{5}-1)$$

当然 $x,y$ 亦满足：$x:(x+y)=(x:y)-1=y:x$.

砝码称重是一类重要的数学问题，它也常与游戏有关联. 常见的问题有下面几种：

**(1) 砝码设置问题.**

欧拉曾研究过这类问题，他的结论是：有质量为 $2^0(=1),2^1,2^2,\cdots,2^k$ g 的砝码各一枚，只允许放在天平一端，可以称质量为 $1\sim(2^{k+1}-1)$ g(整数)的任何物品.

若允许砝码放在天平两端，则有质量为 $3^0(=1),3^1,3^2,\cdots,3^k$ g 的砝码，可

称出质量为 $1 \sim \frac{1}{2}(3^{k+1}-1)$ g(整数) 的任何物品.

法国人德·梅齐亚克(B. De Meziriac)发现:

若允许砝码放在天平两端,当原有砝码可称出 $1 \sim n$ g(整数) 的物品时,添加质量为 $(2n+1)$ g 的砝码,可称出质量为 $1 \sim (3^n+1)$ g(整数) 的物品.

这类问题还与所谓"省刻度尺"问题有关(它与"图论"中的"完美标号问题"同构).

**(2) 找出假砝码问题.**

一堆同样外形的砝码,其中 1 或几枚的质量或重量与众不同,希望用最少的称量次数将其全部找出来.

这类问题又称"称珠(球)问题".

当然这些一般来讲与斐波那契数列关系不大(至少目前发现的不多).下面来看两个属于"砝码设置"的问题,它与斐波那契数列有关.

**问题 1** 是否存在 10 个质量为整数克的砝码(不同砝码可能有相同质量),用天平可以称出质量从 1 g 到 88 g 的任何物体,甚至少了任何一个砝码也能做到这一点?

**问题 2** 是否存在 12 个整数克的砝码(不同砝码可能有相同质量),用天平可以称出质量从 1 g 到 59 g 的任何物体,甚至少了任何两个砝码也能做到这一点?

对于问题 1,今取 $n$ 个砝码,记第 $i$ 个砝码的质量为 $f_i(1 \leqslant i \leqslant n)$.首先用归纳法证明:

对于质量为 $w(1 \leqslant w \leqslant f_{n+2}-1)$ 的物体,可以用 $n$ 个砝码量出其质量.

**证** 当 $n=1$ 时,$f_3=f_2+f_1=2$.于是,$f_3-1=1$,$w=1$,显然可以量出.

设结论对 $n$ 成立,今考虑 $n+1$ 个砝码的情形.

由归纳假设,用 $f_1, f_2, \cdots, f_n$ 可称出大于或等于 1、小于或等于 $f_{n+2}-1$ 的物体,则可以多放入一个质量为 $f_{n+1}$ 的砝码.而 $f_{n+2} \geqslant f_{n+1}+1(n \geqslant 1)$,从而,可以称量的范围扩大到 $f_{n+1}+f_{n+2}-1=f_{n+3}-1$.上述结论成立.

现在去掉一个砝码 $f_i$,利用归纳法证明:

由质量为 $f_1, f_2, \cdots, f_{i-1}, f_{i+1}, \cdots, f_n$ 的砝码可以称质量为 $w(1 \leqslant w \leqslant f_{n+1}-1)$ 的物体.

当 $n=2$ 时

$$f_{n+1}-1=f_3-1=f_1+f_2-1=1$$

而 $f_1=f_2=1$,随意去掉一个仍可称量.

设当 $n \geqslant 2$ 时成立,现考虑 $n+1$ 个砝码.

若去掉的是砝码 $f_{n+1}$,由前面归纳知用 $f_1, f_2, \cdots, f_n$ 可称质量为 $w(1 \leqslant$

$w \leqslant f_{n+2}-1$) 的物体.

若去掉的是砝码 $f_i(1 \leqslant i \leqslant n)$. 由归纳假设知 $f_1, f_2, \cdots, f_{i-1}, f_{i+1}, \cdots, f_n$ 可称出质量为 $w(1 \leqslant w \leqslant f_{n+1}-1)$ 的物体.

现在考虑质量为 $w(1 \leqslant w \leqslant f_{n+2}-1)$ 的物体，其中，$1 \leqslant w \leqslant f_{n+1}-1$ 的部分可通过那 $n-1$ 个砝码称量. 只需考虑 $f_{n+1} \leqslant w \leqslant f_{n+2}-1$ 的部分.

先将砝码 $f_{n+1}$ 放上，转化为用 $n-1$ 个砝码称质量为 $w(1 \leqslant w \leqslant f_{n+2}-1-f_{n+1}=f_n-1<f_{n+1}-1)$ 的物体，这样可以由归纳假设得证.

综上，由归纳法知结论成立.

回到前面的问题 1. 这时 $n=10$，可取 $F_1=F_2=1, F_3=2, F_4=3, F_5=5, F_6=8, F_7=13, F_8=21, F_9=34, F_{10}=55$.

其中任意去掉一个，仍可以称质量为 $w(1 \leqslant w \leqslant F_{11}-1=89-1=88)$ 的物体.

对于问题 2，可以构造广义斐波那契数列

$$g(n)=g(n-1)+g(n-3) \quad (n \geqslant 4)$$
$$g(1)=g(2)=g(3)=1$$

用与问题 1 类似的方法，可以说明对于这样的 $n$ 个砝码，任意去掉两个，仍能称出质量为 $w(1 \leqslant w \leqslant g(n+1)-1)$ 的物体，而 $g(13)=60$.

所以，质量范围为 $1 \leqslant w \leqslant 59$ 的物体是可以找到满足题意的 12 个砝码来称量出的.

最后我们讲一个火柴游戏问题(这里只是涉及抓取火柴，不涉及火柴拼图、拼字、拼算式等).

火柴游戏，是我国流传很早的一个游戏，不过当时是用“筷子”来玩的，所以又叫“筷子游戏”，旧称“拧法”. 19 世纪曾传入欧洲，外国人称之为“尼姆(Nim)”，据称 Nim 是“拧”的音译，详见文献[63].

火柴游戏玩法很多，比如有两堆火柴(根数一样)，两人轮流在每堆中取若干根(但不能不取)，规定取最后一根者为胜. 用数学归纳法可以证明：后取者可操胜券.

如果火柴堆数不限，且每堆火柴数多少随意，玩法同上. 试问如何可取胜？这就需要借助于“二进制”来帮忙了.

下面我们介绍一下“斐波那契尼姆”游戏.

有一堆火柴，两人轮流从中取，先取的一方可任意取，后取的一方所取火柴的根数不得超过对方刚才所取火柴数的 2 倍，规定取到最后一根者为胜.

如何制胜？可以证明：

若游戏开始时的火柴数恰为斐波那契数列中的某个数，且后走者明白走法的“窍门”，则他必胜；若游戏开始时的火柴数不是斐波那契数列中的数，则先走者可赢(若他也懂得走法的“窍门”).

下面我们简要地证明一下它.

在证明之前,我们先来叙述如下一个命题:

**引理**　对于每一正整数 $n$,它可唯一地表示为

$$n = F_{k_1} + F_{k_2} + \cdots + F_{k_r}$$

其中 $k_1 \geqslant k_2 + 2 \geqslant k_3 + 2 \geqslant \cdots \geqslant k_r + 2 \geqslant 2$.

**证**　用数学归纳法(对 $n$ 归纳).

①$n = 1$ 时,结论显然.

② 设 $n < m$ 时,结论都真,今考虑 $n = m$ 的情形.

取 $F_{k_1}$ 为小于或等于 $m$ 的斐波那契数列中的最大者,则 $m - F_{k_1} < m - 1$,由归纳假设,$m - F_{k_1}$ 有唯一的斐波那契数系表示

$$\widetilde{F_{k_1}} + \widetilde{F_{k_2}} + \cdots + \widetilde{F_{k_r}}$$

且$\widetilde{F_{k_1}} < F_{k_1}$,从而 $m$ 亦有唯一的斐波那契数系表示.

综上,对任何自然数 $n$,命题均成立.

下面我们来证明前面的结论.

若 $n = F_{k_1} + F_{k_2} + \cdots + F_{k_r}$,则命

$$\begin{cases} \mu(n) = F_{k_r}, & n > 0 \\ \mu(n) = \infty, & n = 0 \end{cases}$$

这样:

(1) 若 $n > 0$,则 $\mu[n - \mu(n)] > 2\mu(n)$.

因为 $\mu[n - \mu(n)] = F_{k_r} - 1 \geqslant F_{k_r + 2} > 2F_{k_r}$,且 $k_r \geqslant 2$.

(2) 若 $0 < m < F_k$,则 $\mu(m) \leqslant 2(F_k - m)$.

实因,若令

$$\mu(m) = F_j$$

$$m \leqslant F_{k-1} + F_{k-3} + \cdots + F_{j+(k-1-j)(\bmod 2)} =$$

$$-F_{j-1+(k-1-j)(\bmod 2)} + F_k \leqslant -\frac{1}{2}F_j + F_k$$

(3) 若 $0 < m < \mu(n)$,则 $\mu[n - \mu(n) + m] \leqslant 2[\mu(n) - m]$.

这可由(2) 推得.

(4) 若 $0 < m < \mu(n)$,$\mu(n - m) \leqslant 2m$.

这只需令 $m = \mu(n) - \{(3)$ 中的 $m\}$ 即可.

余下我们只需证明:若有 $n$ 根火柴,且在下轮至多可取 $q$ 根,则当且仅当 $\mu(n) \leqslant q$ 时,可获胜.

(1) 若 $\mu(n) > q$,则所有的取法留于位置 $n'$,$q'$,由上面结论(4) 有

$$\mu(n') \leqslant q'$$

(2) 若 $\mu(n) \leqslant q$，则我们或者能在这次取法中获胜(如果 $q \geqslant n$)，或者我们能够做成一种局面使之停留于位置 $n', q'$ 的取法，使 $\mu(n') > q'$(由上面(1) 知，我们只需取 $\mu(n)$ 根火柴即可).

综上，若 $n = F_{k_1} + F_{k_2} + \cdots + F_{k_r}$，则取走 $F_{k_j} + F_{k_j+1} + \cdots + F_{k_r}$，其中 $1 \leqslant j \leqslant r$，且 $j = 1$ 或 $F_{k_j-1} > 2(F_{k_j} + \cdots + F_{k_r})$.

## 8. 斐波那契数列与象棋马步

国际象棋盘上的马能否从某点出发跳遍棋盘的所有点，且每点仅过一次？这是一个有趣的古典数学问题，常称为“骑士旅游”或“棋盘上马步哈密顿路线”问题.

与之同时还有一个问题：考虑一个能每步横跳 $m$、纵跳 $n$(或横跳 $n$、纵跳 $m$) 格的马，称为$(m,n)$ 广义马，它能否跳遍棋盘的所有点？

特别地，在格点平面上，$(m,n)$ 广义马从 $O(0,0)$ 到 $P(1,0)$ 的最少步数问题，胡久稔在文献[61] 中给出下面的结论(图 10.15).

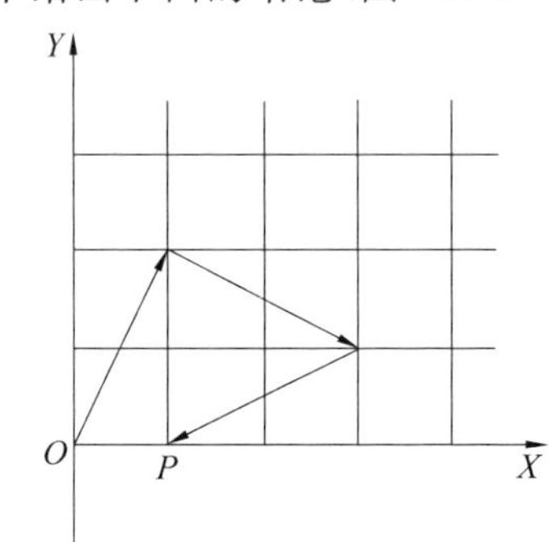


图 10.15

**结论 1**　对$(n, n+1)$ 马，从 $O$ 到 $P$ 可用 $2n+1$ 步达到.

**结论 2**　若相邻两斐波那契数 $F_{n+1}, F_n$ 一奇一偶，则$(F_{n-1}, F_n)$ 马可用 $F_{n+1}$ 步从 $O$ 跳到 $P$.

我们简要证明一下结论 2. 分两步完成.

(1) 若 $F_{n-1}$ 为偶的，$F_n$ 为奇的，则由 $F_{n-1}^2 - F_n F_{n-2} = (-1)^n (n \geqslant 3)$，再构造 $O \to P$ 的路线：

① 正向跳$(F_{n-1}, F_n)$ 马 $F_{n-1}$ 步

$$(0,0) \to (F_{n-1}^2, F_{n-1}F_n)$$

② 反向跳$(F_n, F_{n-1})$ 马 $F_{n-2}$ 步

$$(F_{n-1}^2, F_{n-1}F_n) \to (F_{n-1}^2 - F_n F_{n-2}, F_n F_{n-1} - F_{n-1}F_{n-2}) = ((-1)^n, F_{n-1}^2)$$

③ 跳 $F_{n-1}$ 步$(F_n, F_{n-1})$ 马，其中对第二个分量反向跳；对第一个分量正、反

向各跳$\frac{F_{n-1}}{2}$步($F_{n-1}$是偶数),从而第一个分量不变,于是

$$((-1)^n, F_{n-1}^2) \to ((-1)^n, 0)$$

若$((-1)^n,0)=(1,0)$,命题证毕;否则,可适当变化一下①,②,③步的正反向跳跃即可使$((-1)^n,0)=(1,0)$.

上面三步总步数为

$$F_{n-1}+F_{n-2}+F_{n-1}=F_n+F_{n-1}=F_{n+1}$$

(2)若$F_{n-1}$为奇的,$F_n$为偶的,由$F_{n-3}F_n-F_{n-2}F_{n-1}=(-1)^n(n\geqslant 4)$,再构造$O\to P$的路线:

①跳$F_{n-3}$步$(F_n,F_{n-1})$马,第一个分量正向,第二个分量反向,有

$$(0,0)\to(F_{n-3}F_n, -F_{n-3}F_{n-1})$$

②跳$F_{n-2}$步$(F_{n-1},F_n)$马,第一个分量反向,第二个分量正向,有

$$(F_{n-3}F_n, -F_{n-3}F_{n-1})\to(F_{n-3}F_n-F_{n-1}F_{n-2}, F_nF_{n-2}-F_{n-3}F_{n-1})=$$
$$((-1)^n, F_nF_{n-2}-F_{n-3}F_{n-1})$$

③跳$2F_{n-2}$步$(F_n,F_{n-1})$马,对第一个分量正、反各跳$F_{n-2}$步,对第二个分量反向,故有

$$((-1)^n, F_nF_{n-2}-F_{n-3}F_{n-1})\to((-1)^n, F_nF_{n-2}-F_{n-3}F_{n-1}-2F_{n-1}F_{n-2})=$$
$$((-1)^n, -F_nF_{n-3})$$

④跳$F_{n-3}$步$(F_{n-1},F_n)$马(由于$F_{n-1}$为奇数,$F_n$为偶数,故$F_{n-3}$为偶数),对第一个分量跳正、反向各$\frac{F_{n-3}}{2}$步;对第二个分量跳正向.于是有

$$((-1)^n, -F_nF_{n-3})\to((-1)^n, 0)$$

与前面类似,可适当变换步法,使$((-1)^n,0)=1,0)$.

上述跳法总步数为

$$F_{n-3}+F_{n-2}+2F_{n-2}+F_{n-3}=F_{n+1}$$

由于$(F_{n-1},F_n)=1$,即$F_{n-1},F_n$互质,则$F_{n+1}$为最小者.

关于象棋马问题的其他细节,可以参看文献[61].

说到棋盘,人们自然会想到格子点(两个坐标全为整数的点),利用它去解决“大问题”是新鲜的.我们知道:

*每个$4k+1$型质数可表示为两个完全平方数之和,它被称为双平方和定理.*

“双平方和定理”是费马在1640年12月25日给梅森的信中提出的,直至1754年才由数学大师欧拉给出严格证明.

尔后,德国数学家闵可夫斯基又给出一个更加巧妙的证明,他证明的方法是借助平面格点完成的.大致步骤如下:

设$p$为$4k+1$型质数.

在平面坐标系中找出$x^2+y^2$为$p$的整数倍的所有格点$(x,y)$.这些格点恰

好组成两张以平行四边形为网眼的大网的顶点，每个网眼（其中的每张网中相邻四顶点组成的平行四边形）的面积可以证明为 $p$.

选其中一张网，再以原点为中心，$r > \sqrt{p}$ 为半径画圆（如取 $r = 1.2\sqrt{p}$，如图 10.16 所示），这时圆面积

$$S_{\odot} = 1.44p\pi \approx 4.52p > 4p$$

此圆内定有一非零格点 $(x, y)$ 满足 $x^2 + y^2 \leqslant 1.44p$.

又 $p$ 为质数，在不大于 $1.44p$ 且为 $p$ 的非 0 倍数中只有 $p$ 本身，故 $x^2 + y^2 = p$. 这就完成了证明.

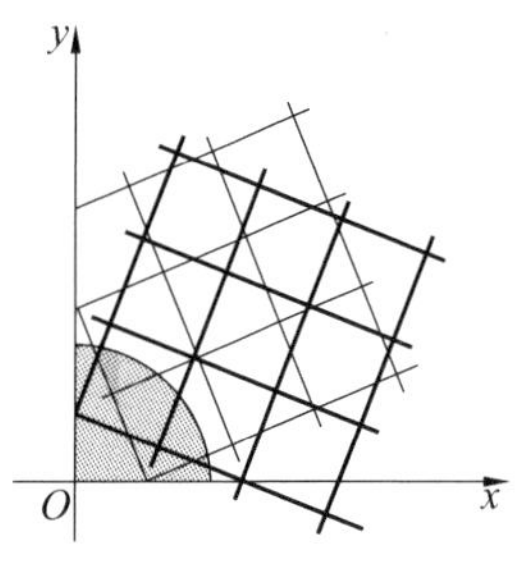

图 10.16

20 世纪初波利亚曾猜想：双平方和问题与高斯的 $n$-后问题（$n \times n$ 棋盘放 $n$ 个后而使彼此不被吃掉）有关.

1977 年，拉尔松（L. C. Larson）用解 $n$-后问题的方法给出双平方和定理一个新颖、别致的证明. 本质上讲，前述闵可夫斯基的证明其实与 $n$-后证法如出一辙.

## 9. 斐波那契数列在数学竞赛中

出现在各类数学竞赛中的斐波那契数列不胜枚举，它们难易相差很多，但这些都无法让人对该数列割爱. 请看：

**题 1** 设 $\alpha, \beta$ 是方程 $x^2 - x - 1 = 0$ 的两个根，令 $a_n = \dfrac{\alpha^n - \beta^n}{\alpha - \beta}$ $(n = 1, 2, \cdots)$.

(1) 证明：对任意正整数 $n$，都有 $a_{n+2} = a_{n+1} + a_n$.

(2) 求所有的正整数 $a, b$ $(a < b)$，满足对任意正整数 $n$，有 $b$ 整除 $a_n - 2na^n$.

（中国西部数学奥林匹克，2002）

(1) 仿前文关于斐波那契数列的通项及性质可得.

(2) 据题设可知

$$b_1 \mid (a_1 - 2a)$$

且 $a_1 = a_2 = 1$，因此 $b \mid (1 - 2a)$.

又由 $1 \leqslant 2a - 1 < 2b - 1 < 2b$，得 $b = 2a - 1$

从而有 $$b \mid (a_3 - 6a^3) = 2 - 6a^3$$

而 $$6a^3 - 2 = 3a^2(2a - 1) + (3a^2 - 2)$$

故 $$(2a - 1) \mid 2(3a^2 - 2)$$

再 $$2(3a^2 - 2) = 6a^2 - 4 = (3a + 1)(2a - 1) + (a - 3)$$

故 $$(2a - 1) \mid 2(a - 3) = (2a - 1) - 5$$

因此 $2a - 1 = 1$ 或 5.

若 $2a - 1 = 1$，则 $a = b = 1$，与 $a < b$ 矛盾. 故

$$2a - 1 = 5 \Longrightarrow a = 3,\ b = 5$$

下证对任意整数 $n$，有 $5 \mid (a_n - 2n \cdot 3^n)$.

记 $b_n=a_n-2n\cdot 3^n$,则 $a_n=b_n+2n\cdot 3^n$

把此式代入 $a_{n+2}=a_{n+1}+a_n$,整理得

$$b_{n+2}=b_{n+1}+b_n-5(2n+6)3^n$$

注意到 $b_1=-5,b_2=-35$,它们都被 5 整除,因而所有的 $b_n$ 都被 5 整除.

**题 2** 证明:有无穷多对正整数 $a,b$,满足 $a\mid(b^2+1)$ 且 $b\mid(a^2+1)$.

(《美国数学月刊》问题,1987)

我们先从最小的正整数开始枚举

$$1^2+1=2$$

$$2^2+1=5$$

$$5^2+1=2\cdot 13$$

$$13^2+1=5\cdot 34$$

$$\cdots$$

发现(1,2),(2,5),(5,13),(13,34),… 均满足题意,仔细观察可以看出所求数对恰好为斐波那契数列 1,1,2,3,5,8,13,21,34,… 奇数项中相邻的项.这只需证明

$$F_{2n-1}F_{2n+3}=F_{2n+1}^2+1$$

此式证明可见前文.

**题 3** 数列 $\{f_n\}$ 的通项公式为

$$f_n=\frac{1}{\sqrt{5}}\left[\left(\frac{1+\sqrt{5}}{2}\right)^n-\left(\frac{1-\sqrt{5}}{2}\right)^n\right]\quad(n\in\mathbf{Z}_+)$$

记 $S_n=C_n^1f_1+C_n^2f_2+\cdots+C_n^nf_n$.求所有的正整数 $n$,使得 $S_n$ 能被 8 整除.

(上海市高中数学竞赛,2005)

容易发现该题基于斐波那契数列的一个性质

$$C_n^1f_1+C_n^2f_2+\cdots+C_n^nf_n=f_{2n}$$

于是问题化为 $8\mid S_n\Longleftrightarrow 8\mid f_{2n}$.

而根据斐波那契数列间递推公式有 $f_n=8f_{n-5}+5f_{n-6}$,且 $8\mid f_6$,所以 $8\mid f_n\Longleftrightarrow 6\mid n$.故

$$8\mid f_{2n}\Longleftrightarrow 6\mid 2n\Longleftrightarrow 3\mid n$$

**题 4** 若 $m,n\in\mathbf{Z}_+$,且 $m,n\in\{1,2,\cdots,1\ 981\}$,又 $(n^2-mn-m^2)^2=1$.求 $m^2+n^2$ 的最大值.

(22 届 IMO,1981)

对于满足 $m,n\in\{1,2,\cdots,1\ 981\}$ 且 $(n^2-mn-m^2)^2=1$ 的有序数对称之为“可行数对”.

当 $m=1$ 时,可行数对仅有(1,1) 和(2,1) 两对.

又若 $(n_1,n_2)$ 为可行数对,其中 $n_2>1$,则有

$$n_1(n_1-n_2)=n_2^2\pm1>0$$

知 $n_1>n_2$. 令 $n_3=n_1-n_2$,则 $n_1=n_2+n_3$ 代入题设式有

$$1=(n_1^2-n_1n_2-n_2^2)^2=[(n_2+n_3)^2-(n_2+n_3)n-n_2^2]^2=$$
$$(-n_2^2+n_2n_3+n_3^2)^2=(n_2^2-n_2n_3-n_3^2)^2$$

即知 $(n_2,n_3)$ 亦为可行数对.

若 $n_3>1$,可令 $n_4=n_2-n_3$,仿上知 $(n_3,n_4)$ 也是可行数对.

这样可得数列 $n_1>n_2>n_3>\cdots$ 直至不大于 1,因而项数有限,且它满足

$$n_{k+1}=n_{k-1}-n_k$$

与斐波那契数列相较发现,它恰好是数列 $\{F_n\}$ 的倒置或倒序(从后往前排序),不大于 1 981 的 $\{F_n\}$ 中最大的项是 1 597.

这样序列 $\{n_k\}$:1 597,987,610,…,13,8,5,3,2,1,1.

从而可行数对中使 $m^2+n^2$ 最大的是(1 597,987),即 $m^2+n^2$ 的最大值为

$$1\ 597^2+987^2=3\ 524\ 578$$

**题 5** 证明:数列

$$y_0=1,\quad y_{n+1}=\frac{1}{2}(3y_n+\sqrt{5y_n^2-4})\quad(n\geqslant0)$$

的各项都是由整数构成.

(英国数学奥林匹克,2002)

由题设 $y_{n+1}=\frac{1}{2}(3y_n+\sqrt{5y_n^2-4})$ 可得

$$(2y_{n+1}-3y_n)^2=5y_n^2-4$$

则
$$y_{n+1}^2-3y_{n+1}y_n+y_n^2=-1$$

于是
$$y_n^2-3y_ny_{n-1}+y_{n-1}^2=-1$$

上面两式相减有

$$y_{n+1}^2-3y_n(y_{n+1}-y_{n-1})-y_{n-1}^2=0$$

即
$$(y_{n+1}-y_{n-1})(y_{n+1}-3y_n+y_{n-1})=0$$

又由题设 $y_{n+1}\geqslant\frac{3}{2}y_n\geqslant\frac{9}{4}y_{n-1}$,则

$$y_{n+1}-y_{n-1}>0$$

于是 $y_{n+1}=3y_n-y_{n-1}$. 具体的可有

$$y_0=1,\ y_1=2,\ y_2=5,\ y_3=13,\ y_4=34,\ \cdots$$

由此可以猜测 $y_n=F_{2n+1}$,它们显然都是整数.

接下来只需证明 $F_{2n+3}=3F_{2n+1}-F_{2n-1}$ 即可,这可以由斐波那契数列的递推公式得到.

**注** 类似可以证明:数列

$$z_1=1,\quad z_{n+1}=\frac{1}{2}(3z_n+\sqrt{5z_n^2+4})$$

的通项公式是 $z_n = F_{2n}$.

下面的问题也是一个数列问题.

(广义斐波那契)Lucas 数列:$L_0=2,L_1=1$,且 $n\geqslant 2$ 时,$L_n=L_{n-1}+L_{n-2}$,令 $r=0.213\ 47\cdots$ 其数字由 Lucas 数列中数字组成(如遇多位数,进行“叠加”,这样 $r=0.213\ 47\cdots$ 下一个数字 11 加至 7 上,这时有 $r=0.213\ 481\cdots$ 等.试将 $r$ 表成有理数 $\frac{p}{q}$,其中 $(p,q)=1$.

(普林斯顿大学数学竞赛,2006)

注意到 $\omega=\frac{1}{2}(1+\sqrt{5})$ 有 $1+\omega=\omega^2$,则 $\omega^{n-2}+\omega^{n-1}=\omega^n$,且

$$(-\omega)^{-n+2}+(-\omega)^{-n+1}=(-\omega)^n$$

又 $\omega^0+(-\omega)^0=2,\omega+(-\omega)^{-1}=1$,故

$$L_n=\omega^n+(-\omega)^n$$

这样只需求 $\sum\limits_{n=0}^{\infty}\frac{L_n}{10^{n+1}}$ 的和

$$\begin{aligned}\sum_{n=0}^{\infty}\frac{L_n}{10^{n+1}}&=\frac{1}{10}\sum_{n=0}^{\infty}\left[\left(\frac{\omega}{10}\right)^n+\left(\frac{-1}{10\omega}\right)^n\right]=\\&\frac{1}{10}\left[\frac{1}{1-(\omega/10)}+\frac{1}{1+1/(10\omega)}\right]=\\&\frac{1}{10}\left(\frac{20}{19-\sqrt{5}}+\frac{20}{19+\sqrt{5}}\right)=\frac{19}{89}\end{aligned}$$

**题 6** 求所有的整数对 $(k,m)$,$m>k\geqslant 0$,$(m,k)=1$,使得定义为

$$x_0=\frac{k}{m},\quad x_{n+1}=\begin{cases}\dfrac{2x_n-1}{1-x_n}, & x_n\neq 1\\ 1, & x_n=1\end{cases}$$

的数列一定包含数字 1.

通过对小量数据的枚举,不难发现数对 $(k,m)$ 恰好为斐波那契数列中相邻两项,从而可有 $(k,m)=(F_{2l-1},F_{2l})(l\in\mathbf{N})$.

首先由题设

$$x_{n+1}=\frac{2x_n-1}{1-x_n}\Longrightarrow x_n=\frac{x_{n+1}+1}{x_{n+1}+2}\qquad (*)$$

下面用数学归纳法证明这一点.

若数列中含有数字 1,则存在 $j$,使

$$x_j=1=\frac{F_1}{F_2}\quad (F_1=F_2=1)$$

假设 $x_{p+1}=\frac{F_{2i-1}}{F_{2i}}$,则由



$\mathscr{F}_1=\mathscr{F}_2=1\quad \mathscr{F}_{n+2}=\mathscr{F}_n+\mathscr{F}_{n+1}$

$$x_p=\frac{\frac{F_{2i-1}}{F_{2i}}+1}{\frac{F_{2i-1}}{F_{2i}}+2}=\frac{F_{2i-1}+F_{2i}}{F_{2i-1}+2F_{2i}}=\frac{F_{2i+1}}{F_{2i+1}+F_{2i}}=\frac{F_{2i+1}}{F_{2i+2}}$$

知$(F_{2l-1},F_{2l})$使式(*)成立.从而必有$x_n=\frac{F_{2l-1}}{F_{2l}}$

因此 $$(k,m)=(F_{2l-1},F_{2l})\quad(l\in\mathbf{N})$$

这里应该注意到斐波那契数列相邻两项互质(素)的事实.

另一方面,容易验证对于所有的$l\in\mathbf{N}$,$x_n=\frac{F_{2l-1}}{F_{2l}}$都能使数列包含数字1.

下面的问题涉及事件的概率.

**题7** $\overline{F_n}$为满足以下递推关系的全部函数:从$\{1,2,\cdots,n\}$到$\{1,2,\cdots,n\}$,且

(1) $f(k)\leqslant k+1\ (k=1,2,\cdots,n)$.

(2) $f(k)\neq k\ (k=2,3,\cdots,n)$.

求从$\overline{F_n}$中随意取出一个函数$f$,使得$f(1)\neq 1$的概率.

(韩国数学竞赛,1998)

通过对$n$的一些较小数的枚举,不难猜测其结果应为$\frac{F_{n-1}}{F_n}$.

下面用数学归纳法证明.

设$\overline{F_n}$有$F_n$个元素,且其中有$F_{n-1}$个满足$f(1)=2$(而$f(1)\neq 1$).

显然,当$n=1$时,结论成立.

下面令$n\geqslant 2$,运用构造一一对应的方法来计数.

如果$f\in\overline{F_n}$,$f(1)=2$,则可以确定一个函数$g\in\overline{F_{n-1}}$.

若$f(k+1)=1$,则$g(k)=1$,而其他的$x$,$f(x+1)\neq 1$,于是

$$g(x)=f(x+1)-1$$

相反地,对于任一个函数$g\in\overline{F_{n-1}}$,都唯一地对应一个$f\in\overline{F_n}$,使得$f(1)=2$.

所以$f$的个数是$\overline{F_{n-1}}$的元素总个数.由归纳假设知有$F_{n-1}$个.

另一方面,可以通过令$g(k)=f(k+1)-1$,知使得$f(1)=1$,$f\in\overline{F_n}$的集合元素与满足$g(1)=2$,$g\in\overline{F_{n-1}}$的集合元素一一对应.

那么,由归纳假设知,满足$f(1)=1$,$f\in\overline{F_n}$的有$F_{n-2}$个.

故$\overline{F_n}$的元素总个数为$F_{n-1}+F_{n-2}=F_n$,其中,使得$f(1)\neq 1$的概率为$\frac{F_{n-1}}{F_n}$.

数学竞赛涉及的斐波那契数列问题还有很多,这里不再列举了.

利用数列$\{F_n\}$证题的技巧,不胜枚举,我们再看一例.

**题8** 若无穷实数列$\{a_n\}(n\geqslant 0)$满足$a_n=|a_{n+1}-a_{n+2}|\ (n\geqslant 0)$,其中$a$,$a_1$是两不同的正整数.试证此数列无界.

显然，数列$\{a_n\}$每项皆非负.

又数列中无相同的项，否则若有$a_n = a_{n+1} = c$，则$a_{n-1} = 0$，有$a_{n-2} = a_{n-3} = c$，…… 推下去最后得到$a_0$和$a_1$要么均为$c$，要么一个等于$c$一个为$0$，与题设矛盾.

故对所有的$n$，均有$a_n > 0$. 又由设

$$a_{n+2} = \begin{cases} a_{n+1} + a_n, & a_{n+2} > a_{n+1} \\ a_{n+1} - a_n, & a_{n+2} < a_{n+1} \end{cases} (n \geqslant 0) \qquad (*)$$

对于所有足够大的$n$，式$(*)$的上式总成立，此时$\{a_n\}$无界；

若出现无穷多的式$(*)$的下式，它们不可能连续出现，因为

$$a_{n+2} = a_{n+1} - a_n, a_{n+3} = a_{n+2} - a_{n+1}$$

故$a_{n+3} = a_{n+2} - a_{n+1} = (a_{n+1} - a_n) - a_{n+1} = -a_n < 0$，与上结论相抵.

又若$a_{p+1} = a_p - a_{p-1}, a_{p+k+1} = a_{p+k} - a_{p+k-1}$是在式$(*)$下递推式中连续出现的两项，则$k \geqslant 2$，且满足

$$a_p > a_{p+1}, a_{p+1} < a_{p+2} < \cdots < a_{p+k-1} < a_{p+k}, a_{p+k} > a_{p+k+1}$$

设$a_p = \alpha, a_{p+1} = \beta$，由数学归纳法可证得

$$a_{p+j} = F_{j\ 1}\alpha + F_j\beta \quad (j = 1, 2, \cdots, k)$$

这里$\{F_n\}$为斐波那契数列. 特别地

$$a_{p+k} = F_{k-1}\alpha + F_k\beta$$

$$\begin{aligned} a_{p+k+1} = a_{p+k} - a_{p+k-1} = \\ (F_{k-1}\alpha + F_k\beta) - (F_{k-2}\alpha + F_k\beta) = \\ \begin{cases} F_{k-3}\alpha + F_{k-2}\beta, k \geqslant 3 \\ \alpha, k = 2 \end{cases} \end{aligned}$$

上式无论何种情形，均有$a_{p+k+1} \geqslant \beta$.

由此，对所有的$n \geqslant p$，均有$a_p \geqslant a_{p+1}$.

于是存在一个正的常数$c$，使所有$n \geqslant 0$有$a_n \geqslant c$.

这样$a_{p+k} = F_{k-1}\alpha + F_k\beta \geqslant \alpha + \beta \geqslant a + c$，此表明数列$\{a_n\}$无界.

## 10. 斐波那契数列的其他应用

斐波那契数列还有许多应用，就其思想来讲当属递归函数. 这种递推关系常可帮助我们解决许多问题.

比如我们把平面用$n$条直线所能分得的区域最大数记为$f_n$，容易得到下面的递推关系

$$f_{n+1} = f_n + (n+1), \quad f_0 = 1$$

这样我们可有

$$\begin{aligned} f_n = f_{n-1} + n = f_{n-2} + n + (n-1) = \cdots = \\ f_0 + n + (n-1) + \cdots + 1 = \end{aligned}$$

$$1+\frac{1}{2}n(n+1)$$

当然这个思想还可推广到平面切(分割)空间的块(区域)数问题上去等.

我们还想顺便讲一句:斐波那契数列在解决希尔伯特第十问题①上也有着重要应用.关于它这里不详谈了(可参看《希尔伯特第十问题》,胡久稔著).

当然斐波那契数列的应用远不止这些,也远不止这些方面或领域.比如:

早在1964年N. Levinson和T. Popoviciu就得到下面的结论.

若 $0\leqslant a_i\leqslant 1, 0\leqslant b_i\leqslant 1(i=1,2,3,\cdots)$,则若分式

$$f(x)=\frac{1+\sum_{i=1}^{\infty}a_ix^i}{1+\sum_{j=1}^{\infty}b_jx^j}=1+\sum_{k=1}^{\infty}c_kx^k$$

则 $$c_n\leqslant F_n\quad(n=1,2,3,\cdots)$$

由欧几里得辗转相除又知

$$c_1=a_1-b\tag{*}$$

$$c_n=a_n-b_n-\sum_{k=1}^{n-1}c_kb_{n-k}\quad(n\geqslant 2)\tag{**}$$

将 $c_{n-1}=a_{n-1}-b_{n-1}-\sum_{k=1}^{n-2}c_kb_{n-k-1}$ 即 $n=2$ 时用式(*)值代入式(**)得

$$c_n=(a_n-b_n)-(a_{n-1}-b_{n-1})+\sum_{k=1}^{n-2}c_k(b_{n-k-1}b_1-b_{n-k})$$

由 $0\leqslant a_i\leqslant 1, 0\leqslant b_i\leqslant 1$,上式两边取绝对值可有

$$|c_n|\leqslant 1+1+\sum_{k=1}^{n-2}|c_k|, |c_1|\leqslant 1$$

而 $F_n=1+\sum_{k=0}^{n-2}F_k$,结合数学归纳法可得 $|c_n|\leqslant F_n$.

---

① 1900年德国数学家大卫·希尔伯特以题为《数学问题》的著名演讲,揭开了20世纪数学发展的序幕.其主要部分是23个数学问题.

其中的第十个问题,即丢番图方程的可解性问题.

整系数不定方程的(整数)解的问题,为古希腊学者丢番图最早研究.著名的费马大定理(求 $x^n+y^n=z^n, n\geqslant 3$ 的整数解)即为丢番图方程问题.希尔伯特第十问题是要寻求判定任一给出的丢番图方程有无整数解的一般方法.

1950年后,美国数学家戴维斯(M. Davis)、鲁宾逊(G. D. Robinson)、普特南(W. L. Putnam)等在该问题研究上取得重大进展.1970年,苏联学者马卡谢维奇(A. И. Маркушевич,1908—1979)最终证明:希尔伯特期望的一般方法是不存在的.

当然我们也可以用下面的方法考虑此结论.

将题设分式分子分母同乘以 $1-b_1x$,则

$$f(x)=\frac{1+\sum_{i=1}^{\infty}a_ix^i}{1+\sum_{j=1}^{\infty}b_jx^j}=\frac{1+(a_1-b_1)x+(a_2-b_1a_1)x^2+\cdots}{1+(b_1-b_1^2)x+(b_3-b_1b_2)x^2+\cdots}\ll$$

$$\frac{1+x+x^2+\cdots}{1-x-x^2-\cdots}=\frac{1}{1-x-x^2}=\sum_{n=0}^{\infty}F_nx^n$$

知
$$1+\sum_{k=1}^{\infty}c_kx^k<\sum_{k=0}^{\infty}F_kx^k$$

故
$$|c_n|\leqslant F_n\quad(n=1,2,\cdots)$$

**注** 对于 $c_n$ 其实可由下面的行列式给出

$$c_n=\begin{vmatrix}1&0&\cdots&0&1\\b_1&1&\cdots&0&a_1\\\vdots&\vdots&&\vdots&\vdots\\b_{n-1}&b_{n-2}&\cdots&1&a_{n-1}\\b_n&b_{n-1}&\cdots&b_1&a_n\end{vmatrix}$$

四川大学的柯召教授曾利用斐波那契数列解一类丢番图方程(四次不定方程).

纽约大学的霍彭施太特在他的《生物种群学的数学方法》中介绍了斐波那契数列在生物种群更新理论中的应用.

英国人斯图尔特(I. Stewart)在《第二重奥秘》中谈到了植物的几何特征与数字特征:树叶沿枝条排列的形状、向日葵籽盘上相互交叉的奇特螺线,花瓣的数目,等等.植物结构经常涉及一个有趣的数列 —— 斐波那契数列,且用了一章"斐波那契之花"专门谈及了这个问题[35].这个问题我们后文还将介绍.

# 十一 黄金数 0.618…

前面我们已经证明，斐波那契数列前后两项之比的极限为

$$\lim_{n \to \infty} \frac{F_n}{F_{n+1}} = \frac{2}{1+\sqrt{5}} = \frac{\sqrt{5}-1}{2} = 0.618\cdots$$

这个数就叫黄金数，以后我们用 $\omega$ 记它. 它与黄金比（或分割）有关系，这种黄金比的研究可以追溯到两千多年以前的古希腊时期，当时的数学家欧多克斯（Eudoxus，约公元前 408—公元前 355）曾对此进行过研究.

若 $P$ 分线段 $AB$ 为大、小两段，且小段与大段之比恰好等于大段与全长之比（图 11.1），则称点 $P$ 分线段 $AB$ 成中外比，即

$$PB : AP = AP : AB$$

A P B
x 1−x

图 11.1

因为这种比在艺术和建筑上都很有用，中世纪意大利画家达·芬奇（da Vinci，1452—1519）称中外比为黄金分割比（德国天文学家开普勒曾称黄金分割为几何中两件瑰宝之一，另一件是毕达哥拉斯定理即勾股定理）.

它的值我们可以计算如下：

设 $AB=1$，且 $AP=x$，则 $PB=1-x$. 由题设

$$\frac{1-x}{x}=\frac{x}{1}$$

即

$$x^2+x-1=0$$

解得 $x=\frac{1}{2}(-1\pm\sqrt{5})$，余去负值则有：$x=\frac{\sqrt{5}-1}{2}=\frac{1}{2}(\sqrt{5}-1)$（记 $\omega$）.它恰为我们前面提到的数值.

这位古希腊的柏拉图派学者欧多克斯还给出求线段黄金分割比的作图法（图 11.2）：

(1) 过已知线段 $AB$ 的端点 $B$，作 $BC\perp AB$，且使 $BC=\frac{1}{2}AB$.

(2) 联结 $AC$，以 $C$ 为圆心，$CB$ 为半径作圆弧交 $AC$ 于 $D$.

(3) 以 $A$ 为圆心，$AD$ 为半径作圆弧交 $AB$ 于 $P$，则 $P$ 分 $AB$ 成黄金分割.

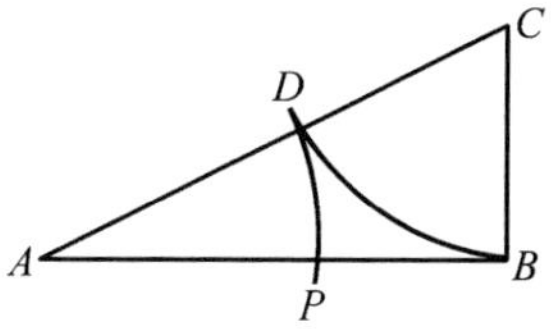

图 11.2

点 $P$ 也称线段 $AB$ 的黄金分割点.

它的证明并不困难.设 $AB=a$，则 $BC=\frac{a}{2}$，由勾股定理有

$$AC=\sqrt{AB^2+BC^2}=\frac{\sqrt{5}}{2}a$$

$$AD=AC-DC=\frac{\sqrt{5}}{2}a-\frac{a}{2}=\frac{\sqrt{5}-1}{2}a$$

即 $AP=AD=\frac{\sqrt{5}-1}{2}a$，此即说 $P$ 分 $AB$ 为黄金分割，即 $P$ 为 $AB$ 的黄金分割点.

这种分割在平面几何中会遇到很多，其中值得一提的是：在五角星（或正五边形）中存在着许多黄金分割（图 11.3）：比如 $F$ 分 $CA$，$G$ 分 $CF$ 等.这就是说在正五边形 $ABCDE$ 中，对角线 $AC$ 与 $BD$ 和 $BE$ 分别交于 $G$，$F$，则：

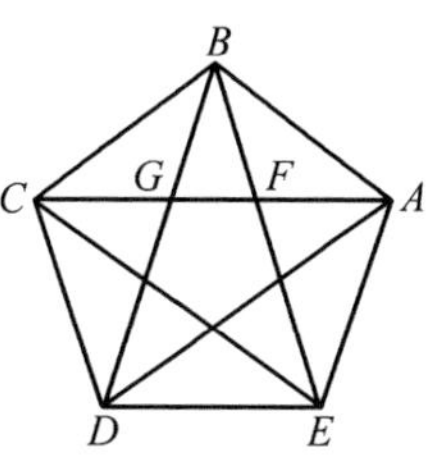

图 11.3

(1) $\frac{CF}{CA}=\frac{FA}{CF}$，即 $CF^2=CA\cdot FA$.

(2) $\frac{CG}{CF}=\frac{GF}{CG}$，即 $CG^2=CF\cdot GF$.

……

我们先来证明结论(1).

因 $CA\parallel DE$，$BE\parallel CD$，则 $CDEF$ 是平行四边形.故有

$$EF=CD=AE=ED=CF$$

因而 $\triangle AEF$ 是一个等腰三角形.由 $\angle FAE=\angle AFE=\angle ACD$，则有

$$\triangle ACD \backsim \triangle EAF$$

故
$$\frac{CD}{CA}=\frac{FA}{AE}\Longrightarrow\frac{CF}{CA}=\frac{FA}{CF}$$

顺便讲一句，因 $CF=CB$（正五边形边长），这样可有结论：

正五边形边长与正五边形对角线之比比值亦为 $\omega$.

关于结论(2)，我们可以先证明一个更一般的结论，然后再由它推出(2)来.

如图11.4，若 $C$ 是线段 $AB$ 的黄金分割点，$O$ 是 $AB$ 中点，$C'$ 是 $C$ 在线段 $AB$ 上关于 $O$ 的对称点，则 $C'$ 为 $AC$ 的黄金分割点.

A C′ O C B

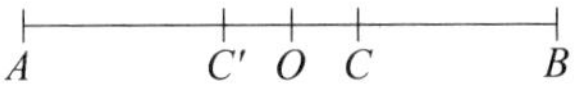

图 11.4

这只需注意到：由对称性有 $AC'=BC$，从而

$$\frac{AC'}{AC}=\frac{CB}{AC}=\frac{AC}{AB}=\omega$$

即点 $C'$ 为 $AC$ 的黄金分割点.

由上面的结论，我们不难证得结论(2).

黄金数 $\omega$ 还可表示成无限根式的形式

$$\frac{1}{\sqrt{1+\sqrt{1+\sqrt{1+\cdots}}}}\text{或}\sqrt{2-\sqrt{2+\sqrt{2+\cdots}}}$$

或连分数形式

$$\cfrac{1}{1+\cfrac{1}{1+\cfrac{1}{1+\ddots}}}=\frac{1}{1}+\frac{1}{1}+\frac{1}{1}+\frac{1}{1}+\cdots=1_{+}\ 1_{+}\ 1_{+}\ \cdots$$

1990年，美国人爱森斯坦(M. Eisenstein) 在“勾三股四弦五”的直角三角形(图11.5)中发现了黄金数 $\omega$.

5 3 θ 4

图 11.5

若记该直角三角形最小的锐角为 $\theta$，则

$$\tan\left[\frac{1}{4}\left(\theta+\frac{\pi}{2}\right)\right]=\frac{1}{2}(\sqrt{5}-1)=\omega=0.618\cdots$$

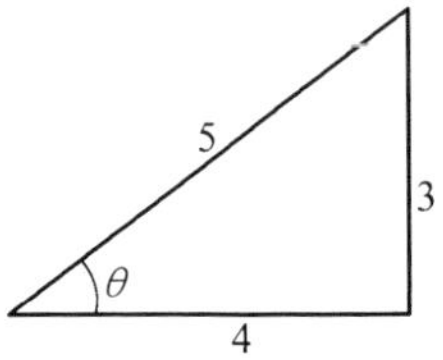

这只需注意到正切函数的半角公式

$$\tan\frac{\alpha}{2}=\frac{\sin\alpha}{1+\cos\alpha}$$

再用正、余弦半角公式得到 $\sin\theta$，$\cos\theta$ 后将值代入即得(注意到 $\sin\theta=\frac{3}{5}$，$\cos\theta=\frac{4}{5}$).

关于黄金分割在几何上的出现，我们后面还要述及. 这里想告诉你几个有

趣的自然现象，它们都与黄金数0.618… 有关.

人的肚脐是人体总长的黄金分割点，人的膝盖是人体肚脐到脚跟的黄金分割点(这一点早为古希腊人发现，并将它用于艺术雕塑中).

更有意思的是：某些植物叶子在茎上的排列，也有黄金分割问题(图11.6). 有人发现一些三轮叶的植物茎上两相邻叶片夹角是 137°28′，经计算表明：

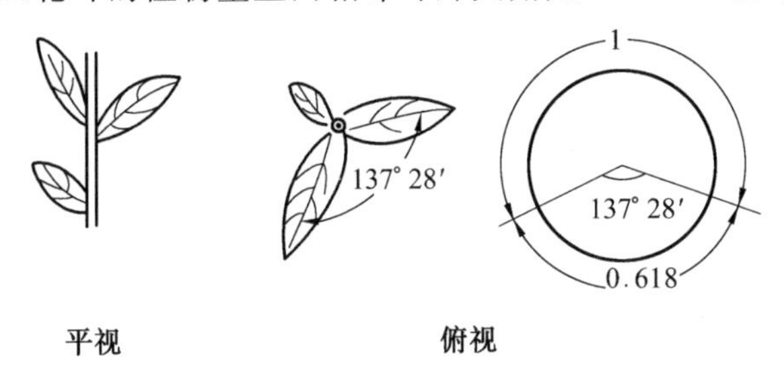


图 11.6

这个角度正是把圆周分成 1 : 0.618… 的两条半径的夹角.

科学家研究发现：这种角度对于植物的通风和采光来讲都是最佳的.

科学家们试图解释这种排布时发现：这与植物原基有关. 法国数学物理学家杜阿迪(S. Douady) 和库代(Y. Couder) 为此创立了一门新的学科 —— 植物生长动力学.

他们指出：植物的相继原基沿一个很紧密盘绕的螺线(生成螺线) 十分稀疏地相间排列(图 11.7)；而且相继原基之间的夹角恰是 137°28′，这个角恰是我们前面介绍过的黄金分割角(将圆周分成1 : 0.618… 的两半径夹角)，这样原基可以最有效地挤在一起.

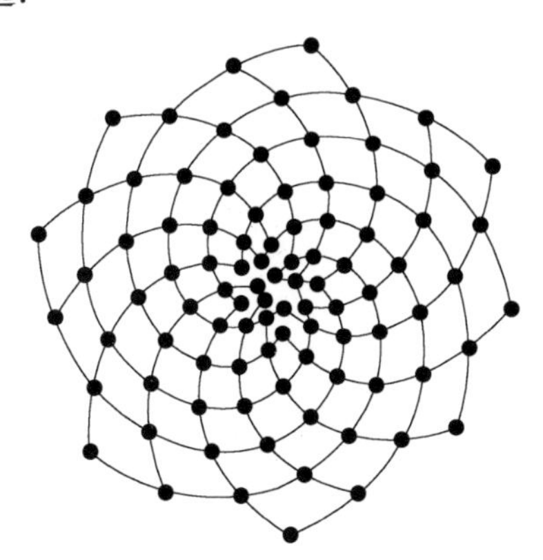

图 11.7　两族互相交错的螺线

沿紧密盘绕的螺线(未画出) 彼此以 137°28′ 角(把圆周角分成 1 : 0.618… 的较小的角) 排列的相继点，自然而然地分成一目了然的两族疏散盘绕螺线. 图中在一个方向上有 8 条，在另一个方向上有 13 条 ——8 和 13 为相继的斐波那契数

即果实粒按两条螺线分布且使它们紧密而不会留下空隙的唯一角度，植物

叶子在茎上的分布俯视投影时，也往往能发现这个角度，那是因利于叶子的通风和采光缘故.

他们还指出：原基在生成螺线上要想最有效地填满空间，则这些原基间的夹角应是 $360°$ 的无理数倍.①前面我们已经讲过黄金数 $\omega=\frac{\sqrt{5}-1}{2}=0.618\cdots$ 满足方程

$$x^2+x-1=0$$

而它的倒数 $\tau=\frac{1}{\omega}=\frac{1+\sqrt{5}}{2}$ 满足方程

$$y^2-y-1=0 \text{ 即 } y^2=y+1$$

考察数列 $1,\tau,\tau^2,\tau^3,\cdots$，注意到 $\tau^2=\tau+1$ 有

$$\tau^3=\tau\cdot\tau^2=\tau(\tau+1)=2\tau+1$$

$$\tau^4=\tau\cdot\tau^3=\tau(2\tau+1)=2\tau^2+\tau=3\tau+2$$

$$\tau^5=\tau\cdot\tau^4=\tau(3\tau+2)=3\tau^2+2\tau=5\tau+3$$

$$\vdots$$

（前文曾介绍过：这里 $\tau$ 的系数和常数项皆为斐波那契数，这一点可用数学归纳法证得，注意到 $F_n+F_{n-1}=F_{n+1}$）

归纳地可有 $\tau^n=F_n\tau+F_{n-1}$，这种数量关系在“五角星套”中也有直观的显现（图 11.8）.

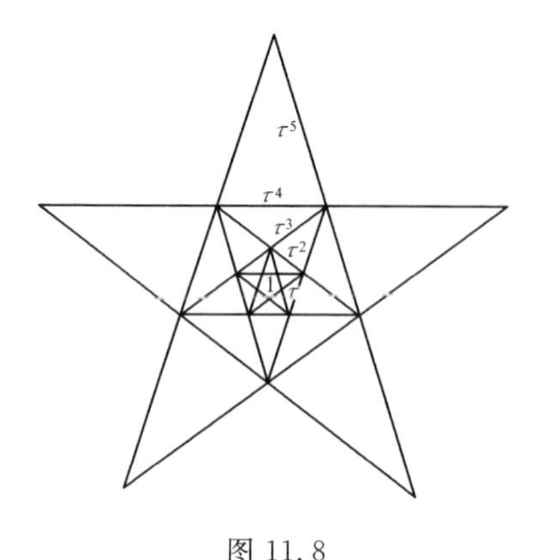


图 11.8

① 此前，奥威尔(G. Orwell)曾指出：最“无理”的数便是黄金数 $\omega=0.618\cdots$. 换言之，黄金数是最难用有理数逼近的.

胡尔维茨也曾指出：对无理数 $\xi$ 而言，有无穷多个有理数 $\frac{m}{n}$ 适合 $\left|\xi-\frac{m}{n}\right|<\frac{1}{cn^2}$，其中 $0<c\leqslant\sqrt{5}$；但若 $c>\sqrt{5}$，则有一些无理数如 $\omega$ 等，仅有有限多个有理数满足上式.

黄金数有许多有趣且有用的性质，比如：

所有正整数皆可表示为有限个不同的黄金数 $\omega$ 或 $\frac{1}{\omega}=\tau=\frac{1}{2}(1+\sqrt{5})$ 的方幂和形式，即 $\tau^k(k\in\mathbf{Z})$.

由设知 $\tau$ 满足 $\tau^2=\tau+1$(即 $\tau^2-\tau-1=0$). 用数学归纳法.

当 $n=1$ 时，有 $\tau^0=1$.

假设 $n-1$ 可表示为有限个不同的 $\tau$ 的方幂和

$$n-1=\sum_{i=-k}^{k}a_i\tau^i\quad(a_i\in\{0,1\}, \text{且 } n\geqslant 2)\tag{1}$$

为方便计，将上式简记为

$$n-1=a_ka_{k-1}\cdots a_1a_0.a_{-1}\cdots a_{-k}\tag{2}$$

先证明在(2)中假设 $a_ia_{i+1}=0(-k\leqslant i\leqslant k)$.

事实上，若(2)中出现若干个11(两个1相邻)，则考虑最左端的一个，令其前面数字为0，于是由 $\tau^{i+1}+\tau^i=\tau^{i+2}$ 知，100可用011代替.

比如 $1\to1.0\to0.11\to0.1011\to0.101011\to\cdots$($\to$ 表示代替).

这样经有限次代换后，可使式(2)中无两个1相邻，这样式(2)可变为

$$n-1=\sum_{i=-1}^{k}b_i\tau^i\quad(b_i\in\{0,1\}, \text{且 } b_ib_{i+1}=0)\tag{3}$$

若在式(3)中 $b_0=0$，则将 $1=\tau^0$ 与式(3)相加，得 $n$ 的情形结论真.

若假设式(3)中 $b_0=1$，若 $b_0$ 右边两数皆为0，即 $n-1=\cdots1.00\cdots$，则可将1.00替换为0.11(注意到 $1=\tau^{-1}+\tau^{-2}$). 此时 $b_0=0$ 化为上面情形.

再假设 $n-1=\cdots1.010\cdots$，此时分两种情形：

若 $n-1=\cdots1.0100\cdots$ 则其可改写为

$$n-1=\cdots1.0100\cdots\to\cdots1.0011\cdots\to\cdots0.1111\cdots$$

此时 $b_0=0$，由上知结论成立.

又若 $n-1=\cdots1.01010\cdots$，由于1的个数有限，故序列最后会是100，即 $n-1=\cdots1.01010\cdots100$，这时可将小数点后全部数字改换成1，而得到 $b_0=0$，即 $n-1=\cdots0.11\cdots11$.

顺便讲一句，鉴于黄金数产生的方程为 $x^2-x-1=0$，人们便将此概念推广，比如对于不同的正整数 $n$，方程

$$x^2-nx-1=0$$

产生一族金属平均数：

当 $n=1$ 时得黄金(平均)数 $\tau=1.618\cdots$

当 $n=2$ 时得白银(平均)数 $\sigma_{\mathrm{Ag}}=1+\sqrt{2}=2.414\cdots$

当 $n=3$ 时得青铜(平均)数 $\sigma_{\mathrm{Cu}}=\frac{1}{2}(3+\sqrt{13})=3.3027\cdots$

# 十二 黄金数与斐波那契数列

我们已经指出：黄金数 $\omega=0.618\cdots$ 与斐波那契数列 $\{F_n\}$ 之间有关系式

$$\lim_{n\to\infty}\frac{F_n}{F_{n+1}}=\omega$$

除此之外，它们还有一些其他关系.

我们先将比内公式改写一下，注意到

$$-\omega=\frac{1-\sqrt{5}}{2},\ \omega^{-1}=\frac{1}{\omega}=\frac{1+\sqrt{5}}{2}$$

这样
$$F_n=\frac{1}{\sqrt{5}}[\omega^{-n}+(-1)^{n+1}\omega^n]$$

于是我们可推得斐波那契数列与黄金数之间的一些关系式.

**1.** $F_n-\omega F_{n+1}=(-1)^{n+1}\omega^{n+1}$

注意到 $F_n=\frac{1}{\sqrt{5}}[\omega^{-n}+(-1)^{n+1}\omega^n]$ 及 $\omega^2=1+\omega$，又

$$\omega F_{n+1}=\frac{\omega}{\sqrt{5}}[\omega^{-(n+1)}+(-1)^{n+2}\omega^{n+1}]=$$
$$\frac{1}{\sqrt{5}}[\omega^{-n}+(-1)^n\omega^{n+2}]$$

故

$$F_n-\omega F_{n+1}=\frac{1}{\sqrt{5}}[(-1)^{n+1}\omega^n-(-1)^n\omega^{n+2}]=$$

$$\frac{1}{\sqrt{5}}[(-1)^{n+1}\omega^n+(-1)^{n+1}\omega^n(1-\omega)]=$$

$$\frac{1}{\sqrt{5}}[2\cdot(-1)^{n+1}\omega^n-(-1)^{n+1}]\omega^{n+1}=$$

$$\frac{1}{\sqrt{5}}(-1)^{n+1}\omega^n\left(2-\frac{\sqrt{5}-1}{2}\right)=$$

$$\frac{1}{\sqrt{5}}(-1)^{n+1}\omega^n\cdot\frac{5-\sqrt{5}}{2}=(-1)^{n+1}\omega^{n+1}$$

**2.** $\frac{F_2}{F_3}<\frac{F_4}{F_5}<\cdots<\frac{F_{2n}}{F_{2n+1}}<\frac{F_{2n+2}}{F_{2n+3}}<\cdots<\omega<\cdots<\frac{F_{2n+1}}{F_{2n+2}}<\frac{F_{2n-1}}{F_{2n}}<\cdots<\frac{F_3}{F_4}<\frac{F_1}{F_2}$

由结论1,我们有

$$\frac{F_n}{F_{n+1}}=\omega+(-1)^{n+1}\frac{\omega^{n+1}}{F_{n+1}}$$

当上式分别取奇、偶数 $2n\pm1,2n$ 时有

$$\frac{F_{2n-1}}{F_{2n}}=\omega+\frac{\omega^{2n}}{F_{2n}}>\omega$$

$$\frac{F_{2n}}{F_{2n+1}}=\omega-\frac{\omega^{2n+1}}{F_{2n+1}}<\omega$$

类似地有

$$\frac{F_{2n+2}}{F_{2n+3}}=\omega-\frac{\omega^{2n+3}}{F_{2n+3}}$$

故

$$\frac{F_{2n+2}}{F_{2n+3}}-\frac{F_{2n}}{F_{2n+1}}=\frac{\omega^{2n+1}}{F_{2n+1}}-\frac{\omega^{2n+3}}{F_{2n+3}}=\frac{\omega^{2n+1}}{F_{2n+1}}\left(1-\frac{F_{2n+1}}{F_{2n+3}}\omega^2\right)$$

因为 $0<\omega^2<1,0<\frac{F_{2n+1}}{F_{2n+3}}<1$,故上式右大于0,从而

$$\frac{F_{2n}}{F_{2n+1}}<\frac{F_{2n+2}}{F_{2n+3}}$$

同理可证

$$\frac{F_{2n+1}}{F_{2n+2}}<\frac{F_{2n-1}}{F_{2n}}$$

**注** 由上结论我们还可以证得

$$\lim_{n\to\infty}\frac{F_n}{F_{n+1}}=\omega$$

**3.** 黄金数 $\omega$ 恒位于两相邻分数$\frac{F_n}{F_{n+1}}$ 和$\frac{F_{n+1}}{F_{n+2}}$ 之间,且更靠近后一个分数,即

$$\left|\omega-\frac{F_{n+1}}{F_{n+2}}\right|<\left|\frac{F_n}{F_{n+1}}-\omega\right|$$

证明只需注意到相邻的分数$\frac{F_n}{F_{n+1}}$,$\frac{F_{n+1}}{F_{n+2}}$ 中总有一个处于分数列$\left\{\frac{F_k}{F_{k+1}}\right\}$的奇数位,而另一个则处于偶数位,但 $\omega$ 位于它们之间.

由结论 1 知

$$\left|\frac{F_n}{F_{n+1}}-\omega\right|=\frac{\omega^{n+1}}{F_{n+1}},\quad \left|\omega-\frac{F_{n+1}}{F_{n+2}}\right|=\frac{\omega^{n+2}}{F_{n+2}}$$

又

$$\frac{\omega^{n+1}}{F_{n+1}}-\frac{\omega^{n+2}}{F_{n+2}}=\frac{\omega^{n+1}}{F_{n+1}}\left(1-\frac{F_{n+1}}{F_{n+2}}\omega\right)>0$$

故

$$\left|\frac{F_n}{F_{n+1}}-\omega\right|>\left|\omega-\frac{F_{n+1}}{F_{n+2}}\right|$$

**4.** 在所有分母不大于 $F_{n+1}$ 的分数中,以$\frac{F_n}{F_{n+1}}$ 最接近 $\omega$(即最佳渐近分数).

证明可由反证法来完成.

若不然,设$\frac{a}{b}$($a>0,0<b\leqslant F_{n+1}$) 比$\frac{F_n}{F_{n+1}}$ 更接近 $\omega$,即

$$\left|\frac{a}{b}-\omega\right|<\left|\frac{F_n}{F_{n+1}}-\omega\right|$$

因

$$\left|\frac{a}{b}-\frac{F_{n+1}}{F_{n+2}}\right|=\left|\frac{a}{b}-\omega+\omega-\frac{F_{n+1}}{F_{n+2}}\right|\leqslant\left|\frac{a}{b}-\omega\right|+\left|\omega-\frac{F_{n+1}}{F_{n+2}}\right|<$$
$$\left|\frac{F_n}{F_{n+1}}-\omega\right|+\left|\omega-\frac{F_{n+1}}{F_{n+2}}\right|=\left|\frac{F_n}{F_{n+1}}-\frac{F_{n+1}}{F_{n+2}}\right|=\frac{1}{F_{n+1}F_{n+2}}$$

这只需注意到:$\omega$ 位于$\frac{F_n}{F_{n+1}}$ 与$\frac{F_{n+1}}{F_{n+2}}$ 之间. 故

$$\left|\frac{aF_{n+2}-bF_{n+1}}{bF_{n+2}}\right|<\frac{1}{F_{n+1}F_{n+2}}$$

即

$$\frac{|aF_{n+2}-bF_{n+1}|}{b}<\frac{1}{F_{n+1}}$$

或
$$|aF_{n+2}-bF_{n+1}|<\frac{b}{F_{n+1}}$$

又 $b\leqslant F_n$,故

$$|aF_{n+2}-bF_{n+1}|<1$$

而上式式左为一非负整数，所以有

$$aF_{n+2}-bF_{n+1}=0$$

或

$$\frac{a}{b}=\frac{F_{n+1}}{F_{n+2}}$$

但$\frac{F_{n+1}}{F_{n+2}}$是既约分数（因为$F_{n+1}$，$F_{n+2}$互质）故$b=F_{n+2}>F_{n+1}$，这与$b\leqslant F_{n+1}$的假设相抵！

从而$\frac{F_n}{F_{n+1}}$是分母不大于$F_{n+1}$的分数中最接近$\omega$的.

**5.** 黄金数$\omega$是无理数

利用数列$\{F_n\}$的性质证明黄金数$\omega$是无理数，恰好说了$\{F_n\}$与$\omega$的千丝万缕的联系.

1847年康托为了证明实数是不可数的，他利用所谓对角化论证，他证明了如下事实：

对任何一个相异实数的可数序列，总存在另一个不在此序列的实数.

M. Krebs和T. Wright利用了康托的方法和用格点中直线斜率（由$\{F_n\}$生成的直线）取代康托的序列，巧妙地证明了黄金数$\omega$是无理数.[68] 这里他们使用了格点理论中著名的Pick定理.[70]

**Pick定理**　若$T$是$R^2$中以格点为顶点的单连通多边形区域，$S$是$R$的面积，$b$是位于$R$的边界上的格点数，$c$是$R$内部的格点数，则$S=c+\frac{b}{2}-1$(图12.1).

此外他们还运用了数列$\{F_n\}$中：

① 相继的$F_n$互素，

② $|F_{n-1}F_{n+1}-F_n^2|=1, n\geqslant 2$

的事实，结合$\lim\limits_{n\to\infty}\frac{F_n}{F_{n+1}}=\omega$，巧妙地证明了：黄金比$\omega=0.618\cdots$是无理数.

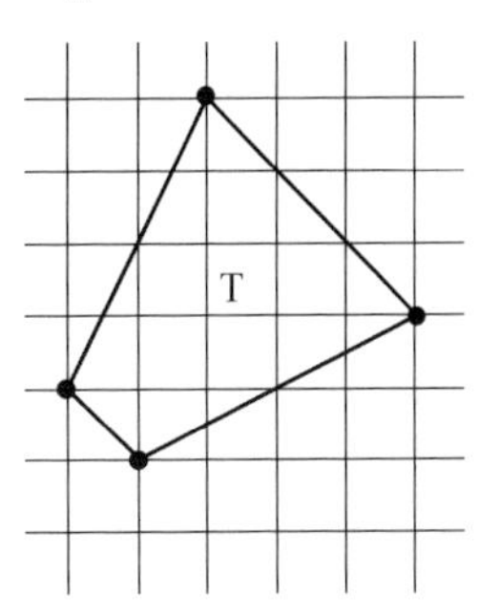

两坐标皆为整数的点
称为格点
图12.1

简言之，他们是利用康托的方法，制造出两个序列由相继$F_n$之比即

$$b_k=\frac{F_{2k-1}}{F_{2k}},\quad c_n=\frac{F_{2k}}{F_{2k+1}}$$

给出的（注意到$c_k<\frac{F_{2k+1}}{F_{2k+2}}<b_k, k\geqslant 1$），其证明思路是：

令$\{a_n\}$为介于0，1之间的全部有理数.

他们构造了格点平面上的一个梯形

$$\{(x,y)\mid F_{2k+1}\leqslant x\leqslant F_{2k+2}, 且 \frac{F_{2k}}{F_{2k+1}}<\frac{y}{x}<\frac{F_{2k-1}}{F_{2k}}\}$$

经由 Pick 定理推演，最后得到 $T$ 除了$(F_{2k+2},F_{2k+1})$外无其他格点. 而 $C_n$ 的最小上界 $l=\lim\limits_{k\to\infty}\frac{F_{2k}}{F_{2k+1}}=0.618\cdots=\omega$，这个上界不属于$\{a_n\}$，则由 $0<\omega<1$，知 $\omega$ 不是有理数.

联想到 $\omega$ 的连分数展开，由证明过程不难得出：

一个截尾连分数在分母小于或等于其分母的所有有理数中，给出这个连分数的最佳逼近.

这方面详细内容可见文献[70].

**注** Pick 定理是 G. Pick 于 1899 年提出的，它是格点几何的一条基本和重要的定理. 下面简单证明一下该定理.

首先，以格点为顶点的多边形称为格点多边形，又顶点在格点，而边界和内部均无其他格点的三角形(本原三角形)其面积为 $\frac{1}{2}$ (图12.2). 若内部有格点 $S'_T=c+\frac{b}{2}-1$(Pick).

其次任何简单多边形 $T$ 皆可剖分成若干格点三角形，而每个三角形又可剖分成若干本原三角形(图 12.3). 此时 $T$ 的面积 $2S_T=$ 本原三角形个数.

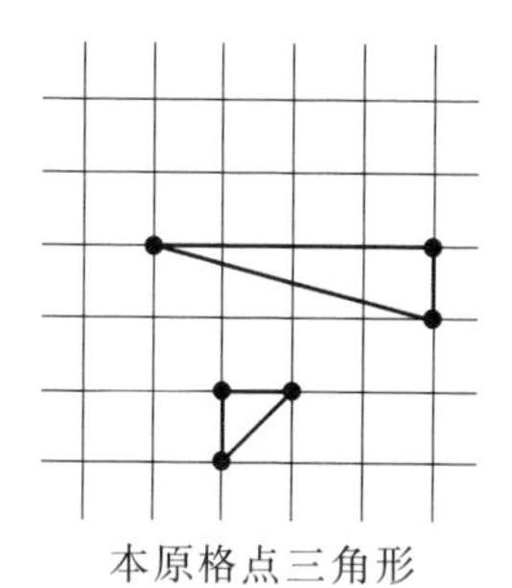

本原格点三角形

图 12.2

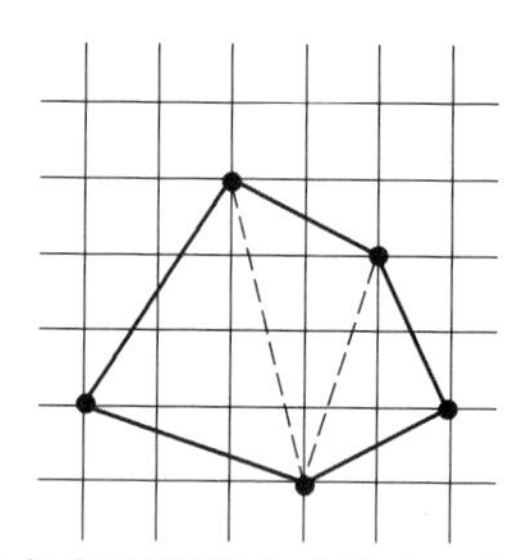

格点多边形剖分或格点三角形

图 12.3

设 $T$ 有 $p$ 个在格点上的顶点，其边上(不包括顶点)共有 $q$ 个格点，$T$ 内有 $c$ 个格点.

以 $T$ 内格点为顶点的内角(每个顶点处内角为 $2\pi$)和 $2c\pi$(图 12.4)，顶点在 $T$ 边界上的格点内角(每个顶点处内角为 $\pi$)和为 $q\pi$；在 $T$ 的顶点处所有格点内角和为$(p-2)\pi$(格点多边形内角和)(图 12.6).

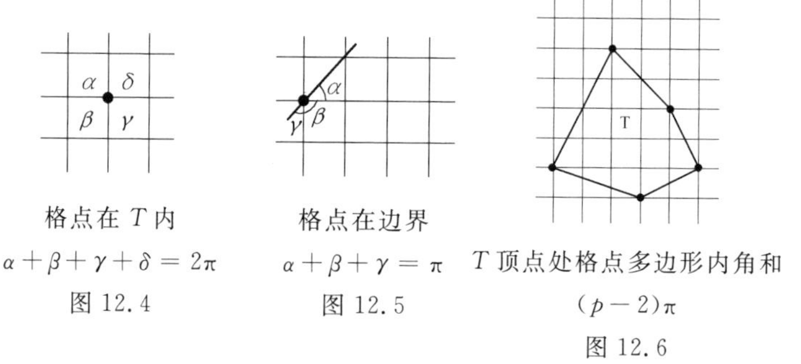


格点在 $T$ 内

$\alpha+\beta+\gamma+\delta=2\pi$

图 12.4

格点在边界

$\alpha+\beta+\gamma=\pi$

图 12.5

$T$ 顶点处格点多边形内角和

$(p-2)\pi$

图 12.6

故所有本原三角形内角和为 $\sum = 2c\pi + q\pi + (p-2)\pi$,设 $T$ 内本原三角形个数为 $n$,又每个本原三角形内角和为 $\pi$(图 12.5),则 $T$ 内本原三角形个数

$$n = \frac{\sum}{\pi} = 2c + p + q - 2$$

又 $p + q = b$(边界上格点数),这样

$$S_T = \frac{1}{2}(2c + p + q - 2) = c + \frac{1}{2}b - 1$$

这个方法俗称"算两次",即用不同方法求角和最后求出 $n$ 来.

关于这个问题,我们还想说一点,即黄金数的有理数逼近问题. 前文曾说过.

奥威尔(G. Orwell) 曾指出:"最无理" 的数即是 $\omega = 0.618\cdots$,换言之,黄金数是最难用有理数逼近的.

胡尔维茨(A. Hurwitz) 也曾指出:

对无理数 $\xi$ 而言,有无穷多个有理数 $\frac{m}{n}$ 适合

$$\left| \xi - \frac{m}{n} \right| < \frac{1}{cn^2} \qquad (*)$$

其中 $0 < c \leqslant \sqrt{5}$,但若 $c > \sqrt{5}$,则对于一些无理数仅有有限个有理数满足不等式(*),比如黄金数 $\omega = 0.618\cdots$.

# 十三 黄金矩形、黄金三角形、黄金圆……

## 1. 黄金矩形

在美术家的眼里，黄金矩形——即长和宽的长为 1 : 0.618… 的矩形最美(图 13.1).

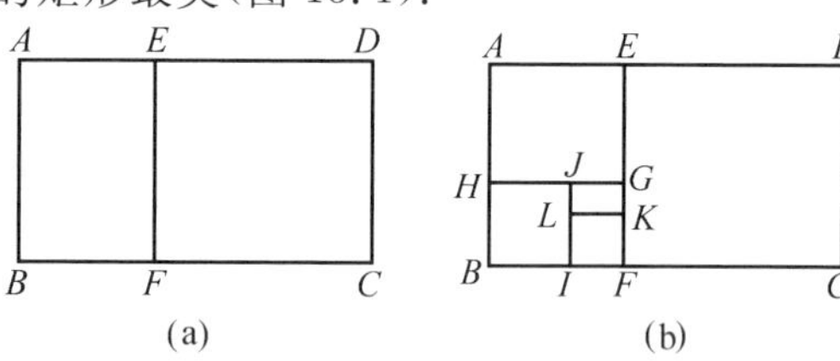


图 13.1

黄金矩形有许多有趣的性质，比如：

(1) 在黄金矩形内作正方形 $EFCD$，则矩形 $ABFE$ 也是黄金矩形(图 13.1(a)).

这只需注意到 $CD$ 是 $AD$ 与 $AD-CD$ 的比例中项即

$$\frac{AD}{CD}=\frac{CD}{AD-CD}$$

(2) 仿上若在矩形 $ABFE$ 中再作正方形 $AHGE$，则矩形 $BFGH$ 也是黄金矩形(图 13.1(b)).

如此下去，可得一系列黄金矩形——黄金矩形套(或黄金矩形串).

由此你也许会联想到 $\omega$ 的连分数表达式

$$\cfrac{1}{1+\cfrac{1}{1+\cfrac{1}{1+\ddots}}}$$

的一个几何解释.

(3) 黄金矩形都相似,且每两个相邻的黄金矩形的相似比为 $\omega$.

又若令 $AD=1$,则所得正方形串 $EFCD$,$AHGE$,$LIFK$,$\cdots$ 的边长分别为 $\omega$,$\omega^2$,$\omega^3$,$\cdots$.

(4) 如图 13.2(a),$D$,$G$,$B$ 三点共线,$A$,$J$,$F$ 三点共线;且 $BD\perp AF$.

联结 $GD$,$GB$,由题设知

$$\frac{AE}{AB}=\frac{\sqrt{5}-1}{2}\text{ 且 }\frac{HG}{ED}=\frac{\sqrt{5}-1}{2}$$

又
$$\frac{HB}{HG}=\frac{\sqrt{5}-1}{2}\Rightarrow\frac{HB}{EG}=\frac{\sqrt{5}-1}{2}$$

而
$$\angle GHB=\angle DEC=90^{\circ}$$

故
$$\triangle GHB\backsim\triangle DEG$$

从而 $\angle HBG=\angle EGD$,又 $\angle HBG=\angle FGB$,故 $\angle FGB=\angle EGD$,即 $D$,$G$,$B$ 三点共线.

同理可证 $A$,$J$,$F$ 三点共线.

(5) 如图 13.2(b),$AF$,$BD$,$CH$ 共点,设 $AF$,$BD$ 的交点为 $O$,联结 $OC$,$OH$.

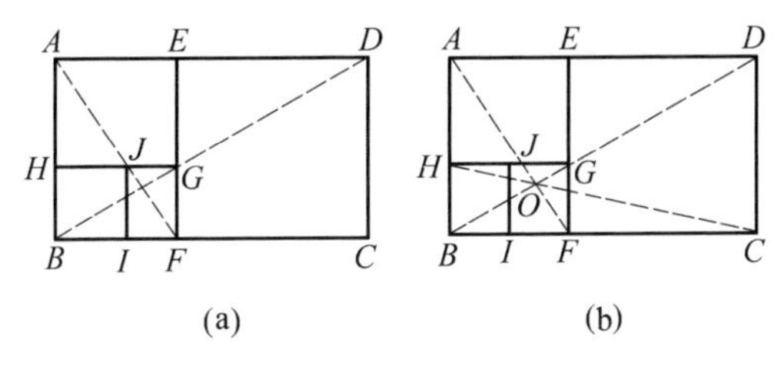


图 13.2

由
$$\angle FBO=\angle ADO,\ \angle BFO=\angle DAO$$

故
$$\triangle BFO\backsim\triangle DAO$$

因而
$$\frac{OB}{OD}=\frac{FB}{AD}=\frac{FB}{AB}\cdot\frac{AB}{AD}=\omega^2$$

又
$$\frac{HB}{CD}=\frac{HB}{BF}\cdot\frac{BF}{CD}=\omega^2$$

以及 $\angle CDO=\angle HBO$,有 $\triangle CDO\backsim\triangle HBO$.

从而 $\angle COD=\angle HOB$,即 $COH$ 为一直线,于是 $AF$,$BD$,$CH$ 三线共点.

(6) 如图 13.2(b) 有

$$\frac{OA}{OD}=\frac{OB}{OA}=\frac{OF}{OB}=\frac{OG}{OF}=\omega,\ \frac{OH}{OC}=\omega^2$$

(7) 点 $D,A,B,F,G,J,K,\cdots$ 在同一对数螺线上(如图 13.3,对数螺线也是一种十分奇妙的曲线)①.

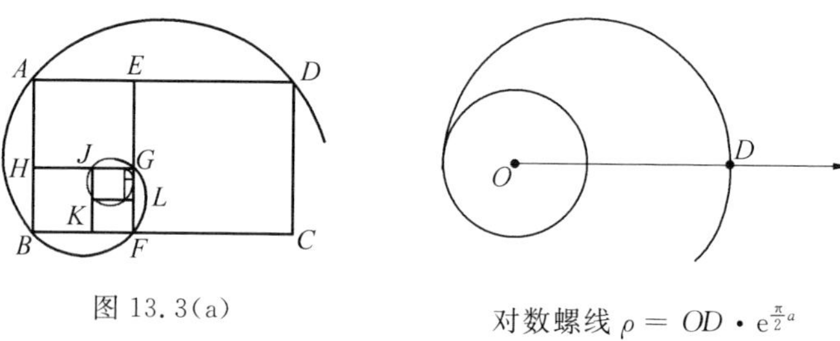


图 13.3(a)

对数螺线 $\rho=OD\cdot e^{\frac{\pi}{2}a}$

图 13.3(b)

这只需注意到以 $O$ 为极点、$OD$ 为极轴建立极坐标系,则

$$\rho=OD\cdot e^{\frac{\pi}{2}a}\ (a\ 为常数)$$

## 2. 黄金三角形

下面我们再来看看黄金三角形——底与腰之比为 $\omega$ 的等腰三角形的一些性质.

首先我们容易证明下面的结论:

黄金三角形的顶角为 36°,底角为 72°,如图 13.4(a) 所示.

因 $\frac{BC}{AB}=\frac{1}{2}(\sqrt{5}-1)$,又由正弦定理有 $\frac{BC}{AB}=\frac{\sin A}{\sin C}$,故

$$\frac{\sin A}{\sin C}=\frac{1}{2}(\sqrt{5}-1)$$

因 $\angle C=90^\circ-\frac{1}{2}\angle A$,见图 13.4(b),故 $\sin C=\cos\frac{A}{2}$. 又

$$\frac{\sin A}{\sin C}=\frac{2\sin\frac{A}{2}\cos\frac{A}{2}}{\cos\frac{A}{2}}=2\sin\frac{A}{2}$$

从而 $\sin\frac{A}{2}=\frac{\sqrt{5}-1}{4}=\sin 18^\circ$,故 $\angle A=36^\circ$.

---

① 在自然界,在生物中存在着许多螺线的例子,海螺的外壳呈螺线形,树藤按螺线状生长,蝙蝠按螺线飞行,向日葵在花盘上按螺线方式排列,人耳耳轮也存在着螺线,生物蛋白分子链的排列也呈现螺线……

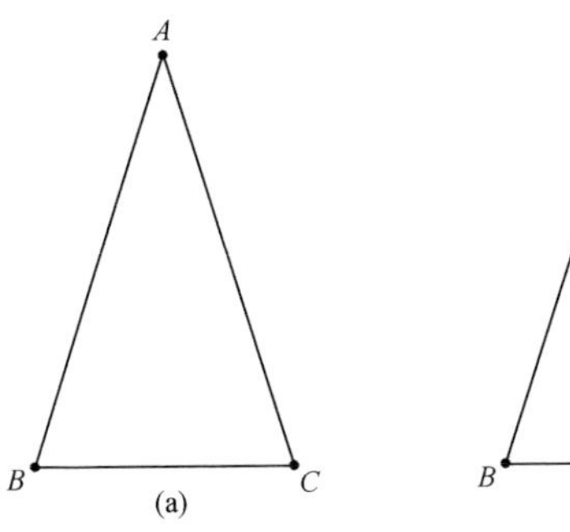


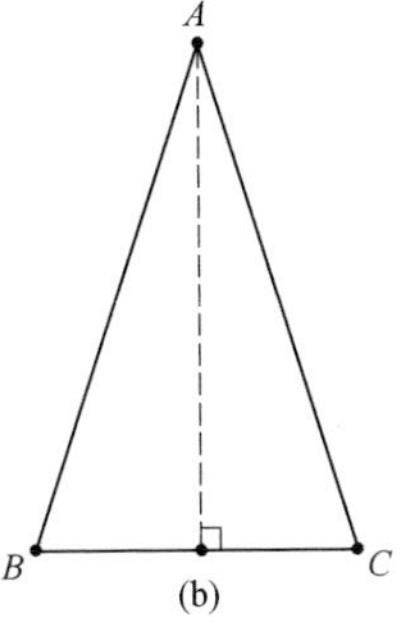


图 13.4

下面再来看它的几个性质：

(1) 黄金三角形底角 $\angle C$ 平分线 $CD$ 交 $AB$ 于 $D$，则 $\triangle CDB$ 也是黄金三角形.

因 $\angle C=\dfrac{1}{2}(180^\circ-36^\circ)=72^\circ$，故 $\angle BCD=36^\circ$. 又 $\angle B=72^\circ$，从而 $\triangle BCD$ 亦为黄金三角形，如图 13.5(b) 所示.

(2) 仿上，作 $\angle B$ 的平分线交 $CD$ 于 $E$，则 $\triangle DBE$ 亦为黄金三角形，如此下去可得一黄金三角形串(或套)，如图 13.5(c) 所示.

(3) 黄金三角形串的顶点连线可生成一个等角螺线，见图 13.5(d).

(4) 所有黄金三角形均相似，且两相邻的黄金三角形的相似比为 $\omega$.

(5) 若将黄金三角形串依次编号为 $\triangle_1,\triangle_2,\triangle_3,\cdots,\triangle_n,\cdots$，则 $\triangle_{n+3}$ 的左腰平行于 $\triangle_n$ 的右腰.

(6) 黄金三角形串 $\{\triangle_n\}$ 中，$\triangle_n,\triangle_{n+1},\triangle_{n+3}$ 的底面上高三线共点，如图13.5(d) 所示.

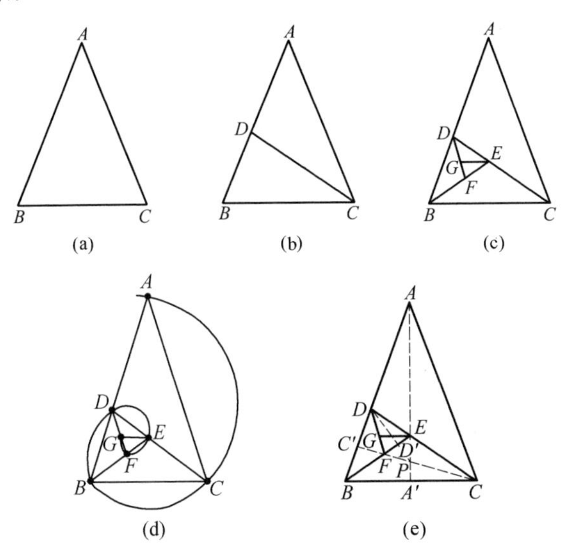


图 13.5

这里只需证 $\triangle ABC$，$\triangle CDB$，$\triangle DEF$ 底边上的高共线即可.

设 $AA'$，$CC'$ 分别为 $\triangle ABC$，$\triangle CBD$ 底边上的高. 又设 $AA'$，$CC'$ 交于 $P$，联结 $DP$ 交 $EF$ 于 $D'$，又 $AA'$ 过 $E$，$CC'$ 过 $F$.

因 $$\angle PEF = \frac{1}{2}\angle A + \frac{1}{2}\angle B = 18^\circ + 36^\circ = 54^\circ$$

又 $$\angle PFE = \frac{1}{2}\angle B + \frac{1}{4}\angle C = 36^\circ + 18^\circ = 54^\circ$$

则 $\angle PEF = \angle PFE$，从而 $PE = PF$，又 $DE = DF$，这样

$$\triangle PED \cong \triangle PFD$$

故 $\angle PDE = \angle PDF$，所以 $PD$ 为 $\triangle EFD$ 中顶角平分线，即底边 $EF$ 上高线.

因此 $\triangle ABC$，$\triangle CDB$，$\triangle DEF$ 底边上三条高线共点于 $P$.

(7) 黄金三角形串 $\{\triangle_n\}$ 中相邻三个三角形：$\triangle_n$，$\triangle_{n+1}$，$\triangle_{n+2}$ 底边上的高所在的直线围成的三角形亦为黄金三角形.

如图 13.6，若 $AR$，$BQ$，$CK$ 为 $\triangle ABC$，$\triangle BCD$，$\triangle CDE$ 底边上的三条高线，它们围成的三角形为 $\triangle OMN$.

在 $\triangle OMN$ 中，由题设不难有

$$\angle OMN = \frac{1}{2}\angle A + \frac{1}{4}\angle ACB = 18^\circ + 18^\circ = 36^\circ$$

$$\angle ONM = \angle CNQ = 90^\circ - \frac{1}{4}\angle ACB = 90^\circ - 18^\circ = 72^\circ$$

$$\angle NOM = \angle BOR = 90^\circ - \frac{1}{4}\angle ABC = 90^\circ - 18^\circ = 72^\circ$$

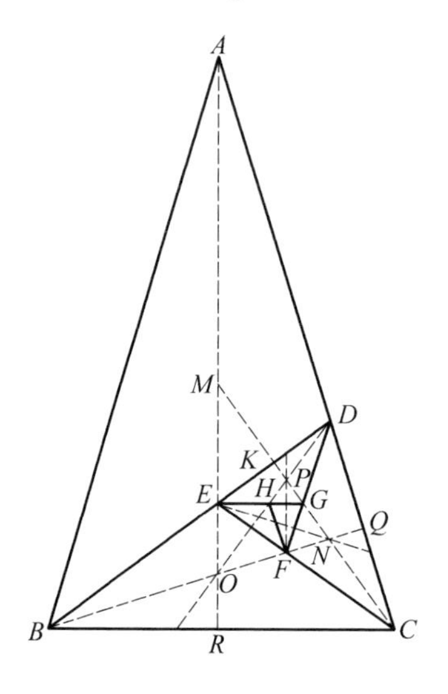


图 13.6

显然,$\triangle OMN$ 为黄金三角形.

仿上证明,我们还可以有下面的结论:

(8) 在图 13.6 中,继续作原三角形串中各三角形底边上的高,也得到一连串的黄金三角形:$\triangle OMN$,$\triangle ONP$,$\triangle NPF$,….

若记 $\triangle_n'$ 为黄金三角形 $\triangle_{n-1}$ 分割出 $\triangle_n$ 后所余下的三角形,则 $\triangle_n'$ 为底角是 $36^\circ$ 的等腰三角形. 又若记 $O_n$ 为 $\triangle'_n$ 的外接圆圆心,则有:

(9)$\triangle_n'(n \geqslant 2)$ 的外接圆与 $\triangle_n$ 的一腰相切,切点为 $\triangle_n$ 的顶点.

如图 13.7,设 $\triangle ABC$ 为 $\triangle_1$,$\triangle CBD$ 为 $\triangle_2$,$\triangle ACD$ 为 $\triangle'_2$.

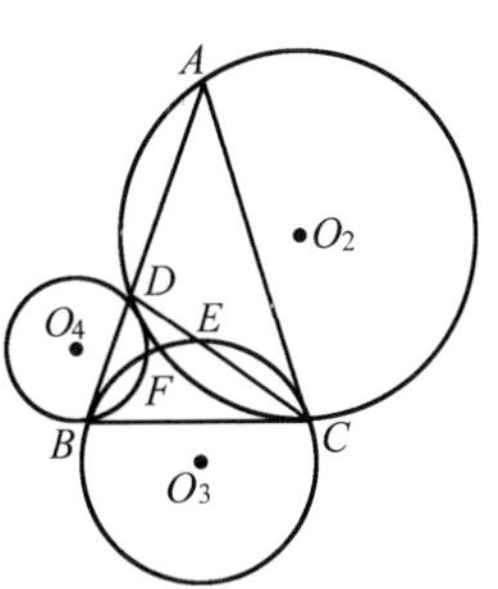

图 13.7

因 $\triangle CBD \backsim \triangle ABC$,故$\dfrac{BD}{BC} = \dfrac{BC}{BA}$,有$BC^2 = BD \cdot BA$.

而 $BDA$ 为 $\odot O_2$ 的割线,点 $C$ 在 $\odot O_2$ 上,所以 $BC$ 是 $\odot O_2$ 的切线.

同理,由 $\triangle_n \backsim \triangle_{n-1}$,知 $\triangle_{n-1}$ 的底边是 $\triangle_n$ 的底边与 $\triangle_{n-1}$ 腰的比例中项,且 $\triangle_{n-1}$ 的腰是 $\odot O_n$ 的割线,$\triangle_n$ 的顶点在 $\odot O_n$ 上,所以 $\triangle'_n$ 的外接圆与 $\triangle_n$ 的一腰相切,且切点为 $\triangle_n$ 的顶点.

同样的,我们不难证明:

(10)$\triangle'_{n+1}$ 的外接圆与 $\triangle_n$ 的两腰相切,且 $\triangle_n$ 的两个底角的顶点为切点.

前文已述,1990 年美国数学家爱森斯坦(M. Eisenstein) 发现在"勾 3 股 4 弦 5"中的直角三角形中,若较小锐角为 $\theta$,则

$$\tan\left(\frac{1}{4}\theta + \frac{\pi}{2}\right) = \frac{1}{2}(\sqrt{5} - 1) = 0.618\cdots$$

这可由正切函数半角公式

$$\tan\frac{\alpha}{2} = \frac{\sin\alpha}{1 + \cos\alpha}$$

得到(还要利用反三角函数性质).

请注意,有趣的是:

$$2\cos\frac{2\pi}{5} = 2\cos 72^\circ = \frac{1}{2}(\sqrt{5} - 1) = 0.618\cdots$$

### 3. 黄金圆

前文我们已经看到,在叶序问题上,出现将圆心角分为 1 : 0.618… 或 1 : 1.618… 的两个角,也就是将圆周分为 1 : 0.618… 的两段弧长之比

$$\overset{\frown}{AmB} : \overset{\frown}{AnB} = 1 : 0.618\cdots$$

此时 $\angle\varphi=360°\cdot\left(1-\frac{\sqrt{5}-1}{2}\right)=360°(1-0.618\cdots)\approx 137.507\ 76°$.

我们把具有这种角度(或弧长)划分的圆称为黄金分割圆,简称黄金圆(图13.8).

借助解析几何中的摆线,其参数方程为 $\begin{cases}x=r(\varphi-\sin\varphi)\\ y=r(1-\cos\varphi)\end{cases}$,可将黄金分割圆作出.具体作法如下(图13.9):

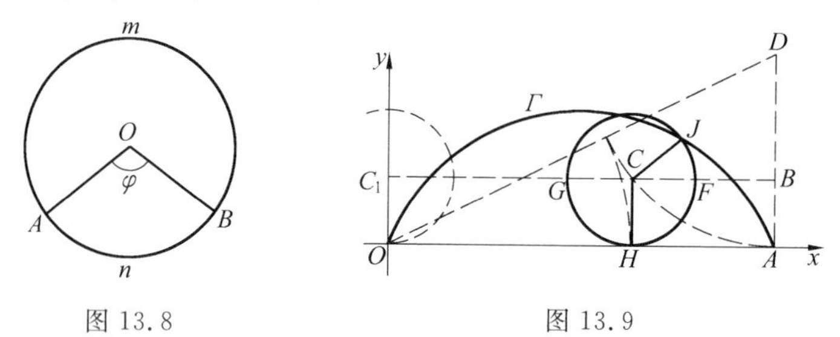


图 13.8　　　　图 13.9

(1) 在 $\{O;x,y\}$ 平面作半径为 $r$ 的圆 $C_1$,其与 $Ox$ 轴切于点 $O$.

(2) 作摆线 $\Gamma$(起于点 $O$,止于点 $A$).

(3) 过 $C_1$ 作 $Ox$ 平行线 $C_1B$.

(4) 作 $OA$ 的黄金分割点 $H$.

(5) 过 $H$ 作 $HC\perp OA$ 交 $C_1B$ 于 $C$.

(6) 以 $C$ 为圆心,$r$ 为半径作圆 $C$ 交摆线 $\Gamma$ 于 $J$,联结 $CJ$,则 $\angle HCJ=137.507\ 76°$.

它的证明这里不给了.

## 4. 黄金椭圆

最后我们谈谈所谓"黄金椭圆".

设 $c$ 为椭圆 $\frac{x^2}{a^2}+\frac{y^2}{b^2}=1$ 的焦半径($c^2=a^2-b^2$),若以 $c$ 为半径的圆(称为该椭圆的伴随焦点圆)面积与该椭圆面积相等,则 $\frac{b}{a}=\omega$,且称此种椭圆为黄金椭圆,如图 13.10 所示.

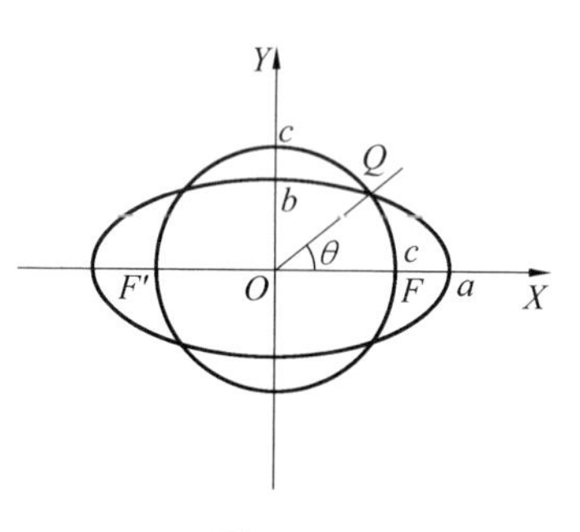


图 13.10

由椭圆面积 $S_{椭圆}=\pi ab$,又圆面积 $S_{圆}=\pi c^2$,若 $S_{椭圆}=S_{圆}$,则有 $\pi c^2=\pi ab$,即 $c^2=ab$,注意到 $c^2=a^2-b^2$,故

$$a^2-b^2=ab$$

或

$$a^2-ab-b^2=0$$

由上可解得 $$b=\frac{-a\pm\sqrt{5}a}{2}=\frac{a}{2}(-1\pm\sqrt{5})$$

舍去负值故有 $$b=\frac{-a+\sqrt{5}a}{2}=\frac{a}{2}(\sqrt{5}-1)$$

从而 $$\frac{b}{a}=\frac{\sqrt{5}-1}{2}=\omega$$

黄金椭圆有如下一些性质：

(1) 黄金椭圆的面积 $S=\pi\omega a^2$.

这个结论是显然的，因为 $b=\omega a$.

(2) 黄金椭圆与其焦点圆在第一象限的交点为 $Q(b,\sqrt{\omega}b)$.

这只需解下面的方程组即可

$$\begin{cases}\dfrac{x^2}{a^2}+\dfrac{y^2}{b^2}=1\\ x^2+y^2=a^2-b^2\end{cases}$$

(3) 过原点和点 $Q$(椭圆与其焦点圆在第一象限交点) 的直线 $l$ 与 $Ox$ 轴的正向夹角为 $\theta$，则

$$\tan\theta=\cos\theta=\sqrt{\omega},\ \sin\theta=\omega$$

## 5. 黄金长方体

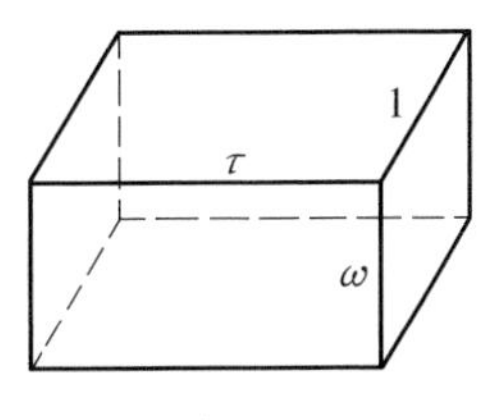

图 13.11

若记 $\omega=\frac{\sqrt{5}-1}{2}=0.618\cdots$，则 $\frac{1}{\omega}=\tau=1.618\cdots$. 人们把三条棱长之比为 $\omega:1:\omega^{-1}=\omega:1:\tau$ 的长方体，称为黄金长方体(图 13.11). 这种长方体有许多有趣的性质，比如：

黄金长方体的表面积和它的外接球面积之比为 $\omega:\pi$.

若设 $\omega k,k,\omega^{-1}k$ 为该长方体的三条棱长，则其外接圆半径(这里注意到 $\omega^2-\omega-1=0$，且 $\omega^3=1$)

$$d=k\sqrt{\omega^2+1+\omega^{-2}}=k\sqrt{(\omega+1)^2+1+(\omega-1)^2}=$$
$$k\sqrt{\omega^2-\omega+3}=k\sqrt{(\omega+1)-\omega+3}=2k$$

这样长方体表面积和其外接球表面积分别为

$$S_{长方体}=2^k(\omega+\omega^{-1}+\omega\omega^{-1})=4\omega k^2$$

$$S_{外接球}=4\pi\left(\frac{d}{2}\right)^2=4\pi k^2$$

从而 $$S_{长方体}:S_{外接球}=\omega:\pi$$

## 6. 黄金圆台

半径为$R$，高为$h$的圆柱内接一圆台，其下底半径为$R$，上底半径为$r$，且其体积恰为圆柱体积的$\frac{2}{3}$，此圆台称为黄金圆台(图 13.12)，黄金圆台上、下底半径比$r:R=\omega$.

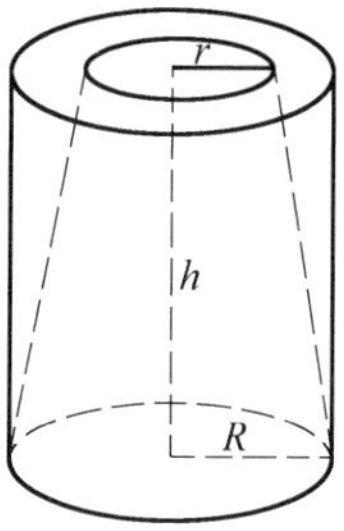

图 13.12

由题设圆柱、圆台体积分别为

$$V_{圆柱}=\pi R^2 h$$

$$V_{圆台}=\frac{1}{3}\pi(R^2+Rr+r^2)h$$

由设$V_{圆台}=\frac{2}{3}V_{圆柱}$ 则有

$$\frac{1}{3}\pi(R^2+Rr+r^2)h=\frac{2}{3}\pi R^2 h$$

即
$$R^2-Rr-r^2=0$$

因而有
$$\left(\frac{r}{R}\right)^2-\left(\frac{r}{R}\right)-1=0$$

从而
$$\frac{r}{R}=\frac{\sqrt{5}-1}{2}=\tau=0.618\cdots$$

此外人们还给出过黄金椭球(三个半轴长之比为$\omega:1:\omega^{-1}$ 的椭球，如图 13.13 所示)，它同样有着许多奇妙的特性，这里就不多谈了.

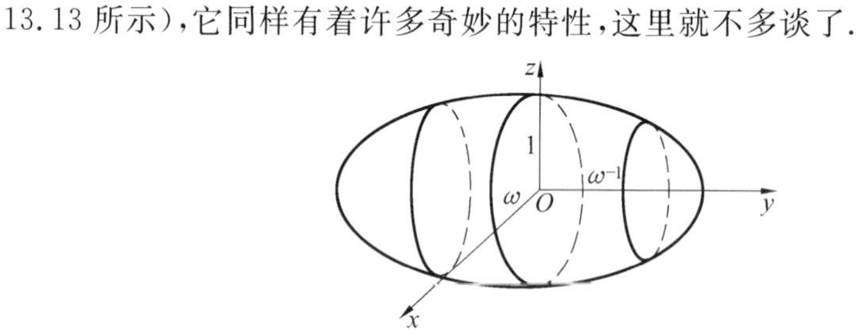


图 13.13

# 十四 黄金分割与优选法及其他

中世纪意大利画家达·芬奇把中外比誉为“黄金比”，顾名思义，这种比有黄金般的价值.

无论是古埃及的金字塔、古希腊雅典的帕提农神庙，还是巴黎的圣母院、印度的泰姬陵，以至近世纪法国的埃菲尔铁塔上，研究者发现不少与黄金比有联系的数据——人们发现：这种比用于建筑上，可除去人们视觉上的凌乱，加强建筑形体的统一与和谐.

从艺术上看，一些名画雕塑中的主题，也大都在画面的 0.618… 处，连弦乐器的声码放在琴弦的 0.618… 处也会使琴声更加甜美.

19 世纪末，德国心理学家费希纳(Fercina) 曾做过一次试验，他展出十种不同规格(长宽之比不同) 的长方形让观众挑选自己认为最喜欢的一种，结果表明：大多数人选择了长、宽之比为黄金比或接近这种比的长方形(有一说法是这与人眼睛的“错觉”有关，美术家常把正方形的上横边画的比下横边稍短，这种正方形叫“视觉正方形”).

几千年来，人们的审美观点没有发现变化，这是何原因？新近人们的研究发现：这与人脑电波的波长或频率有关. 据说占人脑电波高低频主导地位的频带平均值的比值约为

$$12.87 : 8.13 \approx 1.618\cdots (\text{或 } 8.13 : 12.87 \approx 0.618\cdots)$$

科学家们也发现了人的情绪影响着人脑电波的波频比，这也解释了为什么有些名画的主题并没有在画面的黄金分割点处

的因由.

黄金数在几何、三角解题上也有应用,比如我们知道

$$\cos 72^\circ = \sin 18^\circ = \frac{1}{4}(\sqrt{5}-1) = \frac{\omega}{2}$$

这样由 $\sin^2\alpha + \cos^2\alpha = 1$ 及 $w^2 + w - 1 = 0$ 我们便可有

$$\sin 72^\circ = \cos 18^\circ = \frac{1}{2}\sqrt{3+\omega}$$

又由 $\sin 2\alpha = 2\sin\alpha\cos\alpha$ 及 $w^2 + w - 1 = 0$ 可求得

$$\sin 36^\circ = \frac{1}{2}\sqrt{2-\omega}$$

仿上可有 $\cos 36^\circ = \frac{1}{2}\sqrt{2+\omega}$.

又由

$$\sin 18^\circ = \frac{\omega}{2}$$

有

$$2\cos 72^\circ = \omega$$

即

$$2\cos\frac{2\pi}{5} = \omega$$

## 1. 黄金数在几何作图上的应用

更重要的是黄金分割常用于几何作图上. 比如:

(1) 作已知圆的内接正十边形、正五边形.

注意到半径为 $R$ 的圆的内接正十边形边长为

$$a_{10} = 2R\sin 18^\circ = \omega R$$

这样可有作法(图 14.1):

作 $\odot O$ 的两条互相垂直的直径 $AB$, $CD$,再以 $CO$ 中点 $O_1$ 为圆心,$\frac{1}{2}CO$ 为半径作圆 $O_1$,联结 $AO_1$ 交 $\odot O_1$ 于 $E$,则 $AE = a_{10}$.

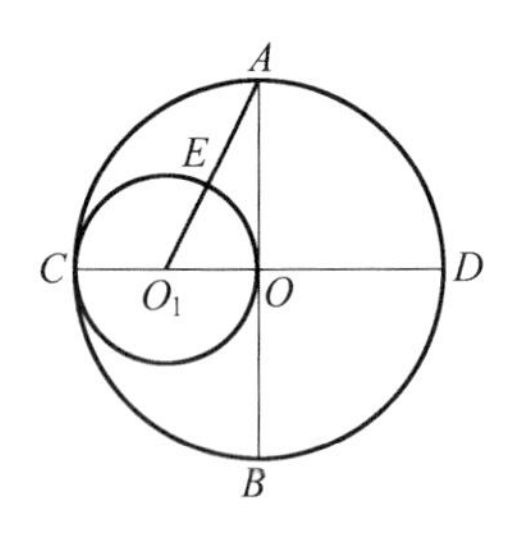

图 14.1

在作正十边形时,有时可用 $\frac{5}{8}$ 或 $\frac{8}{13}$ 近似 $\omega$(当然还可用 $\frac{13}{21}$, $\frac{21}{34}$, … 即 $\frac{F_n}{F_{n+1}}$),从而可求 $a_{10}$ 的近似长.

当然若已知圆的内接正五边形的作法可由正十边形直接得到(由等分圆弧完成).

(2) 已知一边作正五边形.

只需注意到正五边形边长与其对角线长之比为 $\omega$ 即可. 设边长为 $a$,对角线长为 $x$,由

$$\frac{a}{x}=\omega=\frac{\sqrt{5}-1}{2}$$

有
$$x=\frac{\sqrt{5}+1}{2}a=\frac{a}{2}+\sqrt{a^2+\left(\frac{a}{2}\right)^2}$$

显然,$x$ 可以作出,则该正五边形的边亦可以作出(如图14.2,作法略).

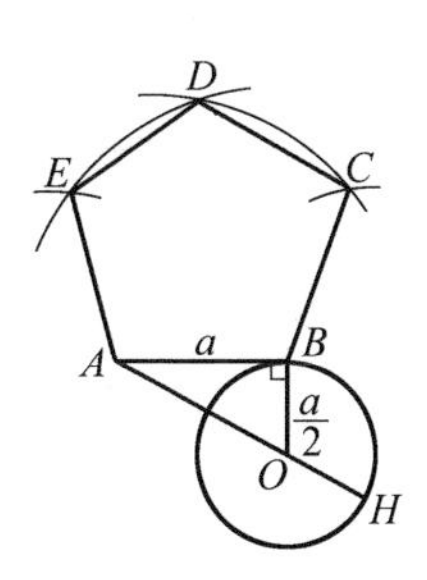

图 14.2

(3) 已知一边长,作正五角星.

此即说已知正五边形对角线长,作此正五边形.

仿上作法,此正五边形不难作出,进而五角星亦可作出.

## 2. 黄金数在连分数理论上的应用

我们来看看黄金数在连分数理论中的一个应用.

记 $\alpha=[a_0;a_1,a_2,\cdots,a_{n-1},r_n]$,且 $[a_0;a_1,a_2,\cdots,a_k]=\frac{p_k}{q_k}$,称为 $\alpha$ 的 $k$ 阶近似(渐近)分数,则

$$\left|\alpha-\frac{p_k}{q_k}\right|<\frac{1}{\sqrt{5}\,q_k^2},\quad \left|\alpha-\frac{p_{k-1}}{q_{k-1}}\right|<\frac{1}{\sqrt{5}\,q_{k-1}^2},\quad \left|\alpha-\frac{p_{k-2}}{q_{k-2}}\right|<\frac{1}{\sqrt{5}\,q_{k-2}^2}$$

中至少一个成立.

为此我们先来证明:

若 $\frac{q_{k-2}}{q_{k-1}}=\varphi_k,\varphi_k+r_k=\psi_k$,且 $\psi_k\leqslant\sqrt{5},\psi_{k-1}\leqslant\sqrt{5}$(这里 $k\geqslant 2$),则 $\varphi_k>\frac{\sqrt{5}-1}{2}$.

事实上,由

$$\frac{1}{\varphi_{n+1}}=\frac{q_n}{q_{n-1}}=a_n+\varphi_n \qquad (*)$$

和
$$r_n=a_n+\frac{1}{r_{n+1}}$$

有
$$\frac{1}{\varphi_{n+1}}+\frac{1}{r_{n+1}}=\varphi_n+r_n=\psi_n$$

由题设条件有

$$\varphi_k+r_k\leqslant\sqrt{5},\quad \frac{1}{\varphi_k}+\frac{1}{r_k}\leqslant\sqrt{5}$$

故
$$(\sqrt{5}-\varphi_k)\left(\sqrt{5}-\frac{1}{\varphi_k}\right)\geqslant 1$$

或者因 $\varphi_k$ 是有理数,$5-\sqrt{5}\left(\varphi_k+\frac{1}{\varphi_k}\right)>0$,由 $\varphi_k>0$ 有 $\left(\frac{\sqrt{5}}{2}-\varphi_k\right)^2<\frac{1}{4}$,

进而可有

$$\frac{\sqrt{5}}{2}-\varphi_k<\frac{1}{2}\Longrightarrow\varphi_k>\frac{\sqrt{5}-1}{2}$$

我们再用反证法来证明前面的结论.

若不然,今设

$$\left|\alpha-\frac{p_n}{q_n}\right|\geqslant\frac{1}{\sqrt{5}q_n^2}\quad(n=k,k-1,k-2)$$

由连分数性质及分式有

$$\left|\alpha-\frac{p_n}{q_n}\right|=\left|\frac{p_nr_{n+1}+p_{n-1}}{q_nr_{n+1}+q_{n-1}}-\frac{p_n}{q_n}\right|=\frac{1}{q_n(q_nr_{n+1}+q_{n-1})}=$$

$$\frac{1}{q_n^2(r_{n+1}+\varphi_{n+1})}=\frac{1}{q_n^2\psi_{n+1}}$$

故
$$\psi_{n+1}\leqslant\sqrt{5}\quad(n=k,k-1,k-2)$$

由前证 $\varphi_k>\frac{\sqrt{5}-1}{2}$, $\varphi_{k+1}>\frac{\sqrt{5}-1}{2}$ 及式( * )有

$$a_k=\frac{1}{\varphi_{k+1}}-\varphi_k<\frac{2}{\sqrt{5}-1}-\frac{\sqrt{5}-1}{2}=1$$

这不可能,此即说上设不真,从而命题成立.

## 3. 黄金数与古德尔(Gödel) 问题

1979 年,古德尔等人在他所著的一本数学读物中提出:

用递归方式定义如下数列:$G(0)=0, G(n)=n-G[G(n-1)]$ $(n=1,2,3,\cdots)$. 试求其通项表达式.

这个问题直至 1986 年才由范茵(N. I. Fine) 解决.

容易算得 $G(n)$ 的前几项如下表 1 所示.

**表 1**

| $n$ | 1 | 2 | 3 | 4 | 5 | 6 | 7 | 8 | 9 | 10 | … |
|---|---|---|---|---|---|---|---|---|---|---|---|
| $G(n)$ | 1 | 1 | 2 | 3 | 3 | 4 | 4 | 5 | 6 | 6 | … |

可以猜测:$\{G(n)\}$ 是单增的,且 $G(n)-G(n-1)$ 为 0 或 1. 这一点其实可用数学归纳法严格证明.

当范茵将 $G(n)$ 接着算下去之后便发现:$G(n)$ 与 $n$ 大致成比例,即 $G(n)\approx\alpha n$,这里 $\alpha$ 为正实数.

将 $G(n)\approx\alpha n$ 代入数列通项可有

$$\alpha n\approx n-\alpha^2(n-1)$$

两边除以 $n$,且令 $n\to\infty$,则 $\alpha$ 适合方程

$$\alpha^2+\alpha-1=0$$

即 $$\alpha=\frac{1}{2}(\sqrt{5}-1)=\omega=0.618\cdots(\text{已舍方程负根})$$

进一步分析,范茵猜测:$G(n)=[\omega(n+1)]\quad(n=0,1,2,3,\cdots)$.

令 $\Phi(n)=\omega(n+1)$(注意由于 $0<\omega<1$,且 $\Phi(n)$ 取整数,则 $\Phi(0)=0$),下面证明 $G(n)=\Phi(n)$.

首先 $\Phi(0)=0$ 已说明,只需证 $\Phi(n)$ 与 $G(n)$ 按同一递归公式即可.

构造 $S_n=\Phi(n)-\Phi[\Phi(n-1)]\ (n=1,2,3,\cdots)$.

只需证明 $S(n)=n$ 即可. 记 $k=[n\omega]$,则 $n\omega=k+\theta$,其中 $0<\theta<1$,这里 $[\cdot]$ 是高斯函数(取整). 注意到

$$\Phi(n)=[(n+1)\omega]=[n\omega+\omega]=[k+\theta+\omega]=k+[\theta+\omega]$$

$$\Phi(\Phi(n-1))=F([n\alpha])=F(k)=[(k+1)\omega]$$

又 $$(k+1)\omega=\omega+k\omega=\omega+(n\omega-\theta)\omega=\omega(1-\theta)+n\omega^2$$

由 $\omega^2=1-\omega$,则上式可化为

$$(k+1)\omega=\omega(1-\theta)+n(1-\omega)=\omega(1-\theta)+n-k-\theta$$

故 $$S(n)=\Phi(n)-\Phi(\Phi(n-1))=n+[\theta+\omega]+[\omega(1-\theta)-\theta]$$

再令 $t=\omega(1-\theta)-\theta$,则 $t<\omega<1$,且 $t>-\theta>-1$,即 $-1<t<1$,故 $t\geqslant 0$ 时 $[t]=0$;$t<0$ 时 $[t]=-1$.

又 $$t=a-\theta(1+\omega)=(1+\omega)\left(\frac{\omega}{1+\omega}-\theta\right)=(1+\omega)\left(\frac{\omega^2}{\omega(1+\omega)}-\theta\right)=$$

$$(1+\omega)(\omega^2-\theta)=(1+\omega)[1-(\omega+\theta)]$$

注意到 $\omega+\theta\neq 1$ 即 $t\neq 0$. 否则 $\{n\omega\}+\{\omega\}=1$,这里 $\{\cdot\}$ 表示数的小数部分. 由此

$$[n\omega]+[\omega]+\{n\omega\}+\{\omega\}=(n+1)\omega$$

是整数,显然不妥.

由此可有若 $[\omega+\theta]=0$,即 $\omega+\theta<1$,则 $t>0$ 有 $[t]=0$;若 $[\omega+\theta]=1$,即 $\omega+\theta\geqslant 1$,则 $t\leqslant 0$,有 $[t]=-1$. 这样总可有

$$[\omega+\theta]+[\omega(1-\theta)-\theta]=0$$

从而 $$S(n)=n$$

### 4. 黄金数与优选法

说到黄金数 0.618… 的应用,其中最重要的还要数它在优选法中应用.

优选法是 20 世纪 50 年代开始发展起来的一门应用科学,由美国数学家基弗(J. Kiefe) 率先提出并倡用. 我们在“斐波那契数列的应用” 中已经谈了这方面的问题. 下面我们谈谈另外一种求一维搜索的缩区间方法 ——0.618 法.

今仍然是要求区间 $[a,b]$ 上的单峰函数 $f(x)$ 的极小值或极小点.

如图 14.3，我们在$[a,b]$内取两点 $x_1,\tilde{x}_1$ 且 $x_1<\tilde{x}_1$. 然后比较 $f(x_1)$ 和 $f(\tilde{x}_1)$ 的大小，以决定极小点在$[a,\tilde{x}_1]$内还是在$[x_1,b]$内. 于是取小区间代替$[a,b]$，如是便缩小了区间的长度. 记新区间为$[a_1,b_1]$.

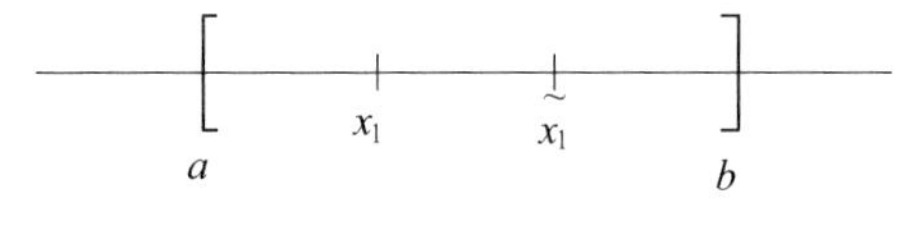


图 14.3

仿上步骤可得区间串$[a_2,b_2]$，$[a_3,b_3]$，….

这里的关键是如何选 $x_k,\tilde{x}_k$. 因每次比较两点的函数值后区间得到缩小，如果缩小区间后保留的一点仍能使用，则我们除开始的区间要计算两点函数值外，以后每步仅需计算一个函数值就行了，这样便大大地节省了运算.

假定每次迭代区间的长度按 $\alpha(0<\alpha<1)$ 倍缩小，经迭代后的区间长度或是$[a,a+\alpha(b-a)]$，或是$[b-\alpha(b-a),b]$，即

$$x_1=b-\alpha(b-a),\ \tilde{x}_1=a+\alpha(b-a)$$

若下一个区间是$[a,a+\alpha(b-a)]$，由上面的讨论应取

$$x_2=b_1-\alpha(b_1-a_1)=a_1+(1-\alpha)(b_1-a_1)$$

$$\tilde{x}_2=a_1+\alpha(b_1-a_1)$$

注意到

$$a_1=a,\ b_1=a+\alpha(b-a)$$

故

$$x_2=a+\alpha(1-\alpha)(b-a),\tilde{x}_2=a+\alpha^2(b-a)$$

因缩小区间是除去了$(\tilde{x}_1,b]$，故 $x_1$ 仍留在$[a,\tilde{x}_1]$内.

计算 $f(x_1)=f[a+(1-\alpha)(b-a)]$，故在新区间我们自然希望 $x_2$ 或 $\tilde{x}_2$ 之一与 $x_1$ 重合，这样便可少算一次函数值.

注意到 $x_1=a+(1-\alpha)(b-a)$，故 $\alpha$ 只需满足

$$1-\alpha=\alpha(1\quad\alpha)\text{（当 }x_1=x_2\text{ 时）}$$

或

$$1-\alpha=\alpha^2\text{（当 }x_1=\tilde{x}_2\text{ 时）}$$

前面得 $\alpha=1$ 不妥，而后者即由 $\alpha^2+\alpha-1=0$ 解得 $\alpha=\frac{1}{2}(-1\pm\sqrt{5})$，舍去负值，即 $\alpha=\omega$.

同样，对 $x_1=\tilde{x}_2$ 也有类似的结论.

此即说：区间$[a_k,b_k]$确定之后，可取

$$x_{k+1}=a_k+(1-\omega)(b_k-a_k),\tilde{x}_{k+1}=a_k+\omega(b_k-a_k)$$

这就是人们常称的 0.618 法.

**注**　下面是 0.618 法的算法步骤：

给定 $a,b$ 和 $\omega=0.618\ 033\ 988$，及精度 $\varepsilon$.

(1) 求 $x_1=a+(1-\omega)(b-a)$，$x_2=a+\omega(b-a)$，$f(x_1)=f_1$，$f(x_2)=f_2$.

(2) 若 $|b-a| \leqslant \varepsilon$,求出近似最优解 $x^* = \frac{1}{2}(a+b)$;否则转(3).

(3) 若 $f_1 < f_2$,则置 $a=a, x_2=b, x_1=x_2, f_1=f_2$,转(4);

若 $f_1 > f_2$,则置 $x_1=a, b=b, x_2=x_1, f_2=f_1$,转(5);

若 $f_1 = f_2$,则置 $x_1=a, x_2=b$,转(1).

(4) 求 $x_1 = a+(1-\omega)(b-a)$,置 $f(x_2)=f_1$ 转(2).

(5) 求 $x_2 = a+\omega(b-a)$,置 $f(x_2)=f_2$,转(2).

关于 0.618 法的最优性的证明可详见文献[55].下面我们给出一个较为直观的说明:

为方便起见我们把(试验范围) 区间长度视为 1,即区间为[0,1],如图14.4所示.

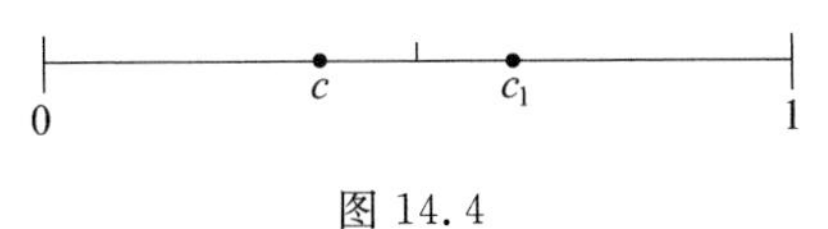


图 14.4

为比较结果,我们至少要取两点 $c, c_1$,计算比较完函数值后,可能去掉区间 $[0,c]$ 或 $[c_1,1]$,因去掉的区间希望是相等的(图 14.5),这样下一次比较时可少算一点的 $f(x)$ 值(注意这里是求函数最小值).故应适合关系式

$$c=1-c_1$$

此即说 $c, c_1$ 是两个对称点(当然当 $f(c)=f(c_1)$ 时,可同时去掉两边的区间而剩下区间 $[c,c_1]$,此时应在 $[c,c_1]$ 内重新选取两点).

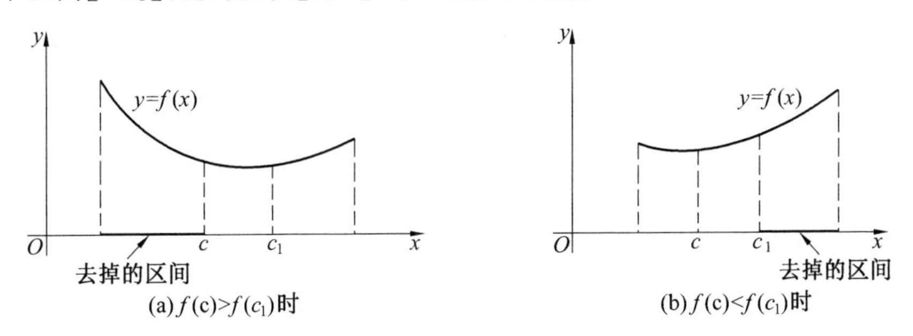


图 14.5　依照情况应淘汰的区间

若计算比较后去掉 $(c_1,1]$,留下 $[0,c_1]$,而点 $c$ 应为 $[0,c_1]$ 中位置与 $c_1$ 在 $[0,1]$ 中所处位置的点,即它们的比应相等,即

$$1:c_1=c_1:c \Longrightarrow c_1^2=c$$

又由 $c=1-c_1$,从而有 $c_1^2+c_1-1=0$.解得 $c_1=\omega$(只取正根).

## 5. 黄金数的其他应用

最后我们也想谈谈黄金数在火柴游戏的一种玩法中的制胜作用.这个游戏我们在"斐波那契数列的应用"中已有介绍,那里的依据是斐波那契数列,这里想谈谈它与黄金数 0.618… 的联系.

有两堆火柴，每堆火柴数目任意(但不相等).

两人轮流从中取出一部分，规定每人每次可从其中一堆取任意多(包括全部拿走)；也可从两堆中同时取，但要求在两堆中所取数目一样. 此外还不许一根不取.

胜负判断(仲裁)标准：谁拿到最后一根火柴谁赢.

这个游戏称"惠特霍夫(Wythoff)游戏"，该游戏于 1907 年由惠特霍夫提出，1958 年依萨克斯(R. P. Isaacs)以另一种形式(移动平面上的格点)给出，其实它们是等价的，它也称尼姆游戏. 另外这种游戏很早就在我国出现，且称"二人筷子游戏". 它的制胜秘诀是：

当你取完火柴后留下的两堆火柴分别为：$\left[\frac{n}{\omega}\right]$ 和 $\left[\frac{n}{\omega^2}\right]$ 时，你总可取胜，这里 $[x]$ 表示不超过 $x$ 的最大整数.

比如对于一些 $n$ 值与相应的火柴根数可有表 2.

表 2

| $n$ | **1** | **2** | **3** | **4** | **5** | **6** | **7** | **8** | **9** | **10** | **11** | **12** | … |
|---|---|---|---|---|---|---|---|---|---|---|---|---|---|
| $\left[\frac{n}{\omega}\right]$ | 1 | 3 | 4 | 6 | 8 | 9 | 11 | 12 | 14 | 16 | 17 | 19 | … |
| $\left[\frac{n}{\omega^2}\right]$ | 2 | 5 | 7 | 10 | 13 | 15 | 18 | 20 | 23 | 26 | 28 | 31 | … |

惠特霍夫还发现：

$\left[\frac{n}{\omega}\right]$ 和 $\left[\frac{n}{\omega^2}\right]$ 包括了全部自然数，且既不重复，也无遗漏！

如果，你记住了上表中的数字对(1,2)，它又被称为惠特霍夫数对，简称 W 数对. 你可按下面办法递推：若 $1 \sim n-1$ 对数都排好了，则第 $n$ 对数之一是前面数对中没有出现的最小自然数，把它再加上序号 $n$，便是数对中的另一个数.

比如第 4 对数，因前面 3 对数中已出现 1,2,3,4,5,6,7，而 $1 \sim 7$ 之间没出现的最小自然数显然是 6，它是第 4 对数中的一个；另一个为 $6+4=10$.

具体的取法如下：设二人为甲，乙，而甲的制胜策略在于每次取后，乙总无法取完剩下的火柴.

设对策从火柴根数 $(a,b)$ 开始，这里 $a \leqslant b$，且非 W 数对.

若 $ab=0$，或 $a=b$，则甲可取光全部火柴；否则(这时 $a<b$)，经 $n$ 步后设此时两堆火柴数分别为 $(a,b)$.

①$a$ 是 W 数对 $(a_n, b_n)$ 中的数 $a_n$，若 $b>b_n$，可从 $b$ 中取火柴 $b-b_n$ 根，使得 $(a,b)$ 变成 W 数对 $(a_n, b_n)$，记 $(a,b) \Longrightarrow (a_n, b_n)$.

若 $b < b_n$，因 $b_n = a_n + n$，必有 $0 < r < n$ 使 $b = a_n + r$.

今考察 W 数对 $(a_r, b_r)$，设 $k = a_n - a_r$，则

$$(a,b) = (a_r + k, a_r + k + r) = (a_r + k, b_r + k)$$

故甲可从两堆火柴中各取 $k$ 根使 $(a,n) \Longrightarrow (a_r, b_r)$.

② 若 $a$ 是 W 数对 $(a_n, b_n)$ 中的 $b_n$，则由 $a_n < b_n = a < b$，这只需从 $b$ 中取出 $b - a_n$ 根火柴，此时 $(a,b) \Longrightarrow (a_n, b_n)$.

对于上面的游戏有人还从二进制角度考虑给出了一个制胜法则.

关于惠特霍夫或尼姆游戏，还有一种玩法：

有一堆火柴，甲、乙两人轮流从中拿取. 甲先取，他至少要取一根火柴，但不能将整堆火柴全部取走. 以后每人每次至少要取一根火柴，但至多不能超过对方上次所取火柴根数的 2 倍.

胜负判断(仲裁)标准：取最后一根火柴者为胜.

惠尼罕(W. J. Whinihan)给出一个制胜的方法，它也依据斐波那契数列及性质.

若火柴总数 $N$ 不是 $\{F_n\}$ 中的数，则甲总可以获胜.

设 $N = \sum_{i=1}^{r} f_{k_i}$，这里 $k_1 > k_2 > \cdots > k_r \geqslant 2$，且 $r \geqslant 2$. 甲可先取 $f_{k_r}$ 根火柴. 由于 $f_{k_{r-1}} > 2f_{k_r}$，则乙所取火柴数 $x < f_{k_{r-1}}$，故乙无法取完全部火柴.

又设 $N_1 = f_{k_{r-1}} - x = \sum_{j=1}^{t} f_{m_j}$，这里 $m_1 > m_2 > \cdots > m_t \geqslant 2$. 则

$$N - x = \sum_{i=1}^{r-2} f_{k_i} + \sum_{j=1}^{t} f_{m_j}$$

而
$$N_1 = f_{k_{r-1}} - x < f_{k_{r-1}}$$

则
$$f_{m_t} < 2(f_{k_{r-1}} - N_1) = 2x$$

故甲可取 $f_{m_t}$ 根火柴.

此时，若 $N-x$ 中仅 $f_{m_t}$ 一项，则甲已获胜；否则，$N-x$ 中至少含有两项，甲取 $f_{m_t}$ 根火柴后，同样的局势留给了乙.

但若火柴总数 $N = f_n \geqslant 2$ 时，乙便有取胜的可能.

此时 $f_n - f_{n-2} = f_{n-1} < 2f_{n-2}$，若甲取 $x \geqslant f_{n-2}$ 根火柴，则乙可取完剩下的火柴；若甲取 $x < f_{n-2}$ 根火柴，注意到 $f_{n-1} < f_n - x < f_n$，知 $f_n - x$ 不是 $\{F_n\}$ 中的项，由上分析，此时乙可获胜.

顺便讲一下，有人还将上面游戏稍加改进，提出所谓欧几里得游戏.

**Euclid 游戏**　设 $(p,q)$ 为一对正整数，且 $p > q$，甲、乙二人为游戏者. 规定：用较大数减去较小数的某个正整数倍(要求减后仍是非负整数)得到新的数，用其取代原来的大数.

胜负判断(仲裁)标准：得到 0 为新的较小数者为胜.

其实，若面对$(p,q)$满足$q<p<2q$，游戏者只能选择走到$(q,p-q)$局面；而当$(p,q)$满足$p\geqslant 2q$的局面来临时，游戏胜者将留给对手.

将游戏过程直至胜局产生所出现的有序数对中的每个数依逆序排列即

$$q,\quad kq,\quad (k+1)q,\quad (2k+1)q,\quad (3k+1)q,\quad (5k+1)q,\quad \cdots$$

它恰好是斐波那契数列的$q$倍.

最后我们来看一个拼图问题.

**彭罗斯图形**　20世纪70年代，英国牛津大学理论物理学家(也是有时把数学作为娱乐消遣的数学家)彭罗斯(R. Penrose)开始有兴趣去尝试在同一张平面上用不同的瓷砖铺设的问题. 1974年当彭罗斯发表他的结果的时候，据说让人们(特别是这方面的专家)大吃一惊. 文中他确定了三类这种瓷砖(下称彭罗斯瓷砖)，第一类两种分别为风筝形和镖形(图14.6)，它们是由同一个菱形剪出的(详见后文).

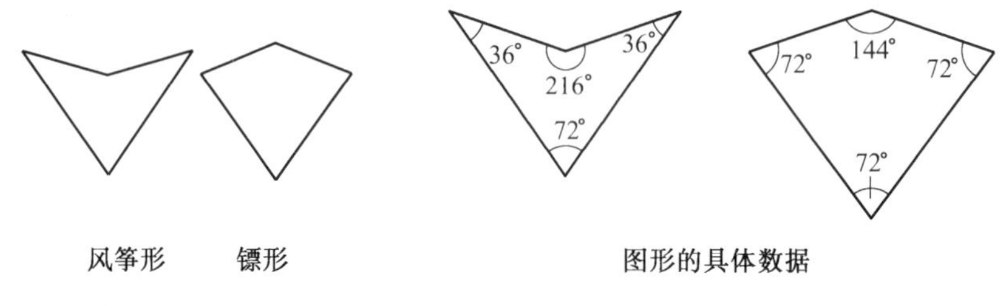


图 14.6

第二类是由边长相同、胖瘦不一的两种菱形组成的(如图14.7，它们面积比恰为$\frac{\sqrt{5}-1}{2}=0.618\cdots$).

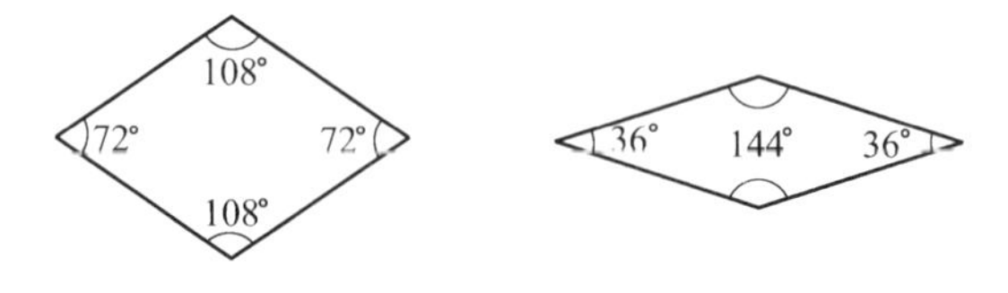


图 14.7

第三类则由四种图形组成，如图14.8所示.

有趣的是这三类瓷砖皆与正五边形(或五角星)有关：这些图形中的角要么是108°(正五边形内角)，要么是72°(正五边形外角)，要么是它们的一半或倍数：36°，144°，216°，….

又如第一类的风筝形与镖形是由一个内角为72°的菱形依照五角星对角线长来分割而成的，即图14.9(a)，(b)中$AE$，$DE$对应相等或比值相等.

这种瓷砖的奇妙之处在于：用它们中的每一类皆可无重叠又无缝隙地铺满平面；同时铺设结构不具“平移对称性”，也就是说从整体上看图形不重复.

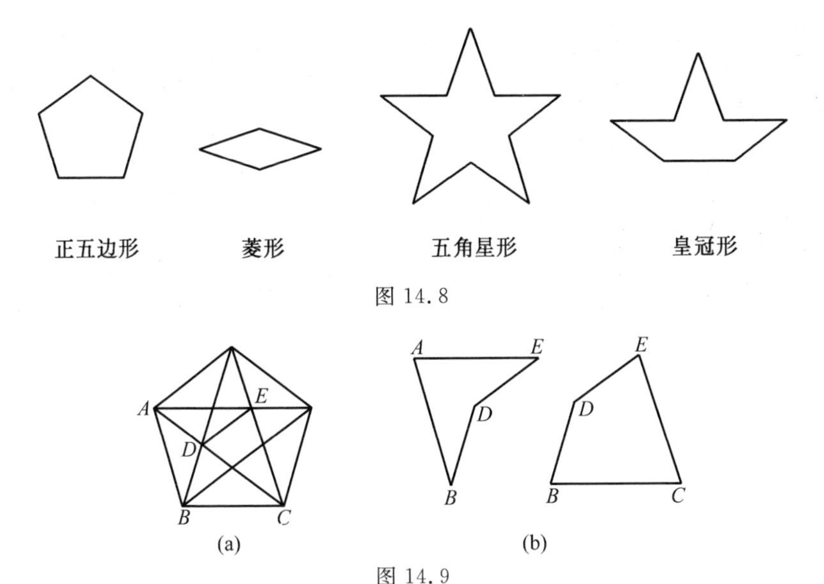


图 14.8

图 14.9

比如用第一类彭罗斯瓷砖的铺砌图形可如图 14.10 所示.

第二、三类彭罗斯瓷砖铺砌可有图 14.11 所示图形.

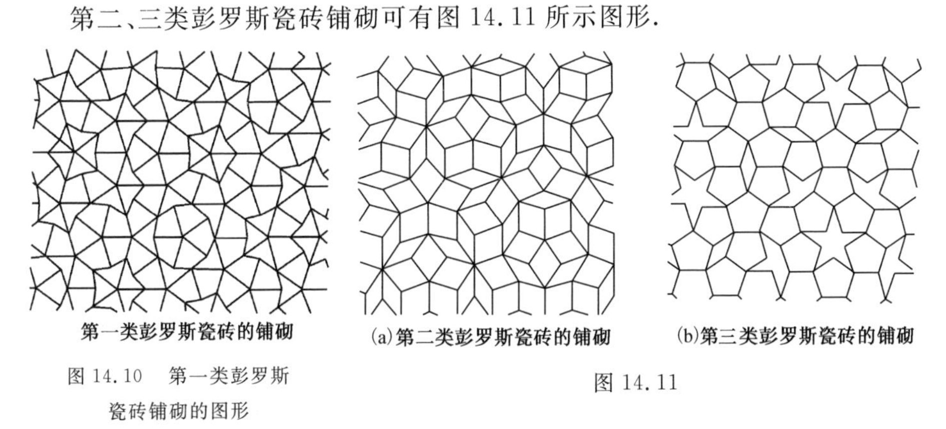


图 14.10　第一类彭罗斯瓷砖铺砌的图形

图 14.11

从图中你不难看出我们前文所说的性质:用它们所作的铺砌无重叠、无缝隙,且图形不重复(不具“平移对称性”).

更为奇妙的是,利用彭罗斯瓷砖进行铺砌时,还可从铺砌的图形中,找出上述瓷砖自身的“克隆”,比如用第三类瓷砖的铺砌中(图 14.12(a)) 总可找到它们(第三类瓷砖) 的放大图形(图 14.12(b) 中粗线所示).

当人们无法解释准晶体结构时(见前文),按彭罗斯图形构图方式形成的三维结构,正好与人们在电子显微镜下观察的一致.

此外这种图形及用它们拼摆的图形还有许多奇妙的性质,人们在不断地发掘它们.

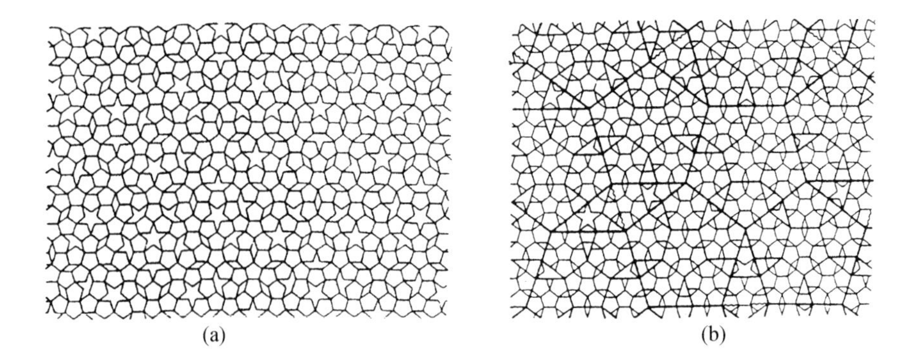


图 14.12

# 十五 杨辉（贾宪）、帕斯卡三角

前文我们介绍了涉及斐波那契数列的反正切等式

$$\sum_{k=1}^{n-1}\arctan\frac{1}{F_{2k+1}}+\arctan\frac{1}{F_{2n}}=\frac{\pi}{4}$$

利用这个性质我们给出一个由斐波那契数列中部分项倒数组成的数字三角形（如图 15.1，注意到 $F_1=F_2$，故知每行分数分母皆为 $\{F_n\}$ 中从 3 开始的奇数项 $F_3$ 打头，后面皆为 $\{F_n\}$ 中的奇数项，且项数依次为 1,2,3,4,5,…，每行止于末尾奇数项的下一个偶数项）.

$$\begin{array}{ccccccccc}
 & & & & \frac{1}{F_2} & & & & \\
 & & & \frac{1}{F_3} & & \frac{1}{F_4} & & & \\
 & & \frac{1}{F_3} & & \frac{1}{F_5} & & \frac{1}{F_6} & & \\
 & \frac{1}{F_3} & & \frac{1}{F_5} & & \frac{1}{F_7} & & \frac{1}{F_8} & \\
\frac{1}{F_3} & & \frac{1}{F_5} & & \frac{1}{F_7} & & \frac{1}{F_9} & & \frac{1}{F_{10}} \\
\cdots\cdots & & & & \cdots\cdots & & & & \cdots\cdots \\
\frac{1}{F_3} & \frac{1}{F_5} & \cdots\cdots & & & & \cdots\cdots & \frac{1}{F_{2n-1}} & \frac{1}{F_{2n}}
\end{array}$$

图 15.1

这个数字三角形有一个特性：它的每行诸数的反正切之和皆为 $\frac{\pi}{4}$. 它的证明留给读者，具体的数字如图 15.2 所示.

从图 15.2 中可以看到,数字三角形的每行以$\frac{1}{2}$打头(第 1 行除外),此外依箭线方向顺下来,即是数列$\{F_n\}$中全部项的倒数.

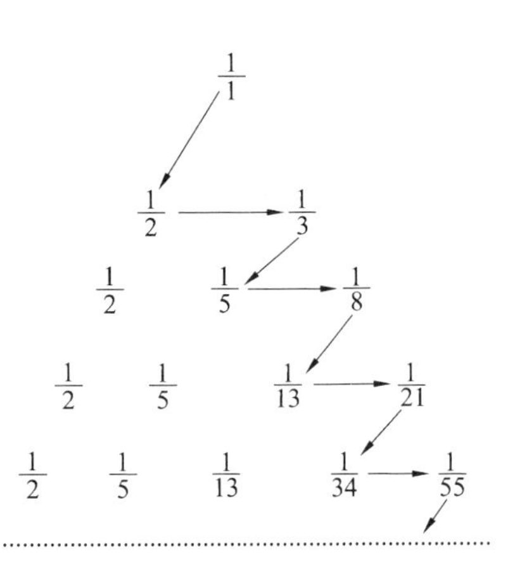

图 15.2

其实“数字三角形”是一个十分重要而有趣的课题. 比如前面的章节里我们讲了与斐波那契数列有关联的数字三角形——杨辉三角,下面我们先来谈谈它.

### 1. 杨辉(贾宪)、帕斯卡三角

我国宋代数学家杨辉的著作《详解九章算法纂类》里(1261 年),刊载了上述数字三角,在那里叫“开方作法本源”图(图 15.3),又称“平方求廉图”. 杨辉还解释说:此图源于《释锁算书》(此书是公元 1100 年以前的著作,但已失传),早为贾宪用来开方.

由于这个图形呈三角状,又是第一次在杨辉的著作中刊载,后人便称之为杨辉三角,也有人认为称贾宪三角似乎更为妥切(贾宪更早发现它).

1303 年,我国数学家朱世杰在《四元玉鉴》一书中也刊载,在那里称为“古法七椉方图”(图 15.4),只不过书中的图形是用“算筹”符号表示的.

开方作法本源

图 15.3

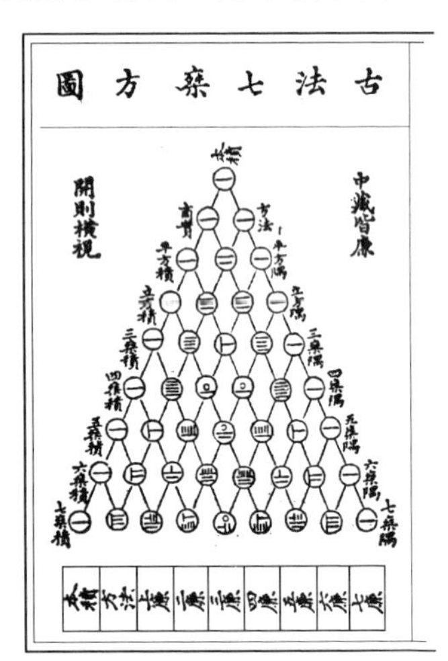

图 15.4

杨辉三角在国外又称帕斯卡三角. 帕斯卡是 17 世纪法国著名的数学、物理和哲学家,他在《算术三角形专论》一书中给出了图 15.5 所示的图形,且用它进行某些计算(此书是在 1665 年他去世后出版的).

| 1 | 1 | 1 | 1 | 1 | 1 | 1 |
|---|---|---|---|---|---|---|
| 1 | 2 | 3 | 4 | 5 | 6 | |
| 1 | 3 | 6 | 10 | 15 | | |
| 1 | 4 | 10 | 20 | | | |
| 1 | 5 | 15 | | | | |
| 1 | 6 | | | | | |
| 1 | | | | | | |

图 15.5

据载,1527年出版的阿皮亚尼斯(Apianus,1495—1552)的《算术》一书,也曾以此图形作为该书封面.

但这比起在中国学者们的发现来,至少要晚300年.

杨辉三角与二项式展开有关,它的各行分别是二项式

$$(a+b)^k \quad (k=0,1,2,\cdots)$$

展开后的诸系数,注意到(这里 $C_n^k$ 表示组合数)

$$(a+b)^n=\sum_{k=0}^{n} C_n^k a^{n-k} b^k \qquad (*)$$

这样杨辉三角可写成图15.6.

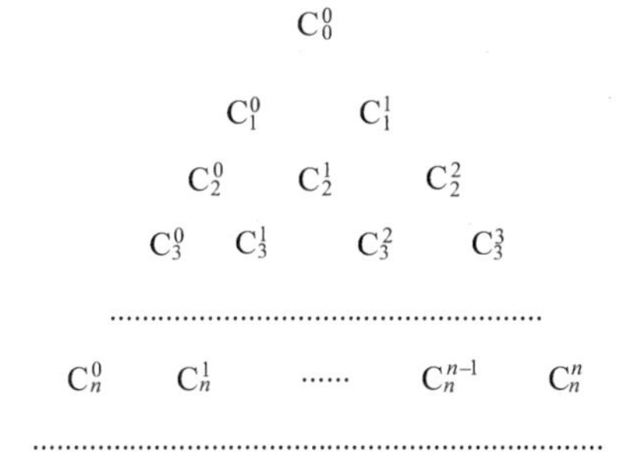


图 15.6

杨辉三角有许多性质,比如,若把杨辉三角中自上而下的各行分别称作第0行,第1行,……,第 $n$ 行,则:

**(1)** 各行中的诸数关于中心对称.

这只需注意到组合等式 $C_n^m=C_n^{n-m}$ 即可.

**(2)** 第 $n$ 行诸数之和为 $2^n$.

这只要注意到组合等式

$$\sum_{k=0}^{n} C_n^k = (1+1)^n = 2^n$$

即可. 它实际上是在式( * )中令 $a=b=1$ 得到的.

(**3**) 各行中诸数相间地冠以正、负号后再相加,它们的和为 0.

这只需在式( * )中令 $a=1, b=-1$ 或 $a=-1, b=1$ 即可,此时

$$\sum_{k=0}^{n} (-1)^k C_n^k = (1-1)^n = 0$$

(**4**) 若 $p$ 是一个质数,则杨辉三角中第 $p$ 行除两端的 1 以外都是 $p$ 的倍数. 因

$$C_p^k = \frac{p(p-1)\cdots(p-k+1)}{k!} \quad (k=1,2,\cdots,p-1)$$

又 $p$ 是质数,则 $p$ 与 $k!$ 中每个因数均互质,故 $(p, k!)=1$.

注意到 $C_p^k$ 是整数,则 $p \mid C_p^k$.

**注** 这个结论是充要的,换言之,反之亦然.

(**5**) 杨辉三角中的第 $2^k-1(k=0,1,2,\cdots)$ 的数字全是奇数.

注意到图 15.6 中第 $2^k-1$ 行的前两个数是 $1, 2^k-1$,它们均为奇数,其后的诸数是

$$C_{2^k-1}^r = \frac{(2^k-1)(2^k-2)\cdots(2^k-r)}{r!} \quad (r=2,3,\cdots,2^k-1)$$

而

$$C_{2^k-1}^r = \frac{2^k-1}{1} \cdot \frac{2^k-2}{2} \cdot \frac{2^k-3}{3} \cdot \cdots \cdot \frac{2^k-r}{r}$$

若 $r$ 是 2 的方幂: $r=2^l$($l$ 是自然数),则

$$\frac{2^k-r}{r} = \frac{2^k-2^l}{2^l} = \frac{2^{k-l}-1}{1}$$

是奇数;

若 $r$ 不是 2 的方幂,则 $r$ 可分解为 $r=2^t \cdot p$ 形式($p$ 为奇数, $t$ 为非负整数),这时

$$\frac{2^k-r}{r} = \frac{2^k-2^t p}{2^t p} = \frac{2^{k-t}-p}{p}$$

其分子、分母均为奇数.

这样, $C_{2^k-1}^r (r=2,3,\cdots,2^k-1)$ 都是奇数.

**注** 这个结论的逆命题也成立. 此外它还可以推广为:

若 $p$ 是质数,且 $p \nmid C_n^r (0 \leqslant r \leqslant n) \Longleftrightarrow n = ap^m - 1$,这里 $1 \leqslant a \leqslant p$,且 $m \geqslant 0$ 的整数.

(**6**) 杨辉三角中第 $2^k(k=1,2,\cdots)$ 行除两端的 1 之外都是偶数.

这只需注意到: $C_n^r = C_{n-1}^r + C_{n-1}^{r-1}$ 即可.

(**7**) 杨辉三角各斜行(1 走向)自上而下之和为其最后一项的右下角的数,写成组合式即

$$C_r^r + C_{r+1}^r + \cdots + C_{n-1}^r = C_n^{r+1} \quad (n > r) \qquad (**)$$

这样我们可有图 15.7 所示的数字三角形.

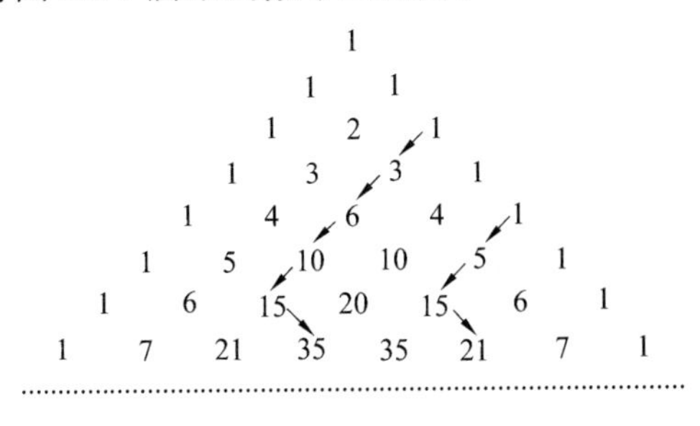


图 15.7

如图 15.7,直接验算我们可有

$$1+5+15=21,1+3+6+10+15=35,\cdots$$

下面我们用数学归纳法(对 $n$ 归纳)证明上式.

①$n=r+1$ 时,式( ** ) 左 $=1$,式右 $=C_{r+1}^{r+1}=1$,命题成立.

② 设 $n=k(k>r)$ 时命题真,即

$$C_r^r+C_{r+1}^r+\cdots+C_{k-1}^r=C_k^{r+1}$$

今考虑 $n=k+1$ 的情形,上式两边同加 $C_k^r$

$$C_r^r+C_{r+1}^r+\cdots+C_{k-1}^r+C_k^r=C_k^{r+1}+C_k^r$$

由 $C_k^r+C_k^{r+1}=C_{k+1}^{r+1}$,故有

$$C_r^r+C_{r+1}^r+\cdots+C_{k-1}^r+C_k^r=C_{k+1}^{r+1}$$

即 $n=k+1$ 时命题也真,从而对任何自然数命题都成立.

**注** 这个命题的证明还可由下面的方法完成,注意到

$$C_r^r+C_{r+1}^r+\cdots+C_{n-1}^r=$$

$$C_{r+1}^{r+1}+(C_{r+2}^{r+1}-C_{r+1}^{r+1})+(C_{r+1}^{r+3}-C_{r+2}^{r+1})+\cdots+$$

$$(C_{n-1}^{r+1}-C_{r+1}^{n-2})+(C_n^{r+1}-C_{r+1}^{n-1})=C_n^{r+1}$$

若将上式改写成

$$C_r^r+C_{r+1}^r+\cdots+C_{r+n-1}^r=C_{r+1}^{r+n}$$

则利用它可计算一些自然数(所谓高阶等差数列)的和(式( ** )本身是一个 $r$ 阶等差数列之和).

例如 $r=1,2,3$ 分别有等式

$$1+2+3+\cdots+n=C_{n+1}^2=\frac{1}{2}n(n+1)$$

$$1+3+6+\cdots+\frac{1}{2}n(n+1)=C_{n+2}^3=\frac{1}{6}n(n+1)(n+2)$$

$$1+4+10+\cdots+\frac{1}{6}n(n+1)(n+2)=C_{n+3}^4=\frac{1}{24}n(n+1)(n+2)(n+3)$$

由上面的式子我们还可得到

$$1+3+6+\cdots+\frac{1}{2}n(n+1)=$$

$$\frac{1}{2}[1\cdot 2+2\cdot 3+3\cdot 4+\cdots+n(n+1)]=$$

$$\frac{1}{3}n(n+1)(n+2)$$

一般地,若将(**)两边同乘 $r!$ 则可有

$$1\cdot 2\cdot 3\cdot\cdots\cdot r+2\cdot 3\cdot\cdots\cdot(r+1)+\cdots+n(n+1)\cdots(n+r-1)=$$

$$\frac{1}{r+1}n(n+1)\cdots(n+r)$$

若把二项式 $1+\omega$ 的各次方幂排成杨辉三角形状(图 15.8)

$$1$$

$$1+\omega$$

$$1+2\omega+\omega^2$$

$$1+3\omega+3\omega^2+\omega^3$$

$$1+4\omega+6\omega^2+4\omega^3+\omega^4$$

……………………………

图 15.8

则它中间项之和满足关系式:

**(8)** $1+C_{k+2}^{1}\omega+C_{k+4}^{2}\omega^2+\cdots+C_{k+2n}^{n}\omega^n+\cdots=\dfrac{1}{\sqrt{1-4\omega}}\left(-\dfrac{1-\sqrt{1-4\omega}}{2\omega}\right)^k$.

这只需注意到:对任意有理数 $\alpha,\beta$,有

$$1+C_{\alpha+\beta}^{1}\omega+C_{\alpha+2\beta}^{2}\omega^2+\cdots+C_{\alpha+n\beta}^{n}\omega^n+\cdots=$$

$$\frac{(1+z)^{\alpha}}{1-\omega\beta(1+z)^{\beta-1}}=\frac{x^{\alpha+1}}{(1-\beta)x+\beta} \qquad (*)$$

这里 $1+z=x$,其中 $x$ 是 $1-x+\omega x^{\beta}=0$ 的根.

而式(*)由

$$\frac{f(z)}{1-\omega\varphi'(z)}=\sum_{n=0}^{\infty}\frac{\omega^n}{n!}\left[\frac{\mathrm{d}^n f(x)[\varphi(x)]^n}{\mathrm{d}x^n}\right]_{x=0}$$

中令 $\varphi(z)=(1+z)^{\beta}$, $f(z)=(1+z)^{\alpha}$ 得到,其中

$$\omega=\sum_{k=1}^{\infty}a_k z^k,\quad z=\sum_{k=1}^{\infty}b_k\omega,\quad \varphi(z)=\frac{z}{\omega}$$

由此可有

$$z=\sum_{n=1}^{\omega^n}\frac{\omega^n}{n!}\left[\frac{\mathrm{d}^{n-1}[\varphi(x)]^n}{\mathrm{d}x^{n-1}}\right]_{x=0}$$

及

$$f(z)=f(0)+\sum_{n=1}^{n}\left[\frac{\mathrm{d}^{n-1}f'(x)[\varphi(x)]^n}{\mathrm{d}x^{n-1}}\right]_{x=0}$$

下面几个杨辉三角的性质,是“组合分析”与“数论”学科交汇领域中的奇妙结果.

(**9**) 若令 $g$ 是 $n$ 表示成二进制时它所含 1 的个数,则杨辉三角第 $n$ 行中奇数的个数是 $2^g$.

我们先来看看表 1.

**表** 1

| $n$ | 杨辉三角 | $n$ 的二进制表示 | $g$ |
| --- | --- | --- | --- |
| 0 | 1 | 0 | 0 |
| 1 | 1  1 | 1 | 1 |
| 2 | 1  2  1 | 10 | 1 |
| 3 | 1  3  3  1 | 11 | 2 |
| 4 | 1  4  6  4  1 | 100 | 1 |
| 5 | 1  5  10  10  5  1 | 101 | 2 |
| 6 | 1  6  15  20  15  6  1 | 110 | 2 |
| 7 | 1  7  21  35  35  21  7  1 | 111 | 3 |
| 8 | 1  8  28  56  70  56  28  8  1 | 1000 | 1 |
| … | … | … | … |

它的证明较为复杂,这里给出它的证明大意:

因奇数的 $C_n^r$ 的个数即是模 2 不同余 0 的 $C_n^r$ 的个数.

若记模 $p$ 不同余 0 的 $C_n^r$ 的个数为 $T(n)$,这里 $p$ 是质数,若 $n$ 的 $p$ 进制表示为

$$n = n_k n_{k-1} \cdots n_1 n_0$$

则

$$T(n) = \prod_{i=0}^{k} (n_i + 1)$$

此即说:将它的每个 $p$ 进制中的数字加上 1 再连乘起即为 $T(n)$.

就二进制而言,这些数字是 0 或 1,故当 $p=2$ 时,$T(n)$ 的诸因子均为 1 或 2. 如果 $n$ 的二进制表示中每有一个 1,则 $T(n)$ 中就有一个 2,从而

$$T(n) = 2^g$$

**注** 顺便指出:若 $g$ 是 $n$ 表二进制时 1 的个数,$h$ 为能整除的 $n!$ 的 2 的最大乘幂指数,则

$$n = g + h$$

而 $h = \left[\frac{n}{2}\right] + \left[\frac{n}{2^2}\right] + \left[\frac{n}{2^3}\right] + \cdots + \left[\frac{n}{2^k}\right]$,$k$ 是 $n$ 的二进制位数,这里[·]表示高斯函数.

这是法国数学家勒让德(Legendre,1752—1833)发现并证明的.

比如:$47 = 101111_2$,故 $g = 5$. 又

$$h = \left[\frac{47}{2}\right] + \left[\frac{47}{2^2}\right] + \left[\frac{47}{2^3}\right] + \left[\frac{47}{2^4}\right] + \left[\frac{47}{2^5}\right] = 23 + 11 + 5 + 2 + 1 = 42$$

显然

$$47 = 5 + 42$$

它的证明可略述如下:

设 $n$ 的二进制表示为 $a_k a_{k-1} \cdots a_1 a_0$,其中 $a_i$ 是 0 或 1,其中 1 的个数是 $g$. 又

$$n = a_0 + a_1 2 + a_2 2^2 + \cdots + a_k 2^k$$

故 $$\left[\frac{n}{2}\right] = a_1 + a_2 2 + \cdots + a_{k-1} 2^{k-2} + a_k 2^{k-1}$$

一般地,当 $0 < r \leqslant k$ 时,我们有

$$\left[\frac{n}{2^r}\right] = \left[\frac{1}{2^r}(a_0 + a_1 2 + \cdots + a_{r-1} 2^{r-1}) + a_r + a_{r+1} 2 + \cdots + a_k 2^{k-r}\right]$$

注意到

$$a_0 + a_1 2 + \cdots + a_{r-1} 2^{r-1} \leqslant 1 + 2 + 2^2 + \cdots + 2^{r-1} = 2^r - 1 < 2^r$$

故 $$\frac{a_0 + a_1 2 + \cdots + a_{r-1} 2^{r-1}}{2^r} < 1$$

从而 $$\left[\frac{n}{2^r}\right] = a_r + a_{r+1} 2 + \cdots + a_k 2^{k-r} (r = 1, 2, \cdots, k)$$

而 $$\sum_{r=1}^{k}\left[\frac{n}{2^r}\right] = \sum_{r=1}^{k}(a_r + a_{r+1} 2 + \cdots + a_k 2^{k-r}) =$$

$$a_1 + a_2(1 + 2) + a_3(1 + 2 + 2^2) + \cdots + a_k(1 + 2 + \cdots + 2^{k-1}) =$$

$$a_1(2 - 1) + a_2(2^2 - 1) + \cdots + a^k(2^k - 1) =$$

$$a_0 + a_1 2 + \cdots + a_k 2^k - (a_0 + a_1 + \cdots + a_k) =$$

$$n - (a_0 + a_1 + \cdots + a_k)$$

注意到 $a_0 + a_1 + \cdots + a_k = g$,从而

$$h = n - g \Longrightarrow n = h + g$$

(**10**) 杨辉三角改写后除可产生斐波那契数列 $\{F_n\}$ 外(见前文),更为有趣且耐人寻味的是:若记由杨辉三角改写产生的矩阵

$$\boldsymbol{A} = \begin{pmatrix} 1 & & & & & \\ 1 & 1 & & & & \\ 1 & 2 & 1 & & & \\ 1 & 3 & 3 & 1 & & \\ 1 & 4 & 6 & 6 & 4 & 1 \\ \cdots & \cdots & \cdots & \cdots & \cdots & \cdots \end{pmatrix}$$

$$\boldsymbol{B} = \begin{pmatrix} 1 & & & & \\ -1 & 1 & & & \\ 1 & -2 & 1 & & \\ -1 & 3 & -3 & 1 & \\ 1 & -4 & 6 & -4 & 1 \\ \cdots & \cdots & \cdots & \cdots & \cdots \end{pmatrix}$$

则 $\boldsymbol{AB} = \boldsymbol{I}$(单位矩阵),这里矩阵 $\boldsymbol{B}$ 是由二项式 $(-a + b)^n$ 展开式系数构成. 此即说 $\boldsymbol{A}, \boldsymbol{B}$ 互为逆矩阵.

显然若定义矩阵

$$\widetilde{\boldsymbol{I}}=\begin{pmatrix}1 & & & & \\ 0 & -1 & & & \\ 0 & 0 & 1 & & \\ 0 & 0 & 0 & -1 & \\ 0 & 0 & 0 & 0 & 1 \\ \cdots & \cdots & \cdots & \cdots & \cdots\end{pmatrix}$$

则$\widetilde{\boldsymbol{I}}^2=\boldsymbol{I}$,且$\boldsymbol{A}\widetilde{\boldsymbol{I}}=\widetilde{\boldsymbol{I}}\boldsymbol{B}$,这样$(\boldsymbol{A}\widetilde{\boldsymbol{I}})(\widetilde{\boldsymbol{I}}\boldsymbol{B})=\boldsymbol{A}\widetilde{\boldsymbol{I}}^2\boldsymbol{B}=\boldsymbol{AIB}=\boldsymbol{AB}$.

此外还有$(a-b)^n$展开式系数组成的矩阵

$$\boldsymbol{C}=\begin{pmatrix}1 & & & & \\ 1 & -1 & & & \\ 1 & -2 & 1 & & \\ 1 & -3 & 3 & -1 & \\ 1 & -4 & 6 & -4 & 1 \\ \cdots & \cdots & \cdots & \cdots & \cdots\end{pmatrix}$$

满足$\boldsymbol{C}^2=\boldsymbol{I}$,此即说$\boldsymbol{C}^{-1}=\boldsymbol{C}$.

其实前一结论也可从下面线性方程组的解中获取.注意到:

设$b_0,b_1,\cdots,b_k$为$k+1$个给定实数,那么线性方程组

$$b_n=\sum_{i=0}^{n}\mathrm{C}_n^i x_i\ (n=0,1,\cdots,k) \tag{$*$}$$

有唯一解

$$x_n=\sum_{i=0}^{n}(-1)^{n-1}\mathrm{C}_n^1 b_i\ (n=0,1,\cdots,k)$$

结论对$k=0,1$显然成立.设对$k-1$成立,今证对$k$成立.

将式($*$)中第$j$个方程乘以$(-1)^{k-j}\mathrm{C}_k^j\ (j=0,1,\cdots,k)$,再将所得$k+1$个方程相加,只需证

$$(-1)^{k-m}\mathrm{C}_k^m\mathrm{C}_m^m+(-1)^{k-m-1}\mathrm{C}_k^{m+1}\mathrm{C}_{m+1}^m+\cdots-\mathrm{C}_k^{k-1}\mathrm{C}_{k-1}^m+\mathrm{C}_k^k\mathrm{C}_k^m=\begin{cases}0, & m<k\\ 1, & m=k\end{cases}$$

考虑到$\mathrm{C}_k^r=\mathrm{C}_{k-1}^r+\mathrm{C}_{k-1}^{r-1}$及归纳假设知结论成立.由此可得

$$\begin{pmatrix}\mathrm{C}_0^0 & & & & \\ \mathrm{C}_1^0 & \mathrm{C}_1^1 & & & \\ \mathrm{C}_2^0 & \mathrm{C}_2^1 & \mathrm{C}_2^2 & & \\ \cdots & \cdots & \cdots & \cdots & \\ \mathrm{C}_k^0 & \mathrm{C}_k^1 & \mathrm{C}_k^2 & \cdots & \mathrm{C}_k^k\end{pmatrix}^{-1}=\begin{pmatrix}\mathrm{C}_0^0 & & & & \\ -\mathrm{C}_1^0 & \mathrm{C}_1^1 & & & \\ \mathrm{C}_2^0 & -\mathrm{C}_2^1 & \mathrm{C}_2^2 & & \\ \cdots & \cdots & \cdots & \cdots & \cdots \\ (-1)^k\mathrm{C}_k^0 & (-1)^{k-1}\mathrm{C}_k^1 & (-1)^{k-2}\mathrm{C}_k^2 & \cdots & \mathrm{C}_k^k\end{pmatrix}$$

**(11)** 将杨辉三角第$n$行上的$n+1$个数平移到从第$2n$列至$3n$列位置上,再将第$n$行中可被$n$整除的数圈起来.则:

自然数$k$是质数$\Longleftrightarrow$下表中第$k$列上所有数都是被圈的.

我们先来看看表 2.

表 2

| 列 / 行 | 0 | 1 | **2** | **3** | 4 | **5** | 6 | **7** | 8 | 9 | 10 | **11** | 12 | **13** | 14 | 15 | 16 | **17** | 18 | **19** | … |
|---|---|---|---|---|---|---|---|---|---|---|---|---|---|---|---|---|---|---|---|---|---|
| 0 | 1 | | | | | | | | | | | | | | | | | | | | |
| 1 | | | ① | ① | | | | | | | | | | | | | | | | | |
| 2 | | | | | 1 | ② | 1 | | | | | | | | | | | | | | |
| 3 | | | | | | | 1 | ③ | ③ | 1 | | | | | | | | | | | |
| 4 | | | | | | | | | 1 | ④ | 6 | ④ | 1 | | | | | | | | |
| 5 | | | | | | | | | | | 1 | ⑤ | ⑩ | ⑩ | ⑤ | 1 | | | | | |
| 6 | | | | | | | | | | | | | 1 | ⑥ | 15 | 20 | 15 | ⑥ | 1 | | |
| 7 | | | | | | | | | | | | | | | 1 | ⑦ | ㉑ | ㉟ | 35 | ㉑ | |
| 8 | | | | | | | | | | | | | | | | | 1 | | ⑧ | ㉘ | 56 |
| 9 | | | | | | | | | | | | | | | | | | | 1 | | ⑨ |
| 10 | | | | | | | | | | | | | | | | | | | | | |
| ⋮ | | | | | | | | | | | | | | | | | | | | | |

由表中可见:$k=2,3,5,7$ 时结论成立.

对于大于 2 的偶数 $k=2m$,我们有 $m>1$,且第 $m$ 行上第一个数出现在第 $k$ 列上,但这个数是 1,故不圈.

而大于 2 的偶数均为合数,则结论对偶数 $k$ 是成立的.

今假设 $k$ 是奇数,我们下面证明:

若 $k$ 是质数,则第 $k$ 列上每个数都会圈起来;若 $k$ 是合数,则第 $k$ 列上至少有一个数没有圈上.

注意到,第 $n$ 行上的数出现在第 $k$ 列上的充要条件是

$$2n \leqslant k \leqslant 3n \Longrightarrow \frac{k}{3} \leqslant n \leqslant \frac{k}{2}$$

只要看一下第 $n$ 行就知道:这一行出现在第 $k$ 列上的数是 $C_n^{k-2n}$(见表 3).

表 3

| 列 / 行 | … | $2n$ | $2n+1$ | $2n+2$ | … | $k$ | … | $3n$ | … |
|---|---|---|---|---|---|---|---|---|---|
| … | … | … | … | … | … | … | … | … | … |
| $r$ | … | $C_n^0$ | $C_n^1$ | $C_n^2$ | … | $C_n^{k-2n}$ | … | $C_n^n$ | … |
| … | … | … | … | … | … | … | … | … | … |

① 若 $k=p$ 是大于 3 的质数,则第 $k$ 列诸数为 $C_n^{p-2n}$,这里 $\frac{p}{3} \leqslant n \leqslant \frac{p}{2}$.

由于 $p>3$,则 $1<n<p$,故 $(n,p)=1$. 从而 $(n,p-2n)=1$.

如是,此列上每个数 $C_n^{p-2n}$ 为

$$C_n^{p-2n}=\frac{n!}{(p-2n)!\ (3n-p)!}=$$

$$\frac{n}{p-2n}\cdot\frac{(n-1)!}{(p-2n-1)!\ (3n-p)!}=$$

$$\frac{n}{p-2n}C_{n-1}^{p-2n-1}$$

故

$$(p-2n)C_n^{p-2n}=nC_{n-1}^{p-2n-1}$$

注意到 $n$ 整除上式左端,又 $n$ 与 $p-2n$ 互质,故 $n\mid C_n^{p-2n}$,即该数将被圈上.

② 若 $k$ 是一个奇的合数,则它可表为一些奇因子之积,令 $p$ 为其因子之一,且

$$k=p(2r+1)$$

因 $k$ 是合数,则 $r\geqslant 1$,从而 $p\leqslant pr$. 又

$$2pr<k=2pr+p\leqslant 3pr$$

从而,第 $n=pr$ 行上有一个数出现在第 $k$ 列上,这个数是

$$C_n^{k-2n}=C_{pr}^{p}$$

注意到

$$\frac{1}{pr}C_{pr}^{p}=\frac{1}{pr}\cdot\frac{pr(pr-1)(pr-2)\cdots(pr-p+1)}{p!}=$$

$$\frac{(pr-1)(pr-2)\cdots[pr-(p-1)]}{1\cdot 2\cdot 3\cdot\cdots\cdot p}$$

当 $1\leqslant i\leqslant p-1$,上式分子任何因子 $pr-i$ 均不能被质数 $p$ 整除,此即说 $pr\nmid C_{pr}^{p}$,即 $n\nmid C_n^{k-2n}$.

显然,这个数将不(或没)被圈上.

我们再谈一个关于不定方程解的问题(或勾股定理推广)与杨辉三角的关系.文献[22]中证明了下面的结论:

**(12)** 不定方程

$$x^2+y^2=z^n,\ (x,y)=1$$

的一切整数解,这里$(x,y)=1$ 表示 $x,y$ 互素(质),可表示为

$$\begin{cases}x=\sum_{k=0}^{[\frac{n}{2}]}(-1)^k C_n^{2k}e^{n-2k}f^{2k}\\ y=\sum_{k=0}^{[\frac{n-1}{2}]}(-1)^k C_n^{2k+1}e^{n-2k-1}f^{2k+1}\\ z=e^2+f^2,\ (e,f)=1\end{cases}$$

$n=2,3,4,5$ 时我们有解(见表 4).

表 4

| 方　程 | 解 $x$ | 解 $y$ |
|---|---|---|
| $x^2+y^2=z^2$ | $e^2-f^2$ | $2ef$ |
| $x^2+y^2=z^3$ | $e^3-3ef^2$ | $3e^2f-f^3$ |
| $x^2+y^2=z^4$ | $e^4-6e^2f^2+f^4$ | $4e^3f-4ef^3$ |
| $x^2+y^2=z^5$ | $e^5-10e^3f^2+5ef^4$ | $5e^4f-10e^2f^3+f$ |
| … | … | … |

上述解的变量系数可由杨辉三角得到(帮助我们去记忆,注意符号),如图 15.9 所示.

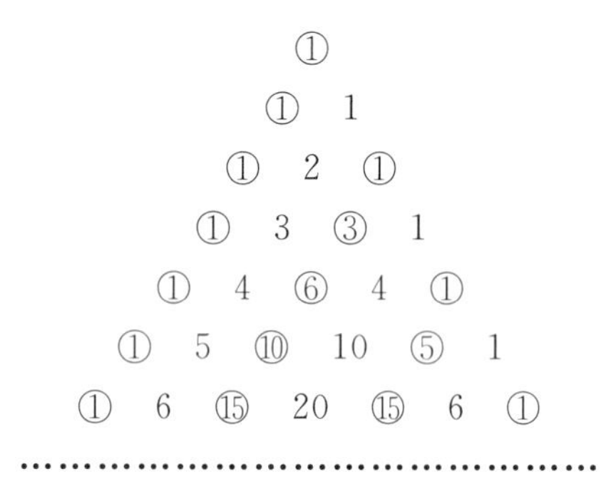


图 15.9

其中带圈的数作为 $x$ 的多项式系数,不带圈的作为 $y$ 的多项式系数,但符号均为正、负相间.

下面的一个性质也很奇妙.

(**13**) 我们将杨辉三角(图 15.10(a))改写成图 15.10(b) 所示的形式.

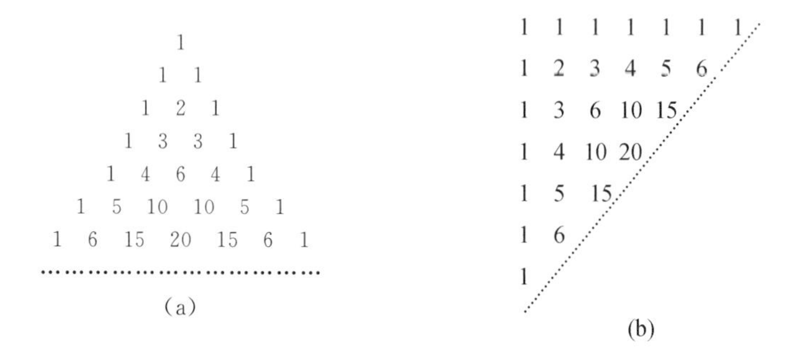


图 15.10

则从左上角取任何 $n$ 阶行列式均为 1. 如

$$1,\quad \begin{vmatrix}1 & 1\\ 1 & 2\end{vmatrix}=1,\quad \begin{vmatrix}1 & 1 & 1\\ 1 & 2 & 3\\ 1 & 3 & 6\end{vmatrix}=1,\quad \cdots$$

今用 $D_n$ 表示问题中的 $n$ 阶行列式，若用 $a_{ij}$ 表示其中第 $i$ 行，第 $j$ 列元素$(1 \leqslant i, j \leqslant n)$.

由行列式元素的构造法则，我们能够证明

$$a_{ij} = a_{i,j-1} + a_{i-1,j},\ a_{i1} = a_{1j} = 1$$

此即由组合等式 $C_{n+1}^m = C_n^m + C_n^{m-1}$，且考虑行列式中元素构成直接可得到.

对 $D_n$ 各行从最后两行开始，依次由下面一行减去其上面一行，经 $n-1$ 次减法，则元素 $a_{ij}$ 变成了 $a_{i,j-1}$，且第一列除 $a_{11}=1$ 外，其余元素均为 0.

再从最后两列开始，依次由后一列减去前一列，实施 $n-1$ 次后，元素 $a_{i,j-1}$ 变成 $a_{i-1,j-1}$. 且第一行元素除 $a_{11}=1$ 外，其余的全部变成了 0.

按第一行(或列)将 $D_n$ 展开，即为 $D_{n-1}$，如是，$D_n = D_{n-1} = \cdots = D_2 = D_1 = 1$.

## 2. 杨辉三角的应用

最后我们谈谈杨辉三角的用途.

利用杨辉三角首先可以得到二项式展开的系数，我们只要按照杨辉三角生成的规律，可以很容易地写出它的第 1,2,3,… 行，这样对于次数较低的二项式展开，应用杨辉三角还是方便的.

利用杨辉三角还可以计算某些自然数方幂和.

以上诸点，人们都已熟知，这里也不再赘述，我们想介绍一个利用杨辉三角求部分分式的方法.

我们把杨辉三角改写成图 15.11 的样子：

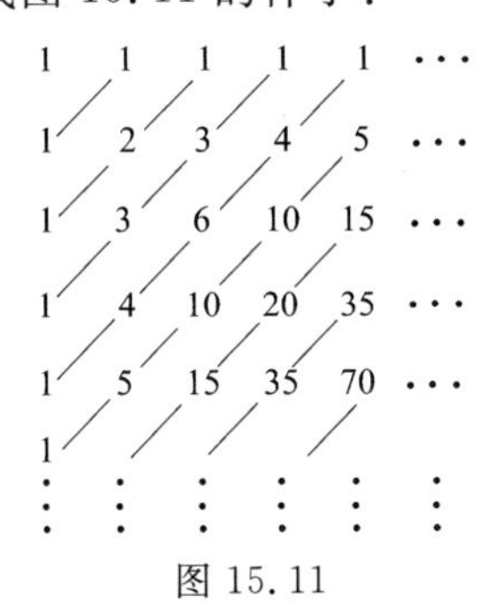


图 15.11

然后将它们的位置用图 15.12 所示坐标系中的坐标表示成

| | | | | |
|---|---|---|---|---|
| 1(0,0) | 1(0,1) | 1(0,2) | 1(0,3) | … |
| 1(1,0) | 2(1,1) | 3(1,2) | 4(1,3) | … |
| 1(2,0) | 3(2,1) | 6(2,2) | 10(2,3) | … |
| 1(3,0) | 4(3,1) | 10(3,2) | 20(3,3) | … |
| … | … | … | … | … |

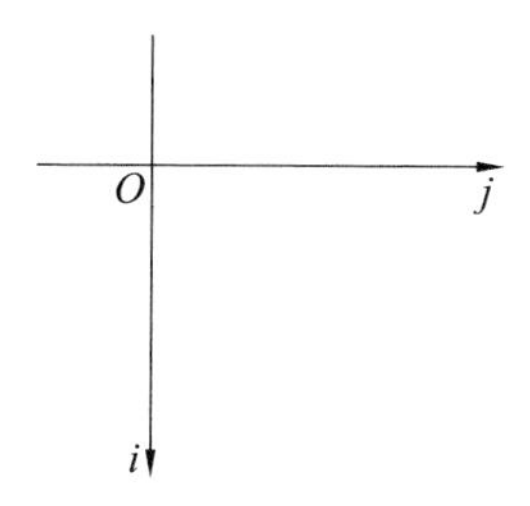


图 15.12

取其左上角 4 行 4 列,它称为 4 行 4 列(杨辉三角)矩形图.然后我再定义符号

$$(i,j)=\frac{p(x)}{(-1)^{j}(\alpha-\beta)^{i+j}(x+\alpha)^{p-i}(\alpha+\beta)^{q}}\quad(i=1,2,\cdots,\ j=1,2,\cdots)$$

其中 $p,q$ 是给定的正整数,$\alpha,\beta$ 是实常数,且 $\alpha\neq\beta$,$p(x)$ 是确定的多项式.

可以证明下面结论:

(1) 有理真分式

$$1(0,0)=\frac{A}{(x+\alpha)^{p}(x+\beta)^{q}}$$

($A$ 是常数)可以表示成(杨辉三角)矩形图中 $p+1$ 行、$q+1$ 列上的分式的线性组合.

分解式中各分式的系数等于第 $p$ 行、第 $q$ 列上分别与各分式同行和同列处的组合数,唯有 $(p,q)$ 系数取为 0,即先作图(表)15.13.

$$\begin{array}{ccccc|}
1(0,0) & 1(0,1) & 1(0,2) & \cdots & 1(0,q-1)\\
1(1,0) & 2(1,1) & 3(1,2) & \cdots & \mathrm{C}_{q}^{q-1}(1,q-1)\\
1(2,0) & 3(2,1) & 6(2,2) & \cdots & \mathrm{C}_{q+1}^{q-1}(2,q-1)\\
\cdots & \cdots & \cdots & \cdots & \cdots\\
1(p-1,0) & \mathrm{C}_{p}^{1}(p-1,1) & \mathrm{C}_{p+1}^{2}(p-1,2) & \cdots & \mathrm{C}_{p+q-2}^{q-1}(p-1,q-1)\\
\hline
1(p,0) & \mathrm{C}_{p}^{1}(p,1) & \mathrm{C}_{p+1}^{2}(p,2) & \cdots & \mathrm{C}_{p+q-1}^{q-1}(p,q-1)\ \downarrow\\
 & & & & 1(0,q)\\
 & & & & \mathrm{C}_{q}^{q-1}(1,q)\\
 & & & & \mathrm{C}_{q+1}^{q-1}(2,q)\\
 & & & & \vdots\\
 & & & & \mathrm{C}_{p+q-2}^{q-1}(p-1,q)\\
 & & & & 0(p,q)
\end{array}$$

图 15.13

则

$$\begin{aligned}A(0,0)=A[&1(p,0)+\mathrm{C}_{p}^{1}(p,1)+\mathrm{C}_{p+1}^{2}(p,2)+\cdots+\mathrm{C}_{p+q-1}^{q-1}(p,q-1)+\\&0(p,q)+\mathrm{C}_{p+q-2}^{q-1}(p-1,q)+\cdots+\mathrm{C}_{q}^{q-1}(1-q)+1(0,q)]\end{aligned}$$

(2) 若有理真分式为 $\frac{p(x)}{(x+\alpha)^{p}(x+\beta)^{q}}$,则先将它按 $\frac{1}{(x+\alpha)^{p}(x+\beta)^{q}}$ 分

成部分分式，这时 $\frac{p(x)}{(x+\alpha)^p(x+\beta)^q}$ 的部分分式为 $\frac{p(x)}{(x+\delta)^n}$ 形状，$\delta$ 为 $\alpha$ 或 $\beta$，$1\leqslant n\leqslant \max(p,q)$.

若 $p(x)$ 是 $r(r<p+q)$ 次，先将 $p(x)$ 按 $(x+\delta)$ 泰勒(B. Taylor) 展开

$$p(x)=p(-\delta)+p'(-\delta)(x+\delta)+\frac{p''(-\delta)}{2!}(x+\delta)^2+\cdots+\frac{p^{(r)}(-\delta)}{r!}(x+\delta)^r$$

则

$$\frac{p(x)}{(x+\delta)^n}=\frac{p(\delta)}{(x+\delta)^n}+\frac{p'(-\delta)}{(x+\delta)^{n-1}}+\cdots+\frac{p^{(r)}(-\delta)}{r!\ (x+\delta)^{n-r}}$$

(3) 对于有理真分式 $\frac{p(x)}{(x^2+\alpha)^p(x^2+\beta)^q}$，今令

$$(i,j)=\frac{p(x)}{(-1)^j(\alpha-\beta)^{i+j}(x^2+\alpha)^{p-i}(x^2+\beta)^{q-j}}(i,j=0,1,2,\cdots)$$

再令 $x^2+\delta=y$，则 $x=\pm\sqrt{y-\delta}$，今仅取正值推导.

$$\frac{p(x)}{(x^2+\delta)^n}=\frac{p(\sqrt{y-\delta})}{y^n}=\frac{\sqrt{y-\delta}(A_0+A_1y+\cdots+A_ky^k)+B_0+B_1y+\cdots+B_ky^k}{y^n}$$

其中

$$k=\begin{cases}\frac{r}{2}, & r\text{ 为偶数}\\ \frac{1}{2}(r-1), & r\text{ 为奇数}\end{cases}$$

即

$$\frac{p(x)}{(x^2+\delta)^n}=\frac{A_0x+B_0}{(x^2+\delta)^n}+\frac{A_1x+B_1}{(x^2+\delta)^{n-1}}+\cdots+\frac{A_kx+B_k}{(x^2+\delta)^{n-k}} \qquad (*)$$

具体步骤是：先将 $p(x)$ 按含 $x$ 的奇次幂、偶次幂项分离

$$p(x)=p(\sqrt{y-\delta})=\sqrt{y-\delta}\,p_1(y)+p_2(y)$$

其中 $p_1(y)=\sum\limits_{i=0}^{k}A_iy^i$，$p_2(y)=\sum\limits_{i=0}^{k}B_iy^i$，可得式$(*)$.

当 $n>k$ 时，$(*)$ 为部分分式

$$\frac{A_0x+B_0}{(x^2+\delta)^n},\ \frac{A_1x+B_1}{(x^2+\delta)^{n-1}},\ \cdots,\ \frac{A_{n-1}x+B_{n-1}}{x^2+\delta}$$

之和.

当 $n\leqslant k$ 时，$(*)$ 为上述部分分式及整式

$$(A_nx+B_n)(x^2+\delta)^0,\ (A_{n-1}x+B_{n-1})(x^2+\delta)^1,\ \cdots,\ (A_kx+B_k)(x^2+\delta)^{k-n}$$

之和.

关于它的理论及详细细节，可参见文献[20].

接下来看一个利用杨辉三角变形求自然数方幂的应用.

将杨辉三角稍加变形还可求某些自然数方幂和.

将 $(a\pm b)^n$ 展开式系数三角分别记为 $\triangle_1$ 与 $\triangle_2$，再将 $\triangle_1$ 中相应各数减去

$\triangle_2$ 中相应数再乘以 2,然后划去左边 0 斜边,补上右侧 0 斜边得 $\triangle_3$,又 $\triangle_1$ 与 $\triangle_2$ 相应数相加得 $\triangle_4$,最后将 $\triangle_3$ 与 $\triangle_4$ 相应数相加得 $\triangle_5$,如图 15.14 所示.

| $\triangle_3$ | $\triangle_4$ | $\triangle_5$ |
| --- | --- | --- |
| 0 | 2 | 2 |
| 4 0 | 2 0 | 6 0 |
| 8 0 0 | 2 0 2 | 10 0 2 |
| 12 0 4 0 | 2 0 6 0 | 14 0 10 0 |
| 16 0 16 0 0 | 2 0 12 0 2 | 18 0 28 0 2 |
| 20 0 40 0 2 0 | 2 0 20 0 10 0 | 22 0 60 0 14 0 |
| ………………………… | ………………………… | ………………………… |

图 15.14

$\triangle_5$ 即可用于求自然数偶次幂之和. 令 $n(n+1)=N$,有

$$\sum_{i=1}^{n} i^{2k}=\frac{2n+1}{2(2k+1)}\left[N^k+\sum_{j=1}^{k-1}\alpha_j(k)N^{k-j}\right]\quad(k>1,k\in\mathbf{N})$$

其中 $\alpha_j(k)(j=1,2,\cdots,k-1)$ 是由 $k$ 确定的常数.

只需注意到

$$\begin{aligned}&[m+(m+1)][m(m+1)]^k-[(m-1)+m][(m-1)m]^k=\\&m^k[(2m+1)(m+1)^k-(2m-1)(m-1)^k]=\\&m^k\{2m[(m+1)^k-(m-1)^k]+[(m+1)^k+(m-1)^k]\}=\\&\sum_{i=0}^{k}\frac{1+(-1)^i}{i+1}(2k-i+1)\mathrm{C}_k^i m^{2k-1}\quad(m=1,\cdots,n;k\in\mathbf{N})\end{aligned}$$

再用错位相消及归纳法即可. 这样:

① $k=1$,取 $\triangle_5$ 第二行可有

$$\sum_{k-1}^{n}k^2=\frac{2n+1}{6}N$$

② $k=2$,取 $\triangle_5$ 第三行可有

$$\sum_{k=1}^{n}k^4=\frac{2n+1}{10}\left[N^2-2\cdot\frac{1}{6}N\right]=\frac{2n+1}{10}\left(N^2-\frac{1}{3}N\right)$$

③ $k=3$,取 $\triangle_5$ 第 4 行可有

$$\begin{aligned}\sum_{k=1}^{n}k^6=&\frac{2n+1}{14}\left[N^3-10\cdot\frac{1}{10}\left(N^2-2\cdot\frac{1}{6}N\right)\right]=\\&\frac{2n+1}{14}\left(N^3-N^2+\frac{1}{3}N\right)\end{aligned}$$

④ $k=4$,取 $\triangle_5$ 第 5 行可有

$$\sum_{k=1}^{n}k^8=\frac{2n+1}{18}\left\{N^4-28\cdot\frac{1}{14}\left[N^3-10\cdot\frac{1}{10}\left(N^2-2\cdot\frac{1}{6}N\right)\right]-\right.$$

$$2\cdot\frac{1}{10}\left(N^2-2\cdot\frac{1}{6}N\right)\Big\}=$$

$$\frac{2n+1}{18}\left[N^4-2\left(N^3-N^2+\frac{1}{3}N\right)-\frac{1}{5}\left(N^2-\frac{1}{3}N\right)\right]=$$

$$\frac{2n+1}{18}\left(N^4-2N^3+\frac{9}{5}N^2-\frac{3}{5}N\right)$$

这里 $N=n(n+1)$，余类推.

我们来看另一个问题，圆上 $n$ 个点两两连线可将圆分割的区域数为（可用数学归纳法证）

$$\frac{1}{24}(n^4-6n^3+23n^2-18n+24) \qquad (*)$$

比如对于 $n=1,2,3,4,5$ 的情见图 15.15：

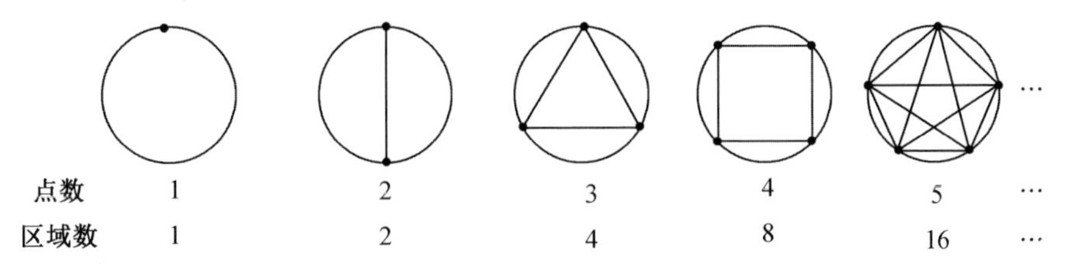


图 15.15

计算表明，它恰好为杨辉三角形

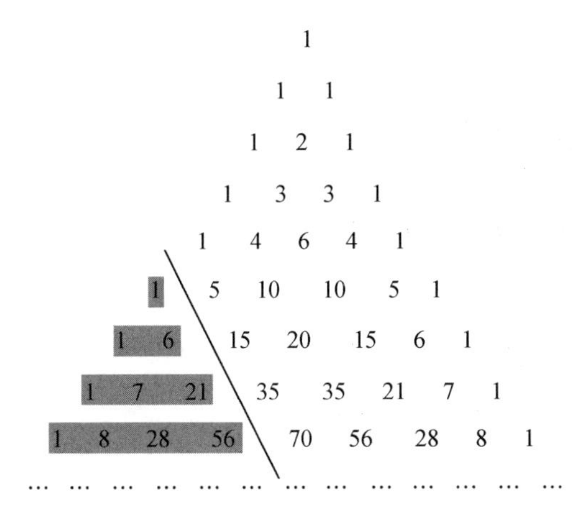


斜线"\"右边诸数和，它们每行数和分别为

$$1,2,4,8,16,31,57,99,163,\cdots$$

这也恰好对应公式$(*)$中 $n=1,2,3,4,\cdots$ 时的值.

其实这些数还可用下面方法求得.我们先将数 1,2,4,8,16,31 相间写下

$$1\quad 2\quad 4\quad 8\quad 16\quad 31$$

然后将其相邻两数差记在两数中间

$$
\begin{array}{cccccc}
1 & 2 & 4 & 8 & 16 & 31 \\
 & 1 & 2 & 4 & 8 & 15
\end{array}
$$

接下来再求相邻两数差,重复做下去:

$$
\begin{array}{c}
1\quad 2\quad 4\quad 8\quad 16\quad 31 \\
1\quad 2\quad 4\quad 8\quad 15 \\
1\quad 2\quad 4\quad 7 \\
1\quad 2\quad 3 \\
1\quad 1 \\
0
\end{array}
$$

这是一个倒三角形,每行以 1 开头. 其实它的倒两行可以不计,我们只须从 1,2,3 开始逆向来做即可.

下面我们从 1,2,3,4,5 开始逆算(下行相邻两数差为上一行相应的数,注意从 1 开始即 1 打头)可有

$$
\begin{array}{c}
1\quad 2\quad 3\quad 4\quad 5 \\
1\quad 2\quad 4\quad 7\quad 11\quad 16 \\
1\quad 2\quad 4\quad 8\quad 15\quad 26\quad 42 \\
1\quad 2\quad 4\quad 8\quad 16\quad 31\quad 57\quad 99
\end{array}
$$

最末行即为我们要求的数.

但接下来操作便不灵了. 但我们可以再从

$$1\quad 2\quad 3\quad 4\quad 5\quad 6$$

开始,最后可生成 1,2,4,8,16,31,57,99,163(多了一项 163).

要想再多生成诸数,可从 1 ～ 7,1 ～ 8,… 开始逆推便得.

顺便一说:$n$ 条直线最多可将平面分成

$$\frac{1}{2}n(n+1)+1$$

区域 $n$ 张平面最多可将空间剖分成

$$\frac{1}{6}(n^3+5n+6)$$

部分.

顺便讲一句:物体不同分组方式数即 $n$ 个相同物体按不同分组方法的分组数,比如 $n=5$ 时,物体可有如下分组方式:

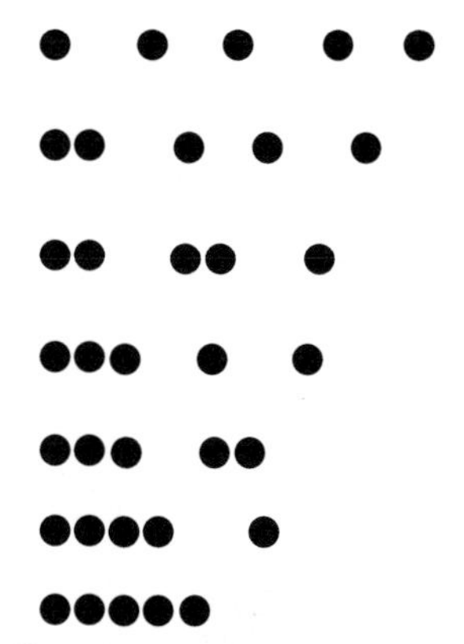

它共有 7 种,这种分组数(列)也是一种重要的数(列).

物体 1 ～ 15 的情况如表 5 所列:

| 物体个数 | 1 | 2 | 3 | 4 | 5 | 6 | 7 | 8 | 9 | 10 | 11 | 12 | 13 | 14 | 15 | … |
|---|---|---|---|---|---|---|---|---|---|---|---|---|---|---|---|---|
| 不同的分组方式数 | 1 | 2 | 3 | 5 | 7 | 11 | 15 | 22 | 30 | 42 | 56 | 77 | 101 | 135 | 176 | … |

这种数列(它被称为划分数列)在现实中出现的概率几乎和斐波那契数列一样频繁,因而它也是一种十分重要的数列.

当然它也有计算公式,它由哈代和拉马努金发现的给出的:

$$P(n)=\frac{1}{\pi\sqrt{2}}\sum_{1\leqslant k\leqslant n}\sqrt{k}\left(\sum_{h \bmod k}\omega_{n,k}\mathrm{e}^{-\pi i\frac{hn}{k}}\right)\frac{\mathrm{d}}{\mathrm{d}n}\left[\frac{\cos h\left(\pi\sqrt{n-\frac{1}{24}}\sqrt{\frac{2}{3}}/k\right)-1}{\sqrt{n-\frac{1}{24}}}\right]+O(n^{-\frac{1}{4}})$$

其实该公式给出的结果是近似的.

### 3. 杨辉三角的题外

下面的问题也与杨辉三角有关(不拘一格).

有人把杨辉三角中的数先用方块表示,然后将其中的奇数涂黑(图 15.16(a),(b)):

这似乎看不出什么门道,但当我们继续将杨辉三角涂更多行,图 15.17 是涂到第 64 行时产生的图形:

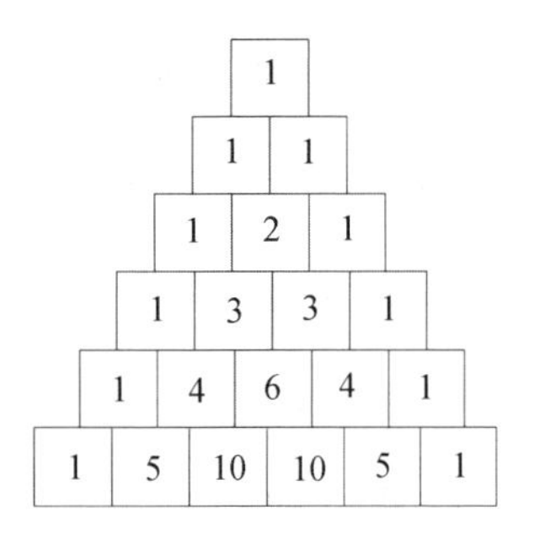


(a)

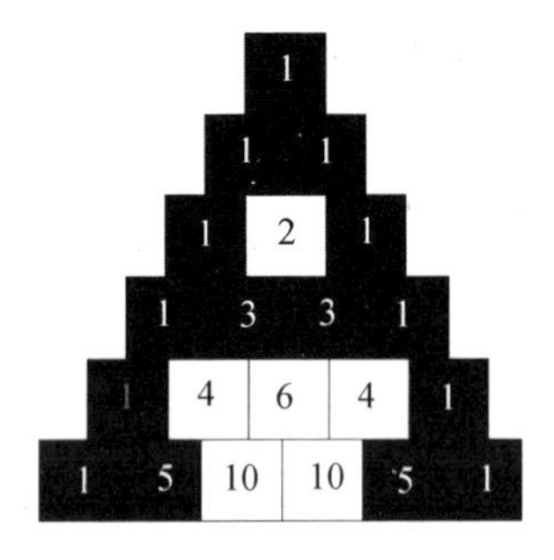


(b)

图 15.16

图 15.17

它与“分形”中的“谢尔品斯基衬势”何其相似(图 15.18). 注意它的(自相似)维数不是 2,而是 $\log_2 3 \simeq 1.5849625$.

图 15.18

有人还将贝拿勒斯神庙里移动金片问题[26] 的移动状态给出图 15.19：

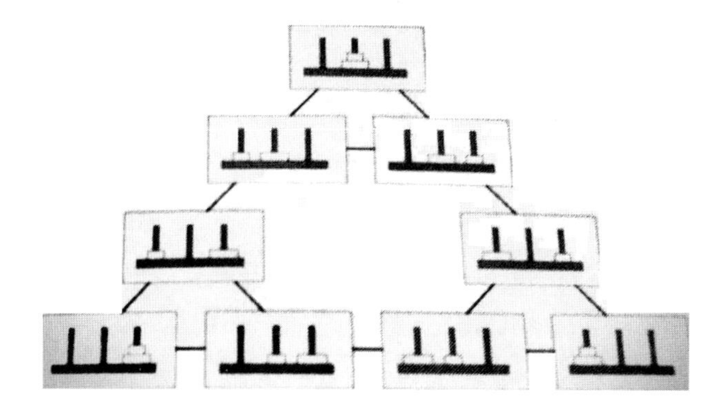

图 15.19　两片金片时移动状态图

用递归法可导出更多片圆盘移动状态图，比如图 15.19 复制 3 份后，再将它复制 3 份可得图 15.20：

它居然也与"谢尔品斯基衬垫"相似.

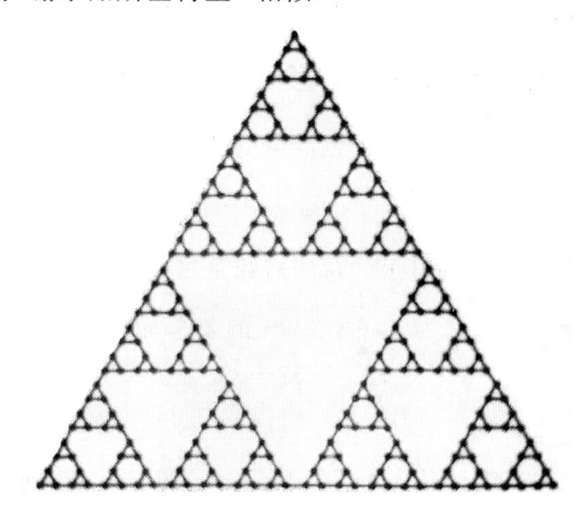

图 15.20　5 片金片时移动状态图

它居然也与"谢尔品斯基衬垫"相似.

# 十六 其他数字三角形

由于杨辉三角的许多奇特性质和美妙应用，加上它规律明显，直观形象等，使人们开始探索其他数字三角形.

## 1. 一个分数三角形与杨辉三角

我们先来看一个也产生杨辉三角的数字三角形.

将分数 $1,\frac{1}{2},\frac{1}{3},\cdots,\frac{1}{n},\cdots$ 按照下面规律排图：自第二行起每个数均为其上一行两肩数字之差（后项减前项），这样可有图 16.1（称其为 $1,\frac{1}{2},\frac{1}{3},\cdots$ 的差三角形）：

$$
\begin{array}{ccccccccccccc}
1 & & \frac{1}{2} & & \frac{1}{3} & & \frac{1}{4} & & \frac{1}{5} & & \frac{1}{6} & & \cdots \\
& -\frac{1}{2} & & -\frac{1}{6} & & -\frac{1}{12} & & -\frac{1}{20} & & -\frac{1}{30} & & \cdots & \\
& & \frac{1}{3} & & \frac{1}{12} & & \frac{1}{30} & & \frac{1}{60} & & \cdots & & \\
& & & -\frac{1}{4} & & -\frac{1}{20} & & -\frac{1}{60} & & \cdots & & & \\
& & & & \frac{1}{5} & & \frac{1}{30} & & \cdots & & & & \\
& & & & & -\frac{1}{6} & & \cdots & & & & &
\end{array}
$$

图 16.1

再将它顺时针旋转 $60^\circ$ 便有图 16.2（它有该图右侧的生成模式或规律）.

$$
\begin{array}{ccccccccccc}
 & & & & & 1 & & & & & \\
 & & & & -\frac{1}{2} & & \frac{1}{2} & & & & \\
 & & & \frac{1}{3} & & -\frac{1}{6} & & \frac{1}{3} & & & \\
 & & -\frac{1}{4} & & \frac{1}{12} & & -\frac{1}{12} & & \frac{1}{4} & & \\
 & \frac{1}{5} & & -\frac{1}{20} & & \frac{1}{30} & & -\frac{1}{20} & & \frac{1}{5} & \\
-\frac{1}{6} & & \frac{1}{30} & & -\frac{1}{60} & & \frac{1}{60} & & -\frac{1}{30} & & \frac{1}{6}
\end{array}
$$

…………………………………………………

对每个小Δ而言
其数字生成模式

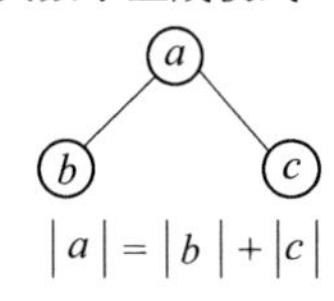


图 16.2

再请注意图 16.2 中诸数字间有下面规律

$$1=\frac{1}{2}+\frac{1}{6}+\frac{1}{12}+\frac{1}{20}+\frac{1}{30}+\cdots$$

$$\frac{1}{2}=\frac{1}{3}+\frac{1}{12}+\frac{1}{30}+\frac{1}{60}+\cdots$$

$$\frac{1}{3}=\frac{1}{4}+\frac{1}{20}+\frac{1}{60}+\cdots$$

只是需留神斜线“\”上数字符号(或取绝对值)即可.

再将它们的符号全换为正号(取绝对值)后,每行诸数均除以该行最右面的一个数,则有图 16.3.

$$
\begin{array}{ccccccccccccc}
 & & & & & & 1 & & & & & & \\
 & & & & & 1 & & 1 & & & & & \\
 & & & & 1 & & \frac{1}{2} & & 1 & & & & \\
 & & & 1 & & \frac{1}{3} & & \frac{1}{3} & & 1 & & & \\
 & & 1 & & \frac{1}{4} & & \frac{1}{6} & & \frac{1}{4} & & 1 & & \\
 & 1 & & \frac{1}{5} & & \frac{1}{10} & & \frac{1}{10} & & \frac{1}{5} & & 1 & \\
1 & & \frac{1}{6} & & \frac{1}{15} & & \frac{1}{20} & & \frac{1}{15} & & \frac{1}{6} & & 1
\end{array}
$$

…………………………………………………

图 16.3

最后图 16.3 中每个数取倒数便得杨辉三角,如图 16.4 所示.

$$\begin{array}{c} 1 \\ 1 \quad 1 \\ 1 \quad 2 \quad 1 \\ 1 \quad 3 \quad 3 \quad 1 \\ 1 \quad 4 \quad 6 \quad 4 \quad 1 \\ 1 \quad 5 \quad 10 \quad 10 \quad 5 \quad 1 \\ 1 \quad 6 \quad 15 \quad 20 \quad 15 \quad 6 \quad 1 \\ \cdots\cdots\cdots\cdots\cdots\cdots\cdots\cdots \end{array}$$

图 16.4

其实这个过程可以逆过来，即从杨辉三角取倒数而生成前面（分数）图16.3的数字三角形.

这只需注意到数列 $1,\frac{1}{2},\frac{1}{3},\cdots,\frac{1}{n},\cdots$ 的差三角形可写成下面图16.5的组合数形式.

$$\begin{array}{ccccccccccccc}
\frac{1}{C_0^0} & & \frac{1}{2C_1^1} & & \frac{1}{3C_2^2} & & \frac{1}{4C_3^3} & & \frac{1}{5C_4^4} & & \frac{1}{6C_5^5} & & \cdots \\
& -\frac{1}{2C_1^0} & & -\frac{1}{3C_2^1} & & -\frac{1}{4C_3^2} & & -\frac{1}{5C_4^3} & & -\frac{1}{6C_5^4} & & \cdots & \\
& & \frac{1}{3C_2^0} & & \frac{1}{4C_3^1} & & \frac{1}{5C_4^2} & & \frac{1}{6C_5^3} & & \cdots & & \\
& & & -\frac{1}{4C_3^0} & & -\frac{1}{5C_4^1} & & -\frac{1}{6C_5^2} & & \cdots & & & \\
& & & & \frac{1}{5C_4^0} & & \frac{1}{6C_5^1} & & \cdots & & & & \\
& & & & & -\frac{1}{6C_5^0} & & \cdots & & & & &
\end{array}$$

图 16.5

其中负号出现在第 2,4,6,…(即偶数) 行.

又当 $k \leqslant n-1$ 时，等式

$$\frac{1}{nC_{n-1}^k}-\frac{1}{(n+1)C_n^{k+1}}=\frac{1}{(n+1)C_n^k}$$

成立.

这只需注意到

$$式左=\frac{k!}{n(n-1)\cdots(n-k)}-\frac{(k+1)!}{(n+1)n\cdots(n-k)}=$$

$$\frac{k!}{n(n-1)\cdots(n-k)}\left(1-\frac{k+1}{n+1}\right)=$$

$$\frac{k!}{n(n-1)\cdots(n-k)}\cdot\frac{n-k}{n+1}=\frac{1}{(n+1)C_n^k}$$

得到上面的三角形后，再实施题目的变换即可得杨辉三角.

## 2. 推广的杨辉三角

下面来看一下推广的杨辉三角.

我们知道，杨辉三角与二项式展开系数有关. 如果考虑三项式展开系数，则有下面的图 16.6.

| | | | | | | | | | | | |
|---|---|---|---|---|---|---|---|---|---|---|---|
| | | | | | 1 | | | | | | 第 0 行 |
| | | | | 1 | 1 | 1 | | | | | 第 1 行 |
| | | | 1 | 2 | 3 | 2 | 1 | | | | 第 2 行 |
| | | 1 | 3 | 6 | 7 | 6 | 3 | 1 | | | 第 3 行 |
| | | | | \ | / | | | | | | | |
| | 1 | 4 | 10 | (16) | 19 | 16 | 10 | 4 | 1 | | 第 4 行 |
| 1 | 5 | 15 | 30 | 45 | 51 | 45 | 30 | 15 | 5 | 1 | 第 5 行 |
| …… | | | | | | | | | | | … |

图 16.6

图 16.6 的构成：从第二行起图 16.6 中每个数均为它上一行所对的数与它两肩上的数字（三个）之和，比如 $16=3+6+7$ 等.

图 16.6 第 $k$ 行中的诸数恰好是三项式 $(x^2+x+1)^k$ $(k=0,1,2,\cdots)$ 的展开式的诸系数（按升或降幂排列）.

图 16.6 也有许多性质，比如：

**(1)** 它是中心对称的.

**(2)** 图 16.6 中每行诸数之和分别为 $3^0, 3^1, 3^2, \cdots$，如

$$1+1+1=3$$

$$1+2+3+2+1=3^2$$

$$1+3+6+7+6+3+1=3^3$$

……………………………

这只需在 $(x^2+x+1)^k$ 及其展开式中令 $x=1$ 即可.

**(3)** 图 16.6 中各横行诸数相间地冠以“+”，“−”，然后再求和，则它们的和总是 1.

这只需在 $(x^2+x+1)^k$ 及其展开式中令 $x=-1$ 即可.

**(4)** 图 16.6 中每行诸数平方和总仍是图 16.6 中的数（即三项式系数）.

如 $1^2+2^2+3^2+2^2+1^2=19$ 等.

这只需考虑 $(x^2+x+1)^n(x^2+x+1)^m=(x^2+x+1)^{m+n}$ 两边展开式的系

数,还可有更一般的结论.

(**5**) 图 16.6 中"/"走向的第 1,2,3 斜行中诸数与杨辉三角中相应诸行的各段相同.

如果把三项式 $1+\omega+\omega^2$ 的各次幂排列成推广的杨辉三角形状,如图 16.7 所示.

$$
\begin{array}{c}
1 \\
1+\omega+\omega^2 \\
1+2\omega+3\omega^2+2\omega^3+\omega^4 \\
1+3\omega+6\omega^2+7\omega^3+6\omega^4+3\omega^5+\omega^6 \\
\cdots\cdots\cdots\cdots\cdots\cdots\cdots\cdots\cdots\cdots
\end{array}
$$

图 16.7

则它的全部中间项和有表达式:

(**6**) $1+\omega+3\omega^2+7\omega^3+\cdots=\dfrac{1}{\sqrt{1-2\omega-3\omega^2}}$.

这只需在"杨辉(贾宪)、帕斯卡三角"提到过的结论(公式)

$$\frac{f(z)}{1-\omega\varphi'(z)}=\sum_{n=0}^{\infty}\frac{\omega^n}{n!}\left\{\frac{\mathrm{d}^n f(x)[\varphi(x)]^n}{\mathrm{d}x^n}\right\}_{x=0}$$

中,令 $\varphi(z)=1+z+z^2$,$f(z)=1$ 即可.

由

$$z=\frac{1-\omega-\sqrt{1-2\omega-3\omega^2}}{2\omega}$$

有
$$\sum_{n=0}^{\infty}\frac{\omega^n}{n!}\left[\frac{\mathrm{d}^n(1+x+x^2)}{\mathrm{d}x^n}\right]_{x=0}=\frac{1}{\sqrt{1-\omega(1+2z)}}=\frac{1}{1-2\omega-3\omega^2}$$

这里注意 $\omega=\dfrac{z}{\varphi(z)}$ 的事实.

当然图 16.6 还有许多性质,请你自行去发掘一下.

### 3. 杨辉三角的再推广

我们还可将图 16.6 的数表再行推广,可得 $(x^3+x^2+x+1)^n$ 展开式系数图,如图 16.8 所示.

图 16.8 的特点是:图中诸数均为其肩上四个数之和. 比如 $10=4+3+2+1$,$31=3+6+10+12$ 等.

图 16.8 仿杨辉三角性质,也可找到其某些有趣的性质,这留给读者考虑.

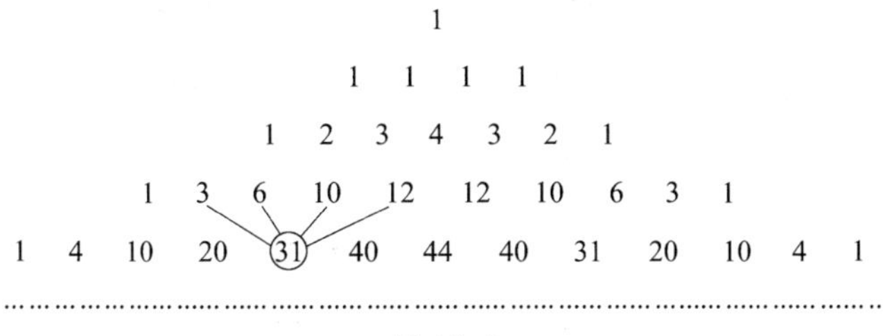


图 16.8

再如我们还可以造一些其他数图，它常可以帮助我们进行某些计算，比如图 16.9.

1 1 1 1

1 2 2 2 1

1 3 4 4 3 1

1 4 7 8 7 4 1

1 5 11 15 15 11 5 1

……

图 16.9

图 16.9 的特点是：第 1 行全是 1（四个 1），以后诸行每个数均为其上一行两肩上的数之和.

图 16.9 第 $n$ 行中的诸数，恰为代数式 $(1+x^2)(1+x)^n$ 展开式中的系数（按 $x$ 的升或降幂排列）.

当然，你也会发现它的某些性质，同时我们还可以把这种推广继续下去.

## 4. 莱布尼兹三角形

下面看看其他的数字三角形，先来看所谓莱布尼兹（G. Leibniz, 1646—1716）三角形（图 16.10）.

$$\frac{1}{1}$$

$$\frac{1}{2} \quad \frac{1}{2}$$

$$\frac{1}{3} \quad \frac{1}{6} \quad \frac{1}{3}$$

$$\frac{1}{4} \quad \frac{1}{12} \quad \frac{1}{12} \quad \frac{1}{4}$$

$$\frac{1}{5} \quad \frac{1}{20} \quad \frac{1}{30} \quad \frac{1}{20} \quad \frac{1}{5}$$

$$\frac{1}{6} \quad \frac{1}{30} \quad \frac{1}{60} \quad \frac{1}{60} \quad \frac{1}{30} \quad \frac{1}{6}$$

……

图 16.10

它与我们前面提到的产生杨辉三角形的(分数) 数字三角形相像(只是没有“+”“-”),它实际上也是将杨辉三角中的每个数 $C_n^r$ 换成 $\frac{1}{n+1}C_n^r$ 得到的.

图 16.10 中的数的关系或生成模式如图 16.11 所示.

图 16.11

相邻每个小“△”形顶点上的三数关系为 $c=a-b$. 比如

$$\frac{1}{2}-\frac{1}{3}=\frac{1}{6},\quad \frac{1}{12}-\frac{1}{20}=\frac{1}{30}$$

这一点也正是我们前面提到过的关系式

$$\frac{1}{(n+1)C_n^{r-1}}+\frac{1}{(n+1)C_n^k}=\frac{1}{nC_n^{r-1}}$$

莱布尼兹三角也有许多有趣的性质,比如:

图 16.10 中“/” 走向第 2 斜线上诸数和恰好是 1

$$1=\frac{1}{2}+\frac{1}{6}+\frac{1}{12}+\frac{1}{20}+\frac{1}{30}+\cdots$$

(此式前文也已见过,其实这是把数 1 表示为无穷项不同的单位分数和.[①])

图 16.10 中“/” 走向第 3 斜线上诸数和恰好是 $\frac{1}{2}$

$$\frac{1}{2}=\frac{1}{3}+\frac{1}{12}+\frac{1}{30}+\frac{1}{60}+\frac{1}{105}+\cdots$$

一般地,图 16.10 中“/” 走向第 $k+1$ 条斜线上诸数和恰好为 $\frac{1}{k}$.

---

① 关于 1 表为不同单位分数和的问题,也是“数论” 中的 一个重要话题,它有许多有趣的结果,比如:项数最少的表示是:$1=\frac{1}{2}+\frac{1}{3}+\frac{1}{6}$(注意到该等式还与所谓“完全数” 有关,因为 6 是一个完全数,即 $6=1+2+3$),如果只用奇数分母表示,1976 年人们发现:项数最少者是九项,它有五组解,这五组解的前六项均为

$$\frac{1}{3},\ \frac{1}{5},\ \frac{1}{7},\ \frac{1}{9},\ \frac{1}{11},\ \frac{1}{15}$$

而其余诸项分别为

$$\frac{1}{35},\frac{1}{45},\frac{1}{231};\quad \frac{1}{21},\frac{1}{135},\frac{1}{10\,395};\quad \frac{1}{21},\frac{1}{165},\frac{1}{693};\quad \frac{1}{21},\frac{1}{231},\frac{1}{315};\quad \frac{1}{33},\frac{1}{45},\frac{1}{385}$$

若只有奇数分母表示,其最大分母的最小表示为

$$1=\frac{1}{3}+\frac{1}{5}+\frac{1}{7}+\frac{1}{9}+\frac{1}{11}+\frac{1}{33}+\frac{1}{35}+\frac{1}{45}+\frac{1}{55}+\frac{1}{77}+\frac{1}{105}$$

顺便讲一句,关于 1 表为不同单位分数的方法有多少,目前连近似值估计也未得到.

### 5. 法莱三角

我们再来看看法莱(J. Farey,1766—1826) 三角.

从$\frac{0}{1}$,$\frac{1}{1}$作为第一行开始,以后诸行均是以$\frac{0}{1}$开头,$\frac{1}{1}$结尾;中间的数(项)这样产生:

把它两肩上的数的分子相加作为该数的分子;把它两肩上的数的分母相加作为该数的分母(注意约分).

这样,我们可以得到数字三角形,如图 16.12 所示.

$$
\begin{array}{ccccccc}
 & & \frac{0}{1} & & \frac{1}{1} & & \\
 & \frac{0}{1} & & \frac{1}{2} & & \frac{1}{1} & \\
 & & \searrow\ \nearrow & & \searrow\ \nearrow & & \\
\frac{0}{1} & & \frac{1}{3} & & \frac{2}{3} & & \frac{1}{1}
\end{array}
$$

图 16.12

接着我们将图 16.12 中的末两行数按图中箭头方向指向顺序地排成一行,便有

$$\frac{0}{1}\quad\frac{1}{3}\quad\frac{1}{2}\quad\frac{2}{3}\quad\frac{1}{1}$$

接下来再对它实施上述产生图 16.12 中数的步骤可得图 16.13(a).

$$
\begin{array}{ccccccccccc}
 & \frac{0}{1} & & \frac{1}{3} & & \frac{1}{2} & & \frac{2}{3} & & \frac{1}{1} & \\
\frac{0}{1} & & \frac{1}{4} & & \frac{2}{5} & & \frac{3}{5} & & \frac{3}{4} & & \frac{1}{1}
\end{array}
$$

(a)

$$
\begin{array}{ccccccccccc}
 & \frac{0}{1} & & \frac{1}{3} & & \frac{1}{2} & & \frac{2}{3} & & \frac{1}{1} & \\
 & \searrow\nearrow & & \searrow\nearrow & & \searrow\nearrow & & \searrow\nearrow & & & \\
\frac{0}{1} & & \frac{1}{4} & & \frac{2}{5} & & \frac{3}{5} & & \frac{3}{4} & & \frac{1}{1}
\end{array}
$$

(b)

图 16.13

仍将它们(图表中的数) 按图 16.13(b) 中箭头方向顺序地排成一列,为

$$\frac{0}{1}\quad\frac{1}{4}\quad\frac{1}{3}\quad\frac{2}{5}\quad\frac{1}{2}\quad\frac{3}{5}\quad\frac{2}{3}\quad\frac{3}{4}\quad\frac{1}{1}$$

重复前述运算要求可得图 16.14.

$$
\begin{array}{ccccccccccccccccccc}
 & \frac{0}{1} & & \frac{1}{4} & & \frac{1}{3} & & \frac{2}{5} & & \frac{1}{2} & & \frac{3}{5} & & \frac{2}{3} & & \frac{3}{4} & & \frac{1}{1} & \\
 & \searrow\nearrow & & \searrow\nearrow & & \searrow\nearrow & & \searrow\nearrow & & \searrow\nearrow & & \searrow\nearrow & & \searrow\nearrow & & \searrow\nearrow & & \searrow & \\
\frac{0}{1} & & \frac{1}{5} & & \frac{2}{7} & & \frac{3}{8} & & \frac{3}{7} & & \frac{4}{7} & & \frac{5}{8} & & \frac{5}{7} & & \frac{4}{5} & & \frac{1}{1}
\end{array}
$$

图 16.14

如此下去,这样我们将上述过程中产生的排排数罗列起来可以得到如图

16.15 的数字三角形.

$$\frac{0}{1}\quad\frac{1}{1}$$

$$\frac{0}{1}\quad\frac{1}{2}\quad\frac{1}{1}$$

$$\frac{0}{1}\quad\frac{1}{3}\quad\frac{1}{2}\quad\frac{2}{3}\quad\frac{1}{1}$$

$$\frac{0}{1}\quad\frac{1}{4}\quad\frac{1}{3}\quad\frac{2}{5}\quad\frac{1}{2}\quad\frac{3}{5}\quad\frac{2}{3}\quad\frac{3}{4}\quad\frac{1}{1}$$

$$\frac{0}{1}\ \frac{1}{5}\ \frac{1}{4}\ \frac{2}{7}\ \frac{1}{3}\ \frac{3}{8}\ \frac{2}{5}\ \frac{3}{7}\ \frac{1}{2}\ \frac{4}{7}\ \frac{3}{5}\ \frac{5}{8}\ \frac{2}{3}\ \frac{5}{7}\ \frac{3}{4}\ \frac{4}{5}\ \frac{1}{1}$$

……………………………………………………

图 16.15

图 16.15 中每行除去分母大于该行数的分数即第 $k$ 行除去分母大于 $k$ 的分数后,便囊括了分母小于 $k$ 的全部既约真分数,并且图中数字的顺序即为分数大小的顺序.这些分数称为法莱分数列(法莱贯),具体地讲为 $k$ 阶法莱贯.

如(图中末一行数字中分母不大于 5 的数)

$$0,\frac{1}{5},\frac{1}{4},\frac{1}{3},\frac{2}{5},\frac{1}{2},\frac{3}{5},\frac{2}{3},\frac{3}{4},\frac{4}{5},1$$

是五阶法莱贯.

如果定义分数 $\frac{b}{a},\frac{d}{c}$ 的中项为 $\frac{b+d}{a+c}$,则法莱分数贯有下列性质:

(1) $n$ 阶法莱贯 $\{\Phi_n\}$ 的相邻项的中项是不可约的,且其分母大于 $n$.

(2) $n$ 阶法莱贯 $\{\Phi_n\}$ 的两相邻项之差为其分母乘积的倒数.

(3) $n$ 阶法莱贯 $\{\Phi_n\}$ 中三个连续项中间的一项为它相邻项的中项.

(4) $n$ 阶法莱贯 $\{\Phi_n\}$ 中相邻两项法莱分数 $\frac{a}{b},\frac{c}{d}$ 满足 $bc-ad=1$.

如果用坐标系将法莱分数 $\frac{b}{a}$ 表示出来,即用点 $(a,b)$ 表示这个分数,可以得到八阶法莱分数贯

$$\frac{0}{1},\frac{1}{8},\frac{1}{7},\frac{1}{6},\frac{1}{5},\frac{1}{4},\frac{2}{7},\frac{1}{3},\frac{3}{8},\frac{2}{5},\frac{3}{7},\frac{1}{2},\frac{4}{7},\frac{5}{5},\frac{5}{8},\frac{2}{3},\frac{5}{7},\frac{3}{4},\frac{4}{5},\frac{5}{6},\frac{6}{7},\frac{7}{8},\frac{1}{1}$$

的全部点,这些点有如下性质:

(1) 由 $\frac{b}{a}$ 是既约分数,故联结 $(0,0)$ 与 $(a,b)$ 的线段,不经过任何整点(两坐标皆为整数的点).

(2) 所有点均在 $x$ 轴和第一象限夹角平分线之间.

(3) 对应于 $n$ 阶法莱贯的点到 $y$ 轴最远距离是 $n$.

我们再按照法莱分数从小到大的顺序将它们对应的点全部联结起来即为

图 16.16.

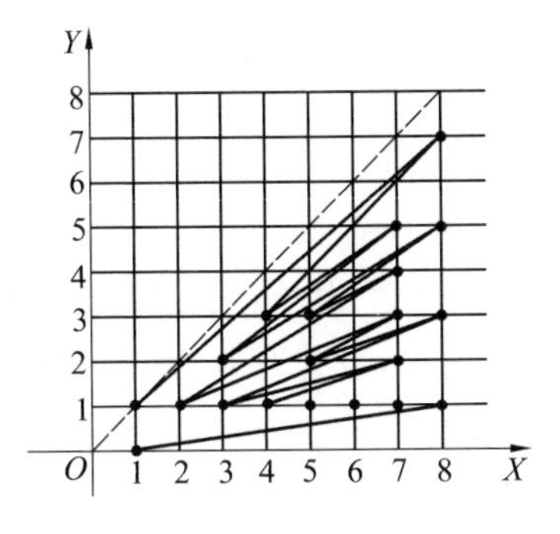


图 16.16

如果我们用点$(a-b,b)$来表示法莱分数$\frac{b}{a}$，如上把这些点依次联结起来，将会得到一个对称的图形(图 16.17).

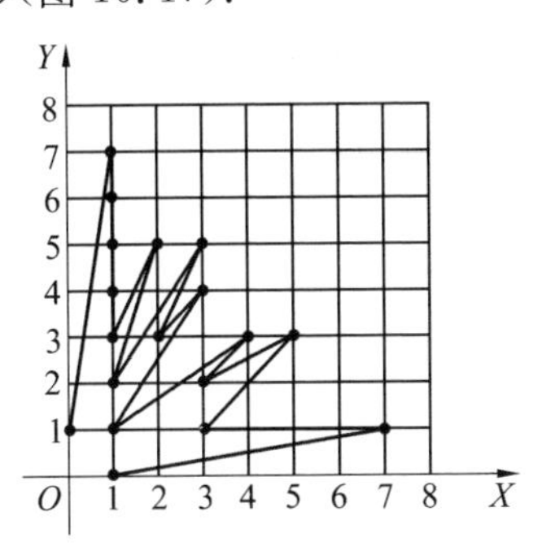


图 16.17

物理中的受迫振荡器，当迫动频率与振荡固有频率以某种简单的数字比率达到同步时，称此为锁相，锁相区域的出现顺序可从法莱分数列中得到，这是法莱分数在混沌物理学中一个巧妙应用的例子.

法莱分数还有一些性质及用途，这里不再赘述了.

## 6. 卡塔兰三角形

法国数学家罗德里格(O. Rodrigues)在研究欧拉剖分数 $E_n$ 时，曾将其与法国数学家卡塔兰(E. Catalan)研究的另一类问题联系起来. 卡塔兰问题是这样的(1828 年提出的)：

成对地计算 $n$ 个不同因子的乘积(各因子次序不变)，一共有多少种方法？

设有 $n$ 个因子分别为 $a_1,a_1,\cdots,a_n$，$C_k$ 为因子乘法方式数，易看出：

$n=1$，$C_1=1$，即 $a_1$ 本身无乘法可做；

$n=2$，$C_2=1$，即 $a_1\cdot a_2$；

$n=3, C_3=2$，即$(a_1 \cdot a_2) \cdot a_3$，$a_1 \cdot (a_2 \cdot a_3)$；

$n=4, C_4=5$，即$[(a_1 \cdot a_2) \cdot a_3] \cdot a_4$，$[a_1 \cdot (a_2 \cdot a_3)] \cdot a_4$，$(a_1 \cdot a_2) \cdot (a_3 \cdot a_4)$，$a_1 \cdot [(a_2 \cdot a_3) \cdot a_4]$，$a_1 \cdot [a_2(a_3 \cdot a_4)]$；

……

仿前我们仍用归纳法稍做分析.设 $n$ 个因子已按某些顺序安排好.

令最后一次乘法乘号前有 $k$ 个因子，乘号后有 $n-k$ 个因子.

前面 $k$ 个因子按规定做乘法，方式有 $C_k$ 种；后面 $n-k$ 个因子按规定做乘法，方式有 $C_{n-k}$ 种.因而，乘法方式共有 $C_k C_{n-k}$ 种.由于 $k$ 可取 1 到 $n-1$，所以

$$C_k = C_1 C_{n-1} + C_2 C_{n-2} + \cdots + C_{n-1} C_1$$

这里规定 $C_1=1$.

当然，卡塔兰数还有其他产生背景，比如：

(1) 圆周上有 $2(n-1)$ 个点，将它们两两连弦，诸弦不相交的连弦方式有多少种？

(2) $2(n-1)$ 个相异实数均分成两组（每组 $n-1$ 个）

$$\{a_1, a_2, \cdots, a_{n-1}\}, \{b_1, b_2, \cdots, b_{n-1}\}$$

这里要求 $a_i < b_i (i=1,2,\cdots,n-1)$.求此种分拆（分组）方式数.

直接计算卡塔兰数是困难和不便的，不过我们可以从下面由简单规律生成的数字三角形中，直接找到这些数.

图 16.18 从 $\begin{matrix} & 1 & \\ 1 & & 1 \end{matrix}$ 开始，注意到图的生成规律：

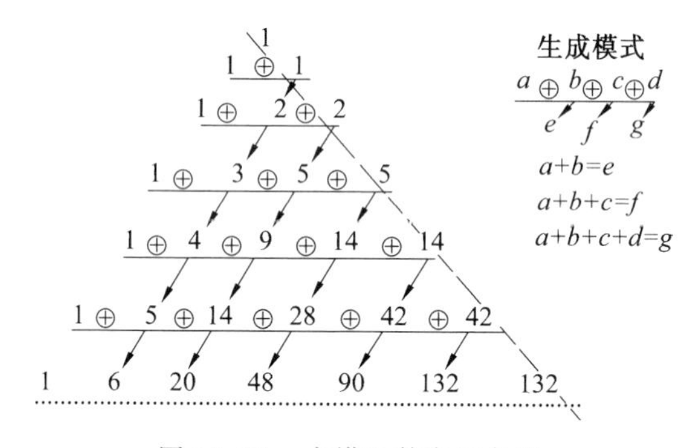


图 16.18 卡塔兰数字三角形

(1) 每行以数字 1 打头，中间数是上一行自开头数字 1 连加下来之和.

(2) 每行末尾数是前一数字的重复.

如此一来，由每行末尾数组成的数列

$$1, 1, 2, 5, 14, 42, 132, \cdots$$

即为相应的卡塔兰数 $C_1, C_2, C_3, \cdots$.

卡塔兰数在组合、图论等诸多学科有应用.它的表达式很多，比如

$$C_n=\frac{1}{n+1}\binom{2n}{n},\binom{2n}{n}\text{表示组合数}$$

又如

$$C_n=\frac{1}{n}\binom{2n}{n+1}=\frac{1}{n}\binom{2n}{n-1}=\binom{2n-1}{n-1}-\binom{2n-1}{n-2}=\binom{2n+1}{n+1}-2\binom{2n}{n+1}$$

即

$$C_n=\frac{2\cdot 6\cdot 10\cdot 14\cdot\cdots\cdot(4n-2)}{(n+1)!}$$

卡塔兰数的特征函数为$\sum_{k=0}^{n}C_kx^k=\frac{1}{2x}(1-\sqrt{1-4x})$.

此处它还可用Γ- 函数表示,该函数为

$$\Gamma(r)=\int_0^{+\infty}t^{r-1}\mathrm{e}^{-t}\mathrm{d}t$$

这样可有

$$C_n=\frac{4^n}{\sqrt{\pi}}\frac{\Gamma\left(n+\frac{1}{2}\right)}{\Gamma(n+2)}$$

注意到$\Gamma(r)=(r-1)\Gamma(r-1)$,若$r$为整数故有$\Gamma(r)=(r-1)!$

此外又由$\Gamma\left(\frac{1}{2}\right)=\sqrt{\pi}$,从而

$$\Gamma\left(n+\frac{1}{2}\right)=\left(n-\frac{1}{2}\right)\left(n-\frac{3}{2}\right)\left(n-\frac{5}{2}\right)\cdots\left[n-\left(\frac{2n-1}{2}\right)\right]\Gamma\left(\frac{1}{2}\right)=\frac{(2n)!\sqrt{\pi}}{4^nn!}$$

## 7. 其他三角数图

我们已经看到:数图是为了某些方便而设计的,用下面的数图,可求调和级数的部分和.

设调和级数前$n$项和

$$S_n=\sum_{k=1}^{n}\frac{1}{x+(k-1)a}$$

由

$$\frac{\mathrm{d}}{\mathrm{d}x}\ln\left[\prod_{k=1}^{n}\frac{1}{x+(k-1)a}\right]=\frac{\mathrm{d}}{\mathrm{d}x}\left[\sum_{k=1}^{n}\ln\frac{1}{x+(k-1)a}\right]=\sum_{k=1}^{n}\frac{1}{x+(k-1)a}=S_n$$

注意到

$$\frac{\mathrm{d}}{\mathrm{d}x}\ln F(x)=\frac{\frac{\mathrm{d}}{\mathrm{d}x}F(x)}{F(x)}$$

故

$$S_n = \frac{\frac{\mathrm{d}}{\mathrm{d}x}\prod_{k=1}^{n}[x+(k-1)a]}{\prod_{k=1}^{n}[x+(k-1)a]}$$

若设

$$\prod_{k=1}^{n}[x+(k-1)a] = x^n + \sum_{k=1}^{n} A_k x^{n-k} a^k$$

则

$$S_n = \frac{nx^{n-1} + \sum_{k=1}^{n-1} A_k (n-k) x^{n-k-1} a^k}{x^n + \sum_{k=1}^{n} A_k x^{n-k} a^k} \qquad (*)$$

于是求调和级数部分和的问题便归结为求（ * ）的系数 $A_k$ 问题. 为此我们造下面数字三角形：若 $k$ 表示连乘积

$$x(x+a)(x+2a)\cdots(x+ka)$$

中最后一项 $a$ 的系数，则：

(1) 图的第 1 行与第 2 行分别是 $x$ 和 $x-(x+a)$ 的展开式系数 1 与 1，1，将之对应的 $k=0,1$ 写在其旁.

(2) 图中第 1 列元素全为 1.

(3) 其余各元素按下面方法写出：用 $k$(表的行数减 1) 乘任一元素 $A$，加上 $A$ 相邻的右方元素 $B$，即为 $B$ 的下方元素 $C$(即 $k\times A+B=C$)，即可用图 16.19 表示这种运算关系.

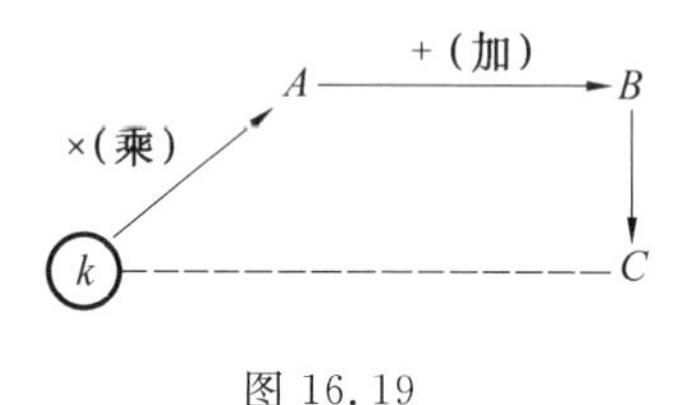


图 16.19

这样我们可以得到图 16.20 所示的数字三角形.

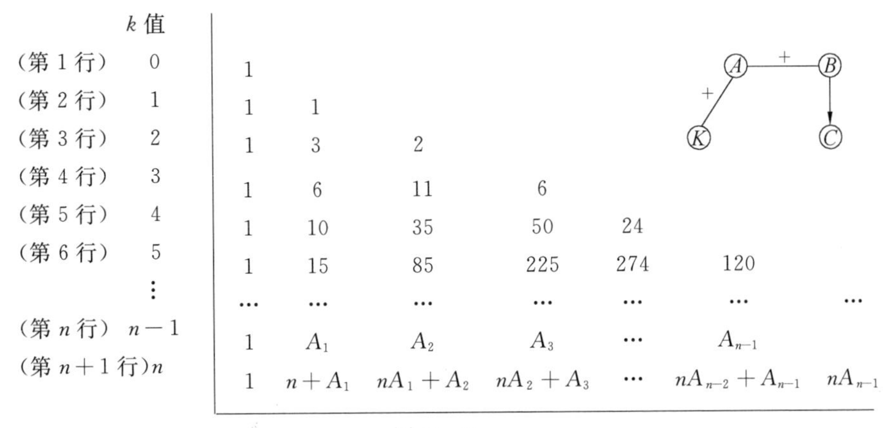

| | $k$ 值 | | | | | | | |
|---|---|---|---|---|---|---|---|---|
| (第 1 行) | 0 | 1 | | | | | | |
| (第 2 行) | 1 | 1 | 1 | | | | | |
| (第 3 行) | 2 | 1 | 3 | 2 | | | | |
| (第 4 行) | 3 | 1 | 6 | 11 | 6 | | | |
| (第 5 行) | 4 | 1 | 10 | 35 | 50 | 24 | | |
| (第 6 行) | 5 | 1 | 15 | 85 | 225 | 274 | 120 | |
| | ⋮ | … | … | … | … | … | … | … |
| (第 $n$ 行) | $n-1$ | 1 | $A_1$ | $A_2$ | $A_3$ | … | $A_{n-1}$ | |
| (第 $n+1$ 行) | $n$ | 1 | $n+A_1$ | $nA_1+A_2$ | $nA_2+A_3$ | … | $nA_{n-2}+A_{n-1}$ | $nA_{n-1}$ |



图 16.20

图 16.20 中第 $n$ 行诸数即为式( * )中展开式系数

$$1,\ A_1,\ A_2,\ \cdots,\ A_{n-1}$$

证明可用数学归纳法来完成,只需注意到用$(x+na)$同乘式( * )两边后有

$$\prod_{k=1}^{n+1}[x+(k-1)a]=x^{n+1}+\sum_{k=0}^{n-2}(nA_k+A_{k+1})x^{n-k}a^{k+1}+nA_{n-1}xa^n$$

即可.

实际运算时,只需先求得式( * )中分母的多项式,然后对其微导即为分子.

我们再来介绍一个可以用来解某些线性方程组和求某些级数和的数图.当然,它也视为杨辉三角形的推广:

该图是这样构造的:设 $\alpha_{ij}$ 为第 $i$ 行 $j$ 列上的数,则:

(1)$\alpha_{i1}=1, \alpha_{ii}=1$.

(2)$\alpha_{i+1,j}=\alpha_{i,j-1}+j\alpha_{i,j}(i\geqslant j)$.

即知道第 $i$ 行元素,可求出第 $i+1$ 行元素,即$\underset{\displaystyle\alpha_{i+1,j}}{\underset{\downarrow}{\alpha_{i,j-1}+j\alpha_{ij}}}$ ,比如

| | 第 3 列 | 第 5 列 |
|---|---|---|
| | ⊗ 3 | ⊗ 5 |
| 第 4 行 | 7 ⊕ 6 | 10 ⊕ 1 |
| | ↓ | ↓ |
| 第 5 行 | 25 | 15 |
| | $(3\times6+7=25)$ | $(5\times1+10=15)$ |

等等.

注意到杨辉三角形中元素间关系是

$$\alpha_{21}=\alpha_{22}=1,\quad \alpha_{i+1,j}=\alpha_{i,j}+\alpha_{i,j-1}\quad (i\geqslant j)$$

这样可有图 16.21:

$$\begin{array}{llllllll}
1 \\
1 & 1 \\
1 & 3 & 1 \\
1 & 7 & 6 & 1 \\
1 & 15 & 25 & 10 & 1 \\
1 & 31 & 90 & 65 & 15 & 1 \\
1 & 63 & 301 & 350 & 140 & 21 & 1 \\
\cdots & \cdots & \cdots & \cdots & \cdots & \cdots & \cdots \\
1 & \alpha_{i2} & \alpha_{i3} & \alpha_{i4} & \alpha_{i5} & \cdots & \alpha_{i,i-1} & 1
\end{array}$$

图 16.21

利用图 16.21 可以解一类线性方程组和求一类级数和.

(1) 用于解一类线性方程组.

为确定多项式 $f_r(n)=\sum_{i=0}^{r} a_i n^i$ 的系数 $a_i(i=0,1,\cdots,r)$,常需解线性方程组

$$\boldsymbol{A}\boldsymbol{x}=\boldsymbol{c} \tag{$*$}$$

其中

$$\boldsymbol{A}=\begin{pmatrix}
1 & 1 & 1 & \cdots & 1 \\
1 & 2 & 2^2 & \cdots & 2^r \\
\vdots & \vdots & \vdots & & \vdots \\
1 & r & r^2 & \cdots & r^r \\
1 & r+1 & (r+1)^2 & \cdots & (r+1)^r
\end{pmatrix}$$

$$\boldsymbol{x}=(a_0,a_1,\cdots a_{r-1},a_r)^{\mathrm{T}},\boldsymbol{c}=(c_0,c_1,\cdots,c_{r-1},c_r)^{\mathrm{T}}$$

今先考虑差分(图 16.22).

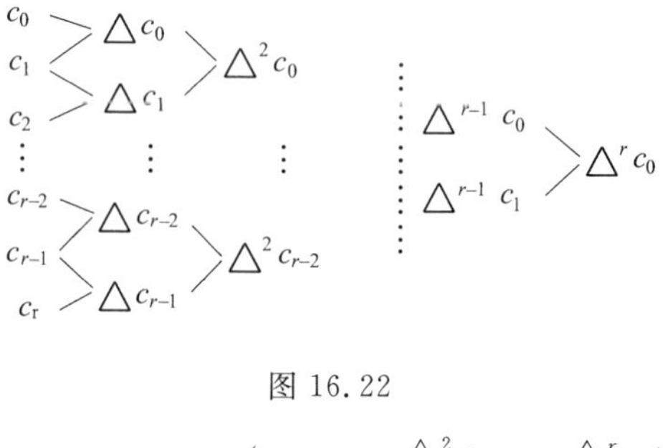

$$\begin{array}{lllll}
c_0 & & & & \\
 & \triangle c_0 & & & \\
c_1 & & \triangle^2 c_0 & & \triangle^{r-1} c_0 \\
 & \triangle c_1 & & & \qquad \triangle^{r} c_0 \\
c_2 & & & & \triangle^{r-1} c_1 \\
\vdots & \vdots & \vdots & \vdots & \\
c_{r-2} & & & & \\
 & \triangle c_{r-2} & & & \\
c_{r-1} & & \triangle^2 c_{r-2} & & \\
 & \triangle c_{r-1} & & & \\
c_r & & & &
\end{array}$$

图 16.22

令 $\boldsymbol{y}=(y_0,y_1,y_2,\cdots,y_r)^{\mathrm{T}}=\left(c_0,\triangle c_0,\dfrac{\triangle^2 c_0}{2!},\cdots,\dfrac{\triangle^r c_0}{r!}\right)^{\mathrm{T}}$.

再列方程:在图 16.21 中取 $r+1$ 行元素,且令下三角矩阵

$$B_1=\begin{pmatrix}1 & & & & \\ 1 & 1 & & & \\ 1 & 3 & 1 & & \\ \vdots & \vdots & \vdots & \ddots & \\ 1 & \alpha_{r+1,2} & \alpha_{r+1,3} & \cdots & 1\end{pmatrix}$$

$$B_1^{\mathrm{T}}x=y \qquad (**)$$

显然此方程( ** )较( * )简洁.

这只需注意到:若令下三角矩阵

$$B_2=\begin{pmatrix}1 & & & & \\ 1 & 1 & & & \\ 1 & 2 & 2\cdot 1 & & \\ 1 & 3 & 3\cdot 2 & 3\cdot 2\cdot 1 & \\ \vdots & \vdots & \vdots & \ddots & \\ 1 & r & r(r-1) & r(r-1)(r-2)\cdots r! & \end{pmatrix}$$

可以验证:$A=B_2B_1^{\mathrm{T}}$,则方程( * )可化为

$$Ax=B_2B_1^{\mathrm{T}}x=c$$

令 $B_1^{\mathrm{T}}x=y$,则方程可化为 $B_2y=c$.

用数学归纳法可以证明上一方程的解为

$$y_i=\frac{\triangle^i c_0}{i!}\quad (i=0,1,2,\cdots,r)$$

即方程 $Ax=c$ 转化为求解 $B_1^{\mathrm{T}}x=y$.

(2) 用于一类级数求和.

在应用数学"排队论"分支及生物学考虑植物分蘖规律时,需要计算级数

$$S(r,n,q)=\sum_{k=1}^{n}k^r q^k\quad (r\text{ 为 0 或正整数},q\neq 1)$$

我们先利用前面的图 16.21 构造函数列

$$a_0(q)=1$$

$$a_1(q)=-1$$

$$a_2(q)=(q-1)+2!$$

$$a_3(q)=-[(q-1)^2+3\cdot 2!\ (q-1)+3!\ ]$$

$$\cdots$$

$$a_i(q)=(-1)^i[(q-1)^{i-1}+2!\ \alpha_{i2}(q-1)^{i-2}+3!\ \alpha_{i3}(q-1)^{i-3}+\cdots+(i-1)!\ \alpha_{i,i-1}(q-1)+i!\ ]$$

它们的特点是:

① $a_i(q)$ 为 $q-1$ 的 $i-1$ 次多项式,且按降幂排列;

②$(q-1)^{i-j}$ 的系数为 $j!\alpha_{ij}$；

③$a_i(q)$ 的符号为 $(-1)^i$.

这样，由递推关系

$S(r,n,q)=\alpha_{r1}qS'(0,n,q)+\alpha_{r2}q^2S''(0,n,q)+\cdots+\alpha_{rr}q^rS^{(r)}(0,n,q)$

及 $S(0,n,q)=\sum_{k=1}^{n}q^k=\frac{q(q^n-1)}{q-1}$ 求导后代入上式，合并化简可有

$$S(r,q,n)=\sum_{k=1}^{n}k^rq^k=\left[\sum_{j=1}^{r}\frac{c_r^ia_i(q)}{(q-1)^{j+1}}n^{r-i}\right]q^{n+1}-\frac{qa_r(q)}{(q-1)^{r+1}}\quad(***)$$

特别的 $|q|<1$ 时有

$$S(r,q)=\sum_{k=1}^{+\infty}k^rq^r=-\frac{qa_r(q)}{(q-1)^{r+1}}$$

此外，利用图 16.21 还可以导出伯努利数的关系式

$$B_i=\frac{1}{2}\alpha_{i1}-\frac{1}{3}\alpha_{i2}+\frac{2!}{4}\alpha_{i3}+\cdots+(-1)^{j-1}\frac{(j-1)!}{j+1}\alpha_{ij}+\cdots+$$
$$(-1)^{i-1}\frac{(i-1)!}{i+1}\alpha_{ii}\quad(i<1)$$

（可以验证 $B_{2i+1}=0$，$i=1,2,3,\cdots$）

由式（***）取极限可得到

$$\sum_{k=1}^{n}k^r=\lim_{q\to1}\sum_{k=1}^{n}k^rq^k$$

而

$$\sum_{k=1}^{n}k^r=\frac{1}{r+1}n^{r+1}+\frac{1}{2}n^r+\sum_{i=2}^{r}\frac{C_r^{i-1}B_in^{r+1-i}}{i}$$

再由右端运用洛必达(de L'Hospital)法则求极限值后，比较两端 $n$ 的系数即可得到上面伯努利数的关系式.

这方面的具体例子可见文献[62].

最后我们想介绍一下所谓 Stirling 数三角形.

对于乘积 $\prod_{k=0}^{n-1}(t-k)$ 的展开式 $\sum_{k\geqslant0}s(n,k)t^k=\sum_{0\leqslant k\leqslant n}s(n,k)t^k(n\geqslant1)$，其中 $s(n,k)$ 是 $t^k$ 的系数；及其对偶形式（将 $t^n$ 展成阶乘积形式）

$$t^n=\sum_{k\geqslant0}S(n,k)\cdot t(t-1)\cdots(t-k+1)=$$
$$\sum_{0\leqslant k\leqslant n}S(n,k)\cdot t(t-1)\cdots(t-k+1)\quad(n\geqslant1)$$

这里 $S(n,k)$ 是 $t(t-1)\cdots(t-k+1)$ 的系数，则称 $s(n,k)$ 和 $S(n,k)$ 分别为第一类 Stirling 数和第二类 Stirling 数，它们在许多问题上（如有限差分）均有应用.

为完备计，补充定义

$$s(0,0)=S(0,0)=1,s(n,k)=S(n,k)=0 \quad (k<0\leqslant n)$$

不难证明两类 Stirling 数分别有如下递推关系

$$s(n+1,k)=s(n,k-1)-ns(n,k) \quad (n\geqslant 0,k\geqslant 0)$$

$$S(n+1,k)=S(n,k-1)+kS(n,k) \quad (n\geqslant 0,k\geqslant 0)$$

这样我们造出类似于杨辉三角的两类 Stirling 数三角形.

第一类 Stirling 数 $s(n,k)$ 三角形的造法如图 16.23 所示.

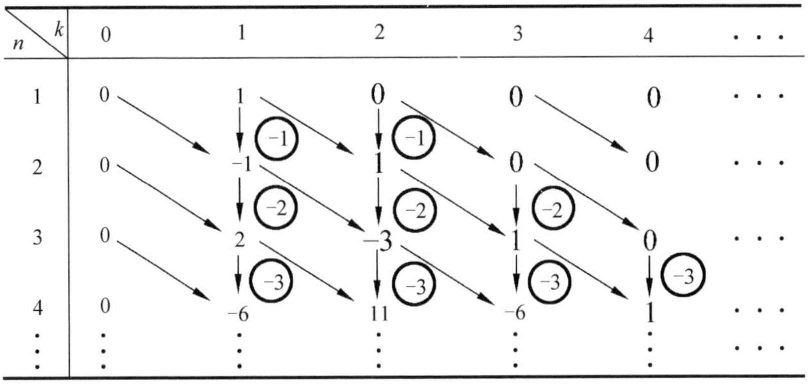

| n \ k | 0 | 1 | 2 | 3 | 4 | … |
|---|---|---|---|---|---|---|
| 1 | 0 | 1 | 0 | 0 | 0 | … |
| | | ↓ (−1) | ↓ (−1) | | | |
| 2 | 0 | −1 | 1 | 0 | 0 | … |
| | | ↓ (−2) | ↓ (−2) | ↓ (−2) | | |
| 3 | 0 | 2 | −3 | 1 | 0 | … |
| | | ↓ (−3) | ↓ (−3) | ↓ (−3) | ↓ (−3) | |
| 4 | 0 | −6 | 11 | −6 | 1 | … |
| ⋮ | ⋮ | ⋮ | ⋮ | ⋮ | ⋮ | … |

图 16.23

即第 $n+1$ 行 $k$ 列交叉处的数由前一行前一列交叉处的数减去前一行本列交叉处数的 $n$ 倍(图 16.24 中折线箭头之尾的数加上竖直箭头之尾的数与其旁边圈内数之积,即为两箭头所指的数).

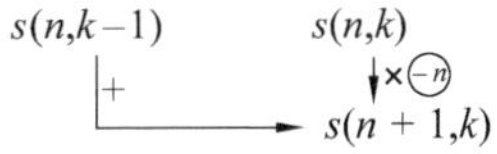

图 16.24

即

$$s(n+1,k)=s(n,k-1)-ns(n,k)$$

如是可有第一类 Stirling 数三角形,如图 16.25 所示.

| | | | | | | |
|---|---|---|---|---|---|---|
| 1 | | | | | | |
| −1 | 1 | | | | | |
| 2 | −3 | 1 | | | | |
| −6 | 11 | −6 | 1 | | | |
| 24 | −50 | 35 | −10 | 1 | | |
| −120 | 274 | −225 | 85 | −15 | 1 | |
| 720 | −1764 | 1624 | −735 | 175 | −21 | 1 |

……………………………………………………

图 16.25

仿上，类似的可有第二类 Stirling 数 $S(n,k)$ 三角形的造法，如图 16.26 所示.

$S(n,k-1)$ $S(n,k)$

$+$ $\downarrow \times ⓚ$

$\longrightarrow S(n+1,k)$

图 16.26

即
$$S(n+1,k)=S(n,k-1)+kS(n,k)$$
具体地可有图 16.27.

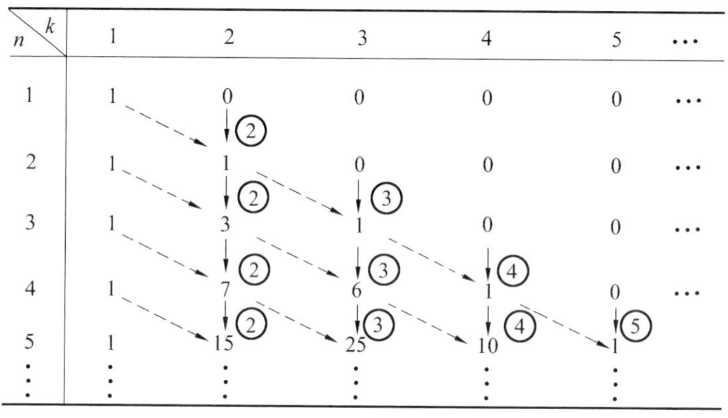

| n \ k | 1 | 2 | 3 | 4 | 5 | … |
|---|---|---|---|---|---|---|
| 1 | 1 | 0 | 0 | 0 | 0 | … |
| 2 | 1 | 1 | 0 | 0 | 0 | … |
| 3 | 1 | 3 | 1 | 0 | 0 | … |
| 4 | 1 | 7 | 6 | 1 | 0 | … |
| 5 | 1 | 15 | 25 | 10 | 1 | |
| ⋮ | ⋮ | ⋮ | ⋮ | ⋮ | ⋮ | |

图 16.27

如是可得第二类 Stirling 数三角形，如图 16.28 所示.

1

1 1

1 3 1

1 7 6 1

1 15 25 10 1

1 31 90 65 15 1

1 63 301 350 140 21 1

……………………………………………

图 16.28

顺便说一句，第二类 Stirling 数可用组合数明显表出
$$S(n,k)=\frac{1}{k!}\sum_{j=0}^{k}(-1)^{k-j}C_k^j j^n$$
但第一类 Stirling 数却不存在这种表达式. 另外两类 Stirling 数间还有关系
$$\sum_{k\geqslant 0}s(n,k)S(k,m)=\sum_{k\geqslant 0}S(n,k)s(k,m)=\delta_{nm}=\begin{cases}1, & n\neq m\\ 0, & n=m\end{cases}$$
此外，若将第一类 Stirling 数三角形记作一个下三角阵 $\boldsymbol{S}_1$，第二类 Stirling

数三角形记作一个下三角阵 $\boldsymbol{S}_2$,则有

$$\boldsymbol{S}_1\boldsymbol{S}_2 = \boldsymbol{I}(\text{单位矩阵})$$

换言之,$\boldsymbol{S}_1$ 与 $\boldsymbol{S}_2$ 互为逆矩阵. 这对于它们的计算提供了方法与思路.

另一类与 Stirling 数很相像且与之有密切联系的数叫 Lah 数,记为 $L_{n,k}$,其为展开式

$$\prod_{k=0}^{n-1}(-x-k) = \sum_{k\geqslant 0} L_{n,k}\prod_{i=0}^{k-1}(x-i) \quad (n\geqslant 0)$$

的系数,且定义:

$$L_{0,0}=1,\quad L_{n,k}=0(0\leqslant n<k \text{ 或 } k<0\leqslant n)$$

关于它这里就不再赘述了.

数字三角形还有很多,它们的性质与用途常常令人感叹! 人们也会制造各种各样数字三角形,且去从中探寻其规律.

图 16.29 是一个按 $1\sim n$ 顺序(自上向下,从左至右)规则排列的数字三角形,请注意中间两横线间的诸数,它们有以下性质:

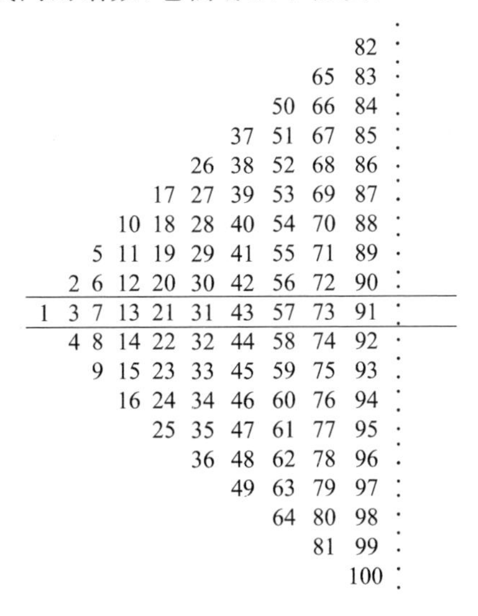

图 16.29

(1) 该行诸数皆为形如 $n^2-n+1$ 的数,其中 $n$ 为非负整数.

(2) 该行数自 3 起的第 $3,6,9,\cdots,3k$ 个数均为 3 的倍数.

(3) 该行数自 7 起的第 $7,14,21,\cdots,7k$ 个数均为 7 的倍数.

(4) 该行数自 13 起的第 $13,26,39,\cdots,13k$ 个数均为 13 的倍数.

(5) 该行任两相邻数之积仍在该行,其位置数是它最小因子所在列的平方再加 1(如 $7\cdot 13=91$,而 7 位于第 3 列,故 $3^2+1=10$ 即为 91 在该行的位置).

这些性质证明并不难,将它留给读者朋友.

# 参 考 文 献

[1] 伏洛别也夫. 斐波那契数[M]. 北京:中国青年出版社,1954.
[2] 马库希维奇. 循环级数[M]. 北京:中国青年出版社,1952.
[3] 克莱因 M. 古今数学思想(1 ~ 4 册)[M]. 上海:上海科学技术出版社,1979-1982.
[4] 梁宗巨. 世界数学史简编[M]. 沈阳:辽宁人民出版社,1980.
[5] 李迪. 中国数学史简编[M]. 沈阳:辽宁人民出版社,1984.
[6] 波利亚 G. 数学的发现(1 ~ 2 卷)[M]. 呼和浩特:内蒙古人民出版社,1980-1981.
[7] 华罗庚. 华罗庚科普著作选集[M]. 上海:上海教育出版社,1984.
[8] 严镇军. 从正五边形谈起[M]. 上海:上海教育出版社,1980.
[9] 邓乃扬. 无约束最优化计算方法[M]. 北京:科学出版社,1982.
[10] 席少林. 最优化计算方法[M]. 上海:上海科学技术出版社,1983.
[11] 柯召,孙琦. 单位分数[M]. 北京:人民教育出版社,1981.
[12] 史坦因豪斯. 数学万花镜[M]. 上海:上海教育出版社,1980.
[13] 库尔沙克,Ǔ. 匈牙利奥林匹克数学竞赛题解[M]. 北京:科学普及出版社,1979.
[14] 陈湘能. 国际最佳数学征解问题分析[M]. 长沙:湖南科学技术出版社,1983.
[15] 萨多夫尼契 A B. 大学生数学竞赛题解汇集[M]. 北京:科学普及出版社,1982.
[16] 克努特 D E. 计算机程序设计技巧[M]. 北京:国防工业出版社,1980.
[17] 王元. 谈谈素数[M]. 上海:上海教育出版社,1978.
[18] 柯召,魏万迪. 初等组合学漫话[M]. 北京:科学出版社,1984.
[19] WADSWORTH G P. 应用概率(上)[M]. 北京:高等教育出版社,1984.
[20] 华罗庚. 优选学[M]. 北京:科学出版社,1981.
[21] 华罗庚,王元. 数值积分及其应用[M]. 北京:科学出版社,1963.
[22] 华罗庚,王元. 数论在近似分析中的应用[M]. 北京:科学出版社,1978.
[23] 辛钦 A Я. 连分数[M]. 上海:上海科学技术出版社,1961.
[24] RICHARD K G. Unsolved problems in Number Theory[M]. New York:New York Heidelberg Berlin,1994.
[25] 徐利治,蒋茂森. 组合数学入门[M]. 沈阳:辽宁教育出版社,1985.

[26] 吴振奎,吴旻.数学中的美[M].哈尔滨:哈尔滨工业大学出版社,2011.
[27] 吴振奎,吴旻.数学的创造[M].哈尔滨:哈尔滨工业大学出版社,2011.
[28] 胡久稔.数林掠影[M].天津:南开大学出版社,1998.
[29] 吴振奎.品数学[M].北京:清华大学出版社,2009.
[30] 周持中.斐波那契-卢卡斯序列及其应用[M].长沙:湖南科学技术出版社,1993.
[31] 冯贝叶.500个世界著名数学征解题[M].哈尔滨:哈尔滨工业大学出版社,2009.
[32] 柯召,魏万迪.组合论(上)[M].北京:科学出版社,1984.
[33] 常庚哲,谢盛刚.数学竞赛中的函数$[x]$[M].合肥:中国科技大学出版社,1989.
[34] 兹平 L.无限的用途[M].应隆安,译.北京:北京大学出版社,1985.
[35] 伊恩·斯图尔特.第二重奥秘[M].上海:上海科学技术出版社,2002.
[36] 匡继昌.常用不等式[M].济南:山东科学技术出版社,2004.
[37] 熊廷煌.有趣的杨辉三角形[J].中学理科教学,1979(4).
[38] 陈永明.斐波那契数和循环小数[J].中学数学教学,1984(1).
[39] 祁阿义.从Fibonacci数列谈起[J].中学数学教师,1982(1).
[40] 刘文.递归数列的通项与求和[M] // 初等数学论丛(第4辑).上海:上海教育出版社,1982.
[41] 华谊.一道行列式习题的解法及其推广[J].中学数学,1982(5).
[42] 陈银通,余长安.关于斐波那契级数的一个新的表达式[J].数学通讯,1983(1).
[43] 胡久稔."问题征解"解答[J].数学通讯,1984(4).
[44] 贾国钜.一道诡辩题与斐波那契数列[J].中学数学,1982(1).
[45] 王勤国.也谈一道诡辩题与斐波那契数列[J].中学数学,1982(4).
[46] 翁铁生.从连分数推导斐波那契数的几个性质[J].数学通报,1964(8).
[47] HONSBERGER R.组合分析与数论中三个奇妙的结果[J].数学译林,1984(4).
[48] 柯召,孙琦.关于Fibonacci平方数[J].四川大学学报,1965(2).
[49] HONSBERGE R. Gabriel Lame 定理[J].数学译林,1984(4).
[50] 詹姆斯·利根.黄金比[J].数学通讯,1985(1).
[51] 孙戈红.数$\frac{\sqrt{5}-1}{2}$的一些性质及应用[J].中学数学,1982(3).
[52] 蒋省吾.黄金三角形、黄金矩形及其性质[J].中学数学,1983(5).
[53] 张钧云,荆水成.黄金三角形的性质补遗[J].中学数学,1984(2).

[54] 单墫.黄金矩形的一些性质[J].中学生数学,1981(1).
[55] 洪加威.论黄金分割法的最优性[J].数学的实践踏与认识,1973(2).
[56] 谢力同,刘家壮.完美矩形[J].数学进展,第13卷第4期.
[57] 杨宗培.杨辉三角对部分分式的应用[J].数学通报,1979(2).
[58] 梁宗巨.调和级数求和的一般方法[J].数学通报,1964(1).
[59] 郑格于.勾股定理的推广[J].数学通报,1964(9).
[60] 胡久稔.关于斐波那契数的平方数与可除性(油印稿),1982.
[61] 胡久稔.格点上的一个离散数学问题[J].数学通报,1981(3).
[62] 周英.一张数表的应用[J].数学的实践与认识,1977(4).
[63] 罗见今.Nim——从古代的游戏到现代的数学[J].自然杂志,9卷1期.
[64] 闵乐泉,李宗元.关于准晶体结构的一些数学回答[J].科学通报,1985(15).
[65] 刘元宗.关于任意 $k(k \geqslant 5)$ 个连续 Fibonacci 数的猜想[J].数学通报,1997(7).
[66] 盛宏礼.杨辉三角的变换与自然数方幂和[J].中学数学,1990(6).
[67]LUO MING. On Triangular Fibonacci numbers[J]. Fibonacci Quarterly,1989,27(2):98-108.
[68]M J JAMIESON. Fibonacci 数和余切序列[J].数学译林.第29卷1期(2010年).
[69]M KREHS,T WRIGHT.关于不可数性的 Cantor 的第一个证明,Pick 定理和黄金数的无理性[J].数学译林.第32卷3期(2013年).
[70] 闵嗣鹤.格点和面积[M].哈尔滨:哈尔滨工业大学出版社,2012.
[71]Y STEWART.不可思议的数[M].何生,译.北京:人民邮电出版社,2019.
[72] 约翰·德比希尔.素数之恋[M].陈为蓬,译.上海:上海科技教育出版社,2018.

# 编辑手记

据报载：现年19岁的美国少年Aidan Dwyer根据斐波那契数列发明了太阳能电池树，其产生的电力比太阳能光伏电池阵列多20%～50%，Aidan Dwyer在观察树枝分叉时发现它的分布模式类似斐波那契数列，可能有助于树叶进行光合作用. 据此，他设计了太阳能电池树，发现它的输出电力提高了20%，每天接受光照的时间延长了2.5 h.

斐波那契数列是一个神奇的数列，它常常以各种令人意想不到的方式出现在我们的视野中，其实笔者最早对其感兴趣是在20世纪80年代初期.

在微博上有一句话说得好："你所浪费的今天，是昨天死去的人奢望的明天；你所厌恶的现在，是未来的你回不去的曾经." 这虽然看似是让人把握当下的励志之语，但笔者却感受到在我们大家的心里都有一个回不去的曾经，一个属于自己的黄金时代. 对于"60后"来说就是20世纪80年代，笔者从那时开始收集关于斐波那契数列的各种资料，十几年的时间积累了几大袋手抄资料，直到看到了吴先生的作品后才停了下来，因为吴先生做得太完备，几乎难以超越.

自许为人生规划师的徐小平曾说："有一种人，也许他从政没有发迹，经商没有发财，学术没有发表，管理没有发达，他可以混得很悲惨，但他很可能有一种精神，一种选择了自己认定的事业，不到黄河心不死的精神力量."

吴先生如果以目前对成功的标准评判的话，他远算不上成功.一介布衣，两袖清风，身居斗室，鲜为人知.但在笔者心目中，他是一位真正的成功者，因为他找到了自己的兴趣所在，并坚持耕耘数十年.这在当前中国的大环境下太难了.

我们所见的人，所经的事，大多都萎顿于这个时代了，无边的消费轰然而来，所有人都如泥沙被时代挟裹着前行，少了清明斯文，多了利欲急躁.

笔者很难想明白，为什么当年一本数学书能起印上万册，而现在只能印几千册，可人口总数却是逐年增长的.这只能说明现在读数学书的人比以前少了，而且读所有书的人都少了，这除了受网络的冲击之外，还一定有什么别的原因，难道读书真的不重要了吗？

不读书已是世界通病.据报道，在日前的英国大骚乱中，鞋店、服饰店、手机店和电器商场损失惨重，连小杂货店都难以幸免，只有书店没有被“洗劫”.英国一名连锁书店的职员调侃说：“如果暴民来抢一点书也不错，至少他们能看点书学点东西.”

吴振奎先生曾是一位数学科普畅销书作者.当年他成名作出版时的图书市场环境比现在好很多，那时优秀的读物也是层出不穷.现在的情况是品种多了但好书少了，平庸的书多了起来.

这个问题也曾困扰过早期的出版家.《年鉴》曾问被誉为传奇的出版人阿尔班·米歇尔这样一个问题：“出版社是否要拒绝出版没有真正价值的书，哪怕作者愿意支付出版的所有费用？”他严肃地回答说：“我坚决反对自费出书……平庸的书甚至会影响好书.”(1926年10月13日阿尔班·米歇尔给《年鉴》的克里斯蒂安·多尔西的信)

好书像树木一样不会马上被批量地生产出来.引进国外的优秀作品和再版挖掘20世纪五六十年代及20世纪80年代的优秀图书是两个解决途径.但问题是阅读的环境和心境变了.

被后人怎么批也批不臭的周作人说：“喝茶当于瓦屋纸窗下，清泉绿茶，用素雅的陶瓷茶具，同二三人共茶，得半日之闲，可抵十年的尘梦.”

读我们的数学书当有此境界！但诺大的中国恐怕已经难觅这样理想的阅读环境了.因为学校里的老师和学生不少人非考试书不读，而社会上有阅读能力和购书能力的人又有一些人非对升官发财有帮助的书不读.所以喜思考爱数学的读者哪里寻呢？

清朝扬州学派代表人物焦循(理堂)在求学时，顾超宗以《梅氏(文鼎)丛书》赠之，曰：“君善苦思，可卒业于是也.”用于本书，此言极是.

**刘培杰**

2023年5月

于哈工大